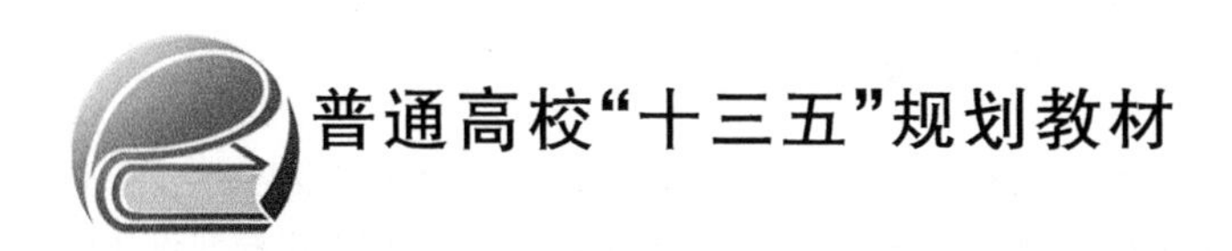

电子技术实验教程

(第3版)

主　编　骆雅琴

副主编　顾凌明

北京航空航天大学出版社

内 容 简 介

本书为高等院校非电类工科专业电子实验教材，共分为三篇：第一篇是电子实验基础，主要介绍电子元器件、测量技术及仪器设备（包括软、硬件）；第二篇是电子实验，由基础性实验和设计性综合性实验组成；第三篇是例题、习题和实验理论试卷。本书第一篇和第二篇均配有思考题。

本书可作为高等院校非电类工科专业"电子技术"（电工学 2）课程的配套实验教材，也可作为实验独立设课的电子实验教材。

图书在版编目（CIP）数据

电子技术实验教程 / 骆雅琴主编. -- 3 版. -- 北京 ：北京航空航天大学出版社，2017.8

ISBN 978-7-5124-2495-1

Ⅰ. ①电… Ⅱ. ①骆… Ⅲ. ①电子技术—实验—高等学校—教材 Ⅳ. ①TN-33

中国版本图书馆 CIP 数据核字（2017）第 203499 号

电子技术实验教程（第 3 版）

主　编　骆雅琴

副主编　顾凌明

责任编辑　胡　敏

*

北京航空航天大学出版社出版发行

北京市海淀区学院路 37 号（邮编 100191）　http://www.buaapress.com.cn

发行部电话：(010)82317024　传真：(010)82328026

读者信箱：bhpress@263.net　邮购电话：(010)82316936

北京九州迅驰传媒文化有限公司印装　各地书店经销

*

开本：710×1 000　1/16　印张：19.5　字数：416 千字

2017 年 9 月第 1 版　2021 年 8 月第 4 次印刷　印数：7 001～8 000 册

ISBN 978-7-5124-2495-1　定价：39.00 元

第3版前言

2008年9月，我们出版了“十一五”高校规划教材《电子实验教程》。该书的出版对安徽工业大学“电工学”教学和教改起到了积极的促进作用。经过两年的教学实践，于2010年8月对其进行了再版修订。前两版教材已经使用了近10年，对安徽工业大学的“电工学”实验课起到了重要的作用。目前本人兼聘于河海大学文天学院进行“电路电子”课程的教学工作，并即将完成安徽省级教改项目“电路电子教学团队”。在开展电路电子教学团队建设的过程中，我们安排了两校更多的教师参与对《电子实验教程(第2版)》的修订工作，力求在修订过程中让教师们的业务水平得到提升。考虑到“电子”课程教学的需要，同时考虑到基础知识的相同性，本次修订力求拓展应用面，即使之不仅适合非电专业“电工学”课程使用，也适合电专业“电子技术”课程使用，只是选取的内容有所不同即可。

本书共分三篇。第一篇是基础，第二篇是核心，第三篇是复习。三篇各有侧重，又相互联系。使用本书的教师，可根据课时对内容进行选取。

本书是“电工学 电子技术”实验课程的配套教材，又可作为电专业“电子技术”实验课程的选用教材，还可作为这两门课程的提高性实验、课程设计、创新实验的选用教材。因此本版即第3版的书名中增加“技术”两字，为《电子技术实验教程(第3版)》。

对本次修订说明如下：

1. 保留了第2版的体系和主要内容，除订正错误、调整部分内容外，删去第2版的实验十～实验十二，增加了五个电子实验，即实验十“晶体管多级放大电路”、实验十一“用SSI设计组合逻辑电路的实验分析”、实验十二“MSI组合功能件的应用Ⅰ”、实验十三“MSI组合功能件的应用Ⅱ”和实验十四“触发器的研究”。

2. 绪论、第一篇和第二篇的第7章，对需要做电子技术实验的任何学生都是适用的。实验基础知识的准备非常重要，由于实验课主要是动手操作，不会有太多的时间来讲授这些基础知识，因此要求学生在课前要认真自学这些内容。只有认真地做好准备工作，才能顺利地完成实验。

3. 非电专业学“电工学 电子技术”的学生必做的电子实验基本内容

是:实验一～实验六。

4. 电专业学“电子技术”的学生必做的电路实验基本内容是:实验二、实验三以及实验十～实验十四。

5. 非电专业学“电工学 电子技术”和电专业学“电子技术”的学生,需要做提高性实验、课程设计、创新实验的,可以选用实验七～实验九。

6. 实验理论试卷应在15分钟之内完成。

以上划分仅为参考,读者可以根据需要自行选择内容。

参加本次修订工作的有主编骆雅琴、副主编顾凌明,安徽工业大学的游春豹、程卫群,以及河海大学文天学院纪萍、陈玲、胡徐胜等。在本次修订过程中,安徽工业大学教务处、电气工程及信息学院、电工学教研室以及电气实验中心等部门的领导和老师们给予了极大的支持和帮助,河海大学文天学院教务处、电气系、电路教研室等部门的领导和老师们也给予了极大的支持和帮助,北航出版社的编辑们认真严谨的工作态度给我们留下了深刻的印象,在此表示衷心的感谢!对给本书提出宝贵意见的读者在此也一并表示诚挚的谢意。

由于我们水平有限,恳请广大读者朋友批评指正。

骆雅琴

2017年7月写于安徽工业大学

2017年8月修改于河海大学文天学院

第2版前言

2008年9月我们出版了“十一五”高校规划教材《电子实验教程》。该书的出版对我校“电工学”教学和教改起到了积极的促进作用。通过本教材——这个与广大读者交流的窗口，我们第一次向大家介绍了具有安徽工业大学特色的“电工学”三位一体教学模式，并强调实验课在其中的重要作用。一方面我们希望使用这本教材的学生能了解“电工学”新的教学体系，积极配合教学，学得更好、更扎实；另一方面还希望和高等院校的同行们共同探讨，摸索出“电工学”实验课最有效的教学方式，以促进我国“电工学”学科的发展。

《电子实验教程》自出版以来，受到广大师生的欢迎。为了提高教材质量，对广大读者负责，我们决定对其进行修订。我们广泛地向使用这本教材的教师和学生征求了修改意见。为此，安徽工业大学教务处对学生进行了百余份问卷调查，并将统计结果反馈给我们。这些宝贵意见是我们修订工作的依据。修订后的《电子实验教程(第2版)》有以下特点：

1. 保留了第1版的体系和主要内容。

2. 本书是“电工学”实验课程的配套教材。为满足独立设课的要求，在内容的选取上体现了实验理论体系的完整性和系统性，因此追求新编实验教材内容的丰富、全面、新颖。使用本书的读者，可根据课时对内容进行选取。

3. 为满足教学的需要，着重修改了第2章常用电子实验仪器，增加了“DS5022M示波器”、“TDS1000B-SC系列示波器”和“TFG1000系列DDS函数信号发生器”的使用内容。

4. 本书共分三篇。第一篇是基础，第二篇是核心，第三篇是复习。三篇各有侧重，又相互联系。要完成实验，首先要学习实验基础知识。学习实验基础知识是实验准备的重要内容之一，由于实验课主要是动手做，不会有太多的时间来讲授基础知识，因此要求学生在课前认真自学基础篇。准备工作做得越认真全面，实验就会越顺利，也能得到预期的收获。

5. 本书各章均配有思考题，这些思考题都可能是实验理论考试的考点，希望使用本书的迎考读者，认真做完各章的思考题，全面复习才能取得优良的成绩。

6. 本书第二篇的前六个实验是基础性实验，是必做实验。实验七和实验八是设计性实验，实验九至实验十二是综合性实验。设计性实验和综合性实验是选做实验，操作考试一般在其中选题。

7. 本书为了配合实验课学习和考试，收编了四套往届实验理论试卷，并给出了标准答案和评分标准，以供学生参考。

参加《电子实验教程(第 2 版)》编写的有主编骆雅琴、副主编顾凌明等。在本次修订过程中，安徽工业大学教务处、电气信息学院、电工学教研室以及电气实验中心等部门的领导和老师们给予了极大的支持和帮助，北航出版社的编辑们认真严谨的工作态度给我们留下了深刻的印象，在此表示衷心的感谢！对给本书提出宝贵意见的读者在此也一并表示诚挚的谢意。

由于我们水平有限，恳请广大读者朋友批评指正。

骆雅琴

2010 年 8 月于安徽工业大学

前　言

随着现代科学技术的飞速发展，电工学领域的新技术层出不穷。为了适应科技的进步，我们坚持教学改革多年，初步形成了电工学理论、电工学实验和电工学实习三者各自独立又相互融合的“电工学”课程教学新体系。电子实验是这一新体系的重要组成部分。为了满足电子实验教学的需要，我们编写了《电子实验教程》。

本书是根据教育部制定的“高等工科院校‘电子技术’(电工学 2)课程的教学基本要求”，结合现有的实验设备条件和电子实验教学改革而编写的。根据现代高校的办学特点，本书在内容安排上，充分考虑了一本、二本、三本不同层次的教学需要。本书可作为高等工科院校非电类专业“电子技术”(电工学 2)课程的配套教材，也可作为独立设置实验课的“电子技术”(电工学 2)的实验教材。

为了帮助学生巩固和加深理解所学的理论知识，培养学生的实验技能和综合应用能力，树立工程实践观念和严谨的科学作风，在本书编写过程中，把实验教学的重心从单纯的验证理论层面，转移到实验操作、综合应用与扩展知识层面，使得实验教学与理论教学的关系不再是简单的重复，而是彼此各有所侧重、又相互呼应形成有机结合。

本书应用现代教育技术、现代实验技术来解决实践教学中的问题，增加了反映电子实验教改成果的实验内容和反映新技术应用的实验项目。本书的最大特点是将电子实验分为基础性实验和综合性设计性实验两部分：基础性实验是必做实验，它覆盖了电子技术的主要内容；综合性设计性实验为选做内容，属于提高性实验，能拓宽知识面且有一定的深度和广度。两部分实验相互配合，可供不同层次的学生选用。本书部分实验可以应用安徽工业大学“电工学”精品课网页中的网上实验平台来预习和验证。

《电子实验教程》的编写还注意启发性和系统性。本书每章都编有思考题，每个实验既有预习思考题还有实验思考题，以此启发学生思考问题。本书的编写还注重教材的完整性和系统性。本书共有三篇：第一篇是电子实验基础，主要介绍电子元器件、电子测量技术及仪器设备（包括软、硬件）；第二篇是电子实验，包括基础性实验和综合性设计性实验；第三篇电子实验题，主要为了配合实验课学习和考试，并在其中收编了四套往届实验理论试卷，以供学生参考。

本书由骆雅琴任主编，顾凌明任副主编。参与编写、校对和验证实验等工作的还有郭华、游春豹、程卫群和甘晖。在本书的编写过程中，安徽工业大学电气信息学院电工学教研室及实验中心的老师们给予了极大的支持和帮助。安徽工业大学教务处大力支持了本书的出版工作，在此表示衷心地感谢！对参考文献中的有关作者在此也一并表示诚挚的谢意。

由于编写水平有限，加之时间仓促，对于书中存在的疏漏和错误之处，恳请广大读者朋友批评指正。

骆雅琴

2008 年 9 月于安徽工业大学

目　录

第二篇　电子实验

第三篇 例题与习题

绪　论

0.1　电子实验的重要性

在现代科学技术及工程建设中，电子技术的应用十分广泛。电子技术的应用渗透到了各个学科，因此，非电类专业的学生同样要掌握现代电子技术的基础知识和基本技能。要掌握现代电子技术离不开实验。实验是人们认识自然及进行科学研究工作的重要手段。一切真知都是来源于实践，同时又通过实践来检验其正确性，因此可以说实验是一种重要的实践方式。

实验是观察与感知电子现象与电子电路中物理过程的重要手段。众所周知，电子现象及电子电路过程不是那么直观的。电压的变化、电流的流动都是看不见、摸不到的，只有通过检测仪器的测量来间接地观察各电量的变化。另外，电压和电流的变化是瞬息万变的，观察的时效性很强，只有熟悉电子仪表、仪器的使用，掌握正确的测试方法，了解电子电路中电压与电流变化的基本规律，才能对电子电路或装置进行测试和研究。

因此要学好电子技术，必须加强电子实验这一教学环节。通过电子实验来巩固和加深理解所学的电子理论知识。

0.2　电子实验的目标任务

1. 电子实验课的目标

在工科大学生的培养过程中，实验是一项重要的实践性教学环节。电子实验将培养学生以下几方面能力：

① 培养学生正确使用设备的能力。要求学生学会正确使用常用电子仪器，熟悉电子电路中常用的元器件性能。

② 培养学生理论联系实际的能力。要求学生能根据所掌握的知识，阅读简单的电子电路原理图。

③ 培养学生的实验动手能力。让学生能独立地进行实验操作。

④ 培养学生解决问题的能力。要求学生能处理实验操作中出现的问题。

⑤ 培养学生实际工作能力。要求学生能准确地读取实验数据，测绘波形和曲线。

⑥ 培养学生独立分析问题的能力。要求学生学会处理实验数据，分析实验结

果,撰写实验报告。

⑦ 培养学生的工程实际观点。要求学生掌握一般的安全用电常识,遵守操作规程。

实验的目的不仅要帮助学生巩固和加深理解所学的理论知识,还要训练他们的实验技能和实际工作能力,树立工程实际的观点和严谨的科学作风,全面提高学生在工程技术方面的素质。为将来能够更好地解决现代科学技术研究、工程建设和开发过程中碰到的新问题打下良好的基础。

2. 电子实验要掌握的基本技能

电子实验技能训练的具体要求是:

① 认识常用电子仪表和仪器。常用电子仪表仪器有直流稳压电源、双线示波器、信号发生器、毫伏表、万用表等。

要求了解仪器、仪表的组成原理及功能;了解仪器、仪表的主要技术性能。学会使用常用的电子仪器、仪表。掌握电子仪器、仪表的正确接线方法。了解电子仪器、仪表的主要操作旋钮及操作开关的功能。了解电子仪器、仪表的正确调节方法、正确观察及读数方法。

② 认识数字逻辑学习机等实验设备。了解数字逻辑学习机的功能及插接元器件的方法。

③ 能按电路图接线、查线以及排除简单的线路故障。具有熟练的按图接线能力,能判别电路的正常工作状态及故障现象,能够检查线路中的断线、接触不良及元器件故障,特别是不能因错误接线而出现短路。

④ 能进行实验操作、读取数据,观察实验现象和测绘波形曲线。

⑤ 能整理分析实验数据、绘制曲线,并写出整洁的、条理清楚的、内容完整的实验报告。

⑥ 能使用安徽工业大学电工学精品课网页中的网上实验平台。学会使用网上实验平台提供的计算机仿真软件来预习实验,验证实验以及完成设计性实验。

⑦ 能完成1~2项电子设计性实验。电子设计性实验可以用仿真预习,但必须在实验室验证。

为了完成电子实验的基本任务,实现电子实验的教学目标,电子实验不仅已单独设课,单独考试及记分,而且还增加了设计性、综合性实验,并尝试和以收音机制作为主线的电子实习进行有机结合。本教材的部分实验和预习要求可以在安徽工业大学电工学精品课网页中的网上实验平台进行。

0.3 电子实验的教学体系

1. 电工学课程体系中的电子实验

安徽工业大学电工学课程新体系里的电子技术有三个环节,即电子理论、电子实

验和电子实习。其中电子实验起着承上启下的作用。它既要支撑电子理论，为理论服务；又要沟通电子实习，为电子实习做前期实践准备。电子实验必须与电子理论和电子实习有机结合，形成一个整体。

电工学课程体系示意图如图 0.0.1 所示。

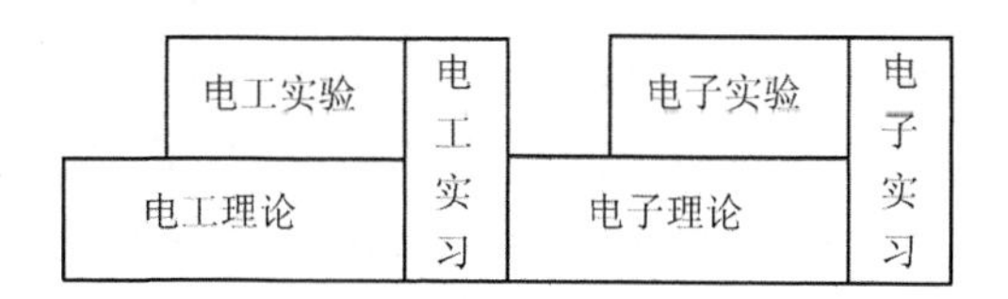

图 0.0.1　电工学课程体系示意图

电子实验虽然单独设课，有自身的教学体系。但它必须服从电工学课程体系的要求。

2. 电子实验教学体系

安徽工业大学电子实验的教学体系示意图如图 0.0.2 所示。

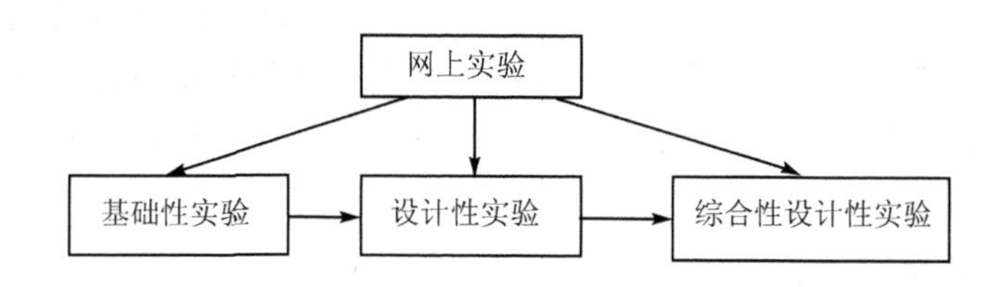

图 0.0.2　电子实验的教学体系

1) 基础性实验

基础性实验是必做实验。基础性实验基本上是验证性实验，占实验总学时的62.5%～75%。

2) 设计性实验

设计性实验必做 1～2 项，占实验总学时的 25%。

3) 综合性设计性实验

综合性设计性实验是选做实验或演示实验，占实验总学时的 0～12.5%。这类实验是给学有余力的学生准备的。

4) 网上实验

网上实验也是电子实验的重要组成部分，它主要提供一个课外实验平台。这个实验平台是用计算机仿真软件来进行实验预习、实验验证以及设计实验的。网上实验不安排学时，是开放性实验，为学生自主学习提供方便。网上实验平台的具体内容及操作要求见安徽工业大学电工学精品课网页中的网上实验。

0.4 电子实验课的教学方式

1. 电子实验课的安排

电子实验课以自然班人数为单位安排。电子实验课是在开课的上一学期末选课,学生按选课时间到电子实验室上课。每学期的实验安排,在开学的第三周内发布在安徽工业大学电工学精品课网页中的网上实验里。实验内容、实验进度及实验地点等相关内容都将发布在网上实验里,请同学务必注意网上实验里的通知。如有不清楚的问题,可通过电工学精品课网页中的互动平台与相关教师联系。

根据实验内容进行实验分组,1人1组,以提高学生的动手能力及独立工作能力。每班由1～2名教师负责指导。实验课教师负责检查学生的预习情况,讲解实验内容及仪器使用方法,检查实验接线,处理实验故障,检查实验结果,指导学生实施正确的实验操作方法,负责实验课进行中的安全用电,解答学生在实验中所出现的问题,批改实验报告,期终考核学生的实验能力及评定成绩。

每次实验课需要经过预习、熟悉设备、接线、通电操作、观察读数、整理数据以及编写实验报告等环节,学生对每一个环节都必须重视,有始有终地完成每个实验。

每次实验课学生除了要带预习报告,还要交上一次的实验报告。在实验课开始时指导教师应在实验内容、实验接线图、主要操作步骤、预习练习题和实验注意事项等方面检查学生的预习情况。

2. 电子实验课的操作程序

1) 基础性实验

良好的实验操作方法与正确的操作程序是实验顺利进行的有效保证。因此可参照图0.0.3所示的程序进行实验。

以下操作程序的详细说明见7.1节“电子基础性实验”。

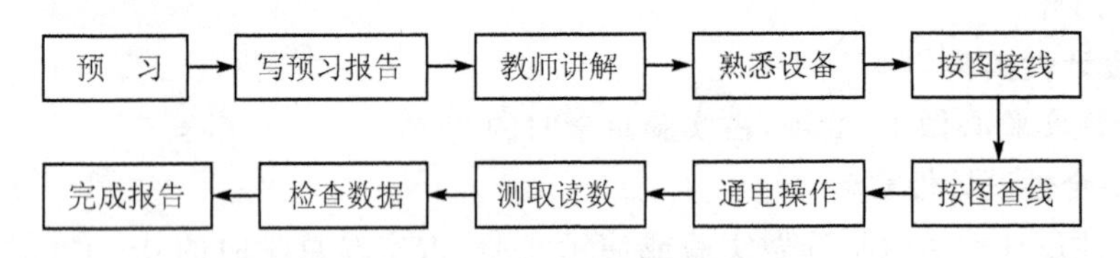

图0.0.3　常规实验的实验操作方法

2) 设计性实验

图0.0.4所示的操作程序是设计性实验的操作方法,其详细说明见7.2节“电子设计性综合性实验”。

3. 电子实验成绩评定方法

电子实验成绩的评定方法如表0.0.1所列。

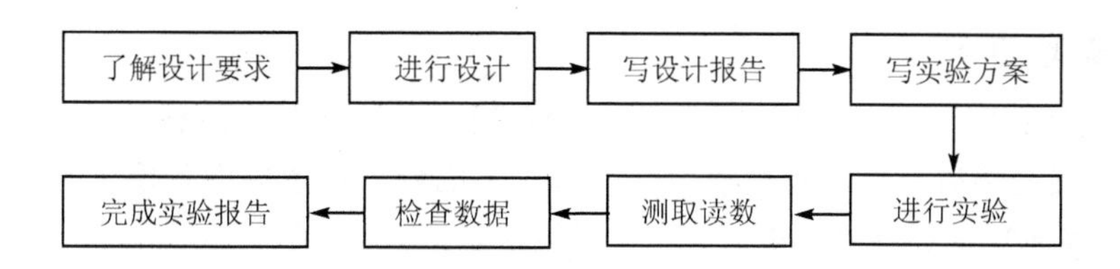

图 0.0.4　设计性实验的操作方法

表 0.0.1　电子实验成绩的评定方法

项　目	评定内容	所占比例
平时成绩	实验预习	10 %
	实验操作	20%
	实验报告	10%
考试成绩	实验操作考试	15%
	实验理论考试	45%
备　注	1. 以上比例会有调整 2. 实验理论考试时间为 15～20 分钟；与理论考试同堂进行	

0.5　电子实验的基本要求

1. 预习要求

实验课前充分地预习准备是保证实验顺利进行的前提，否则将事倍功半，甚至会损坏仪器或发生人身安全事故。为了确保实验效果，要求在实验前教师对学生进行预习情况检查，不了解实验内容和无预习报告者不能参加实验。

预习的主要要求如下：

① 每个实验的预习要求已在实验教材中明确提出。学生应按每个实验的预习内容预习。

② 认真阅读实验教程，了解实验内容和目的。

③ 复习与实验有关的理论知识。

④ 了解并预习实验仪器的使用方法。

⑤ 了解实验的方法与注意事项。

⑥ 熟悉实验接线图及操作步骤。

⑦ 拟好实验数据及实验结果记录表格。

⑧ 认真写出预习报告。

⑨ 在预习报告中回答预习要求中所列出的思考题。

2. 实验要求

严格按照电子实验课操作程序中的步骤进行实验,同时要注意以下事项:

① 接线完毕后要养成自查的习惯。对于强电或可能造成设备损坏的实验电路,须经指导教师复查后方可通电。

② 通电后的操作应冷静而又细致。注意仪器的安全使用和人身安全,发现异常及时断电。

③ 严肃、认真、仔细观察实验现象,真实记录数据,并与理论值比较。

④ 测得的数据经自审后,送指导教师检查后方可拆掉电路连线。

⑤ 实验结束时注意**先断电后拆线**。离开实验室前要整理好实验台。

⑥ 实验完成后,要处理数据,整理实验结果,撰写报告的总结部分,编写和整理一份完整的实验报告。

3. 实验报告的要求

学生参加每个实验都必须写实验报告。实验报告是每人写一份,其目的是培养对实验结果的处理和分析能力、文字表达能力及严谨的科学作风。

实验数据通常用列表及作图两种方法进行处理,关系曲线图应作在毫米方格纸及对数计算纸上。每根曲线用不同的符号区别表示。实验曲线应该是平滑的,应尽量使各点平均地分布在曲线两侧,并可将明显偏离太远的点去除,不能简单地把各点连成折线。

波形的描绘应该在实验观测时进行,应力求真实,注意坐标的均匀及表示出波形的特征,必要时可用箭头标注说明。波形图尽量描在毫米方格纸上,其时间轴不宜小于8 cm,其波幅不宜小于2 cm(单向)。

实验报告应包括实验目的、仪器设备、实验内容及线路图,实验数据记录及整理结果,对实验现象及结果的分析讨论,实验的收获、体会、意见和建议等。实验报告的书写顺序如下:

(以下①~⑥项:预习时完成)

① 实验目的。

② 实验任务。

③ 实验设备。

④ 实验线路。

⑤ 实验原理(简述)。

⑥ 实验步骤。该部分应包括如下内容:

- 简述实验步骤;
- 各步骤的实验接线图;
- 各步骤的测量数据表格,每项数据应有理论计算与实测两项,理论计算在预习中完成,以便实验测量时与实测值比较。

⑦ 实验总结。该部分应包括如下内容：
- 数据处理(包括计算、制表和绘图)，并将测得的数据与理论值比较分析、总结；
- 回答实验教程中提出的问题(思考题)；
- 实验体会及建议。

}实验后完成

实验报告一般分两个阶段写：第一阶段，在实验前一周完成，按实验教程的“预习要求”撰写实验报告的预习部分，它包括报告要求的1～6项内容；第二阶段，在实验结束后完成，撰写实验报告的总结部分。第二阶段完成后，将两部分内容有机整合，就得出一份完整的实验报告。

除以上要求外，实验报告还应：写明实验名称、日期、实验人姓名、同组人姓名(如果有的话)和组号、指导教师姓名；用统一的实验报告纸抄写，做到条理清楚，字迹整洁；图表要用直尺等工具画，波形图应画在坐标纸上。

0.6　实验室安全用电规则

安全用电是实验中始终需要注意的重要问题。为了做好实验，确保人身和设备的安全，在做电子实验时，必须严格遵守下列安全用电规则：

① 接线、改接、拆线都必须在切断电源的情况下进行，即“**先接线后通电，先断电再拆线**”。

② 在电路通电情况下，人体严禁接触电路不绝缘的金属导线或连接点等带电部位。万一遇到触电事故，应立即切断电源，进行必要的处理。

③ 实验中，特别是设备刚投入运行时，要随时注意仪器设备的运行情况，如发现有超量程、过热、异味、异声、冒烟和火花等，应立即断电，并请老师检查。

④ 实验时应精神集中，同组者必须密切配合，接通电源前须通知同组同学，以防止触电事故。

⑤ 了解有关电器设备的规格、性能及使用方法，严格按额定值使用。注意仪表的种类、量程和连接使用方法等。

第一篇　电子实验基础

第1章　电子测量技术

1.1　电子测量的特点及分类

电子测量是以电子技术理论为依据，以电子测量仪器和设备为手段，以电量或非电量（可转化为电量）为对象的一种测量技术。

1. 电子测量的基本特点

电子测量和一般电工测量相比，有以下几方面的特点：

1) 频率范围宽

电子测量可完成对直流量至快速变化电量的测量任务，被测量的频率范围可从零至几百千兆赫。如DF2172B型交流电压表可对频率5 Hz～2 MHz的信号进行测量，而一般万用表只能测量1 kHz以下的信号。

2) 量程范围大

电子测量的量值范围很宽。例如，一只普通万用表的测量范围为几伏至几百伏，约2个数量级；而毫伏表的测量范围可从毫伏至几百伏，达5个数量级，数字电压表更可达7个数量级。

3) 精度高

电子测量的精度与测量方法、测试技术以及所选用的仪器等因素有关。单就电子仪器的精度而言，目前已可达到相当高的水平。由于采用了更为精确的电压、频率基准，电子仪器的测量精度有了极大的提高，能显示6～8位数字的电压表和频率计被大量应用在电子测量中，而电工仪表能达到0.1级精度（即误差为0.1%以下）已是很少见的了。

除了以上三个特点外，电子测量还具有速度快、功能多、使用灵活方便等优点。随着微型计算机技术的发展，电子测量朝着智能化的方向发展。不仅可以进行自动测试和自动记录，而且可以实现数据分析和处理。例如，可以自行消除某些测量误差，使电子测量技术更加完善。

2. 电子测量方法的分类

为了测量工作正常进行以及测量结果的正确性、可靠性，要合理地选择测量方法。测量方法按不同分类包括如下几种。

1）按测量性质分类

按测量性质分类，有时域测量法、频域测量法、数字域测量法和随机量测量法四种。

（1）时域测量法

时域测量法用于测量与时间有函数关系的量，如电压和电流等。它们的稳态值和有效值多用仪表直接测量，而它们的瞬时值可通过示波器显示其波形，以便观察其随时间变化的规律。

（2）频域测量法

频域测量法用于测量与频率有函数关系的量，如电路增益和相移等。可以通过分析电路的幅频特性和相频特性等进行测量。

（3）数字域测量法

数字域测量法是对数字逻辑量进行测量。如用逻辑分析仪可以同时观测单次并行的数据。对于计算机的地址线、数据线上的信号，既可显示其时序波形，也可用 1、0 显示其逻辑状态。

（4）随机量测量法

随机量测量法主要是指对各种噪声和干扰信号等随机量的测量。

2）按测量手段分类

按测量手段分类，有直接测量法、间接测量法、组合测量法和调零测试法四种。

（1）直接测量法

这是一种对被测对象直接进行量测并获得其数据的方法。例如，对各点电压量的测量就是直接测量。

（2）间接测量法

不对被测量进行直接测量，而是对一个或几个与被测量值有确切函数关系的物理量进行测量，然后通过对函数关系的计算或推测，得出被测量，这种测量方法称为间接测量法。

例 1：在如图 1.1.1(a)所示的放大电路中，为了测得静态电流 I_e，可以测出 R_e 两端的电压 u_e。然后通过欧姆定律，求出 I_c($I_c \approx I_e$)的数值。

例 2：如图 1.1.1(b)所示，求输入电阻 R_i 的方法也是一样，可以先测出 R_s 两端的电压 $u_s - u_i$，然后换算成输入电流 $i_i = (u_s - u_i)/R_s$，再通过计算求得 R_i($R_i = u_i/i_i$)。

（3）组合测量法

这是一种将直接测量法和间接测量法兼用的测量方法。

（4）调零测试法

调零测试法的基本过程是：将一个校好的基准源与未知的被测量进行比较，并

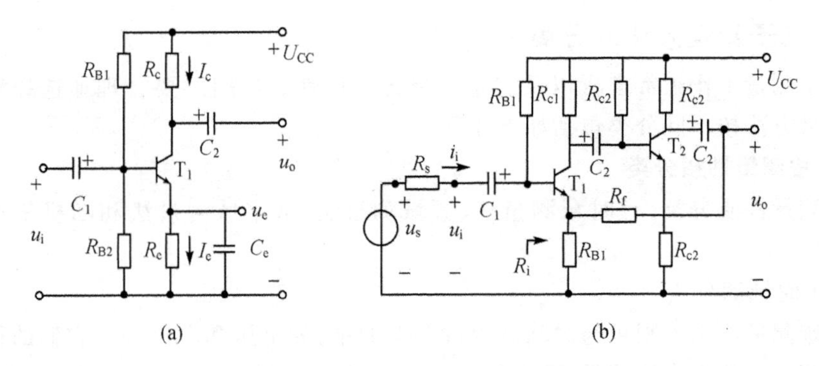

图 1.1.1　间接测量示意图

调节其中一个，使两个量值之差达到零值。这样，从基准源的读数便可以得知被测量的值。

1.2　常用电量的测量

1. 电压测量

电压测量是人们经常遇到的最基本的测量之一。为了使测量准确，必须充分了解被测对象的特点，并掌握仪器的基本原理、性能和正确使用方法，并在选择仪器和进行测量时应注意以下几点：

(1) 考虑频率范围。必须使被测电压的频率处于所选电压表的工作频率范围内。

(2) 考虑量程范围。可以根据被测电压大致数值选择合适的量程挡级。

(3) 考虑电压表输入阻抗。因为电压表并联于被测对象两端，就相当于将表的输入阻抗并联到了被测对象的两端。因此，必须选择输入阻抗远大于被测端电阻值的电压表。否则，由于输入阻抗的影响，改变了被测电路的工作状态，从而引起较大的测量误差。

(4) 正弦交流电压的大小可以用峰值、有效值及平均值等来表示。

① 峰值：任意一个周期性交变电压 $u(t)$，在所观察的一个周期内，其电压所能达到的最大值，称为该交流电压的峰值。当不存在直流分量时，峰值就是振幅值 U_m。

② 有效值：当交流电压在一个周期内通过某纯阻负载所产生的热量，与一个直流电压在同一时间内、在同一负载上产生的热量相等时，该直流电压数值称作交流电压的有效值。在数学上，有效值与均方根值是同义词，且有

$$U=\sqrt{\frac{1}{T}\int_0^T u^2(t)\,\mathrm{d}t}$$

有效值应用很普遍，各类交流电压表的指标值几乎都是按正弦波有效值来标

定的。

③ 平均值：具有周期性的变化电压，其平均值定义为：

$$U_0 = \frac{1}{T}\int_0^T u(t)\mathrm{d}t$$

式中，T 是变化电压的周期。当 $u(t)$ 中含有直流分量时，其平均值 U_0 等于直流分量；而当 $u(t)$ 中不含直流分量时，则 $U_0=0$。

以上三个参数也适用于其他周期性的电压。但是在不同的场合，对不同的波形来说，强调的参数有所侧重。例如，对正弦交流电压来说，着重强调有效值；而对脉冲波形电压来说，强调的是幅值，也就是峰值；在整流、滤波电路中，输出电压强调的是平均值(即输出直流电压)及峰-峰值(即输出的纹波电压)。

通常用于测量电压大小的电压表分为两种类型：一种是交流电压表，另一种是直流电压表。前者只能测量单一频率的正弦交流电压的有效值，后者可以测量具有周期性的任意波形电压的平均值。

用电压表测量直流电压时，应注意“＋”、“－”极性；测量交流电压时，要注意共地，以避免外界引入的干扰和意外过负荷的危险。

测量电压的仪器有：交直流电压表、万用表、交流毫伏表和示波器等，可根据电压的性质、大小和需要来选择，千万不要用错仪器。

测量电压的仪器一般是与被测元件并联，测量时比较方便，通常采用直接测量法。

2. 电流测量

测量电流的仪器一般是与被测元件串联，测量时要断开电路，比较麻烦，因此，通常不采用直接测量法，而采用间接测量法。当被测支路内有一个定值电阻 R 可以利用时，可以测量该电阻两端的电压 U，然后根据欧姆定律算出被测电流 $I=U/R$。这个电阻一般称为取样电阻。

当被测支路无现成的电阻可利用时，也可以人为地串入一个取样电阻来进行间接测量，取样电阻的取值原则是对被测电路的影响越小越好，一般在 1～10 Ω 之间，很少超过 100 Ω。

测量交流电流时，一般都采用间接测量法，测量时对取样电阻有一定的要求：

① 当电路工作频率在 20 kHz 以上时，就不能选用普通绕线电阻作为取样电阻，高频时应用薄膜电阻。

② 在测量中必须将所有的接地端连在一起，即必须共地，因此取样电阻要连接在接地端，在 LC 振荡电路中，要接在低阻抗端。

1.3　常用元器件的测量

常用元器件的测量方法很多：用电桥法可以测量电阻、电感和电容；用谐振法也可以测量电感、电容;……。其中用万用表测量是最简单的方法,但有的元件参数只能用它来粗测。本节介绍最简单、实用的测量方法。

1. 电阻测量

电阻器的类别及其主要技术参数的数值一般都标注在它的外表面上。当其参数标志因某种原因而脱落或欲知道其精确阻值时,就需要进行测量。

对于常用的碳膜、金属膜电阻器以及线绕电阻器阻值,可用普通万用表的电阻挡直接测量,但在具体测量时应注意以下几点。

1) 合理选择量程

由于万用电表的电阻挡刻度线是一条非均匀的刻度线,因此必须合理选择量程,使被测电阻的指示值尽可能位于刻度线的 0 刻度到全程 2/3 这一段位置上,这样可提高测量的精确度。例如,被测电阻的阻值为几欧至几十欧、几十欧至几百欧、几百欧至几千欧、几千欧至几十千欧,则应分别选用万用表的 $R\times1$,$R\times10$,$R\times100$,$R\times1\text{k}$ 挡。对于上百千欧电阻器的测量,则应选用 $R\times10\text{k}$ 挡。若电表无此量程挡,则应选用 $R\times1\text{k}$ 挡,一般说来,这时的测量误差是相当大的。

2) 注意“调零”

所谓“调零”,就是将电表的两只表笔短接后,调节表盘上的调零电位器,使指针位于 0 刻度位置上。“调零”是测量电阻器之前必不可少的步骤,而且每换一个量程都必须重新调整一次。顺便指出,若调零电位器旋钮已调到极限位置,但指针仍指不到 0 刻度位置,说明电表内部电池电压已不足了,应更换新电池后再进行测量。

3) 测量方法要得当

测量方法正确与否对于测量结果有很大影响。

在具体测量时,手不要同时触及电阻器的两引出线,以免因人体分流作用而使测量值小于它的实际值。尤其是测几百千欧的大阻值电阻,最好不要用手接触电阻体的任何部分。对于几欧的小电阻,应注意使表笔与电阻引出线接触良好,必要时可将电阻两引线上的氧化物刮掉后再进行测量。

有时需要测量电路中电阻器的阻值,这时应将电阻器从电路中焊开一端,同时还应切断电路电源,否则将影响测量的准确性,并有可能损坏电表。

2. 电容测量

以电解电容器的定性测量为例进行说明。

1) 电解电容的外形及符号图外形及符号图

电解电容的外形及符号图如图 1.1.2 所示。

2) 电解电容的测量

电解电容的容值比较大,容易观测其充放电现象,因此可以从充放电现象来判别电解电容的好坏,即直接粗略地测量其性能,如容值和漏电流等。检测的方法是将万用表置电阻挡,一般情况下,当电解电容的容值 $C\geqslant10\ \mu\text{F}$ 时,置×100 挡,当 $C<10$

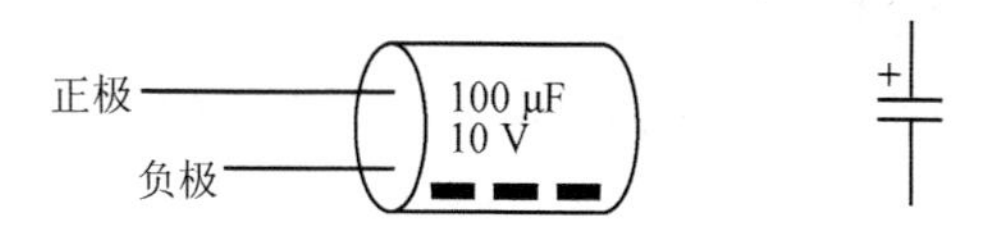

图 1.1.2　电解电容的外形及符号图

μF 时，置×1k 挡。在两个表棒接到电解电容引脚的瞬间，观察表针向右摆动的情况。这个过程是等效电势 E 通过内阻 R_s 对电容充电，充电电流使表针摆向右边，随着短暂充电过程的结束，充电电流减少，表针迅速回到左边。有这样的充电过程，说明这个电解电容是好的。如果表针迅速向右摆动后不再摆回，说明电容器击穿；如果指针根本不向右摆动，则说明电容器内部断路或电解质已干涸而失去容量。上述测量过程的等效电路如图 1.1.3 所示，图中 E 为万用表内部电池。MF－30 型万用表中，当处于 $R\times1$，$R\times10$，$R\times100$ 和 $R\times1$k 四挡位置时，$E=1.5$ V；当处于 $R\times10$k 位置时，$E=15$ V。R 为等效内阻，不同挡的 R 值不同，挡值越小，R 越小（这里的 1 和 10 分别指 1 Ω 和 10 Ω；这里的 k 均指 kΩ，以下类同，不再赘述）。

在检测时还要注意，黑表笔接电解电容的正极，红表笔接电解电容的负极。

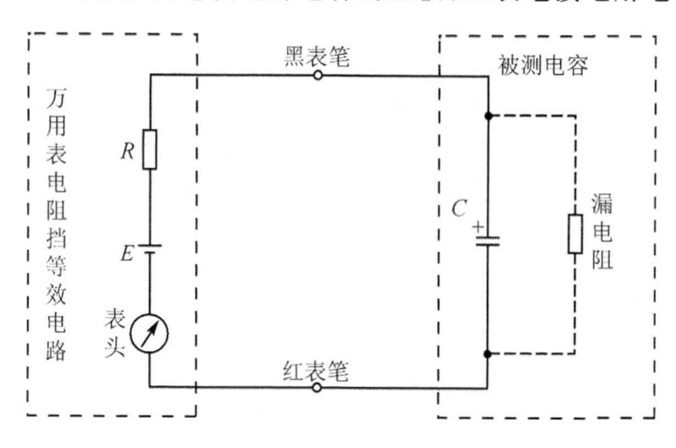

图 1.1.3　万用表测电容的等效电路

上述测量也可以定性地测量电解电容器的容值大小。其方法是看表针开始向右摆动的幅度和向左退回的速度。一般来说，在万用表相同的挡位下测量，如向右摆动的幅度愈大，电容容值愈大；向左退回的速度愈慢，电容容值愈大。因为电解电容器的实际容值与其标称值差别较大，特别是放置时间较久或使用时间较长的电容器，因此利用万用表准确地测量其电容值，是难以做到的，只能比较出它们的相对大小。另外，这种测量方法只有在容值与万用表内阻大小匹配得较合适时，表头指针的摆幅以及指针的退回速度才能适合肉眼的观察。因此，采用这种方法测量的电容容值范围是很有限的，并且还要在合适的电阻挡上进行。如果容值较小根本就看不出其偏转，所以不适合测量小容值的电容。

3. 半导体二极管测量

二极管的最基本特性是具有单向导电性。二极管的作用等请见第 4 章"常用电子元器件"介绍。

1) 二极管的符号和外形识别

常见二极管的外形封装图如图 1.1.4 所示。

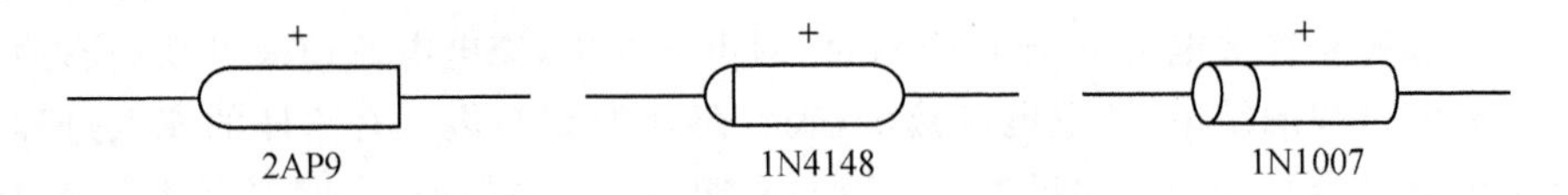

图 1.1.4　常见二极管的外形封装图

2) 用万用表测定二极管的方法

先将万用表拨到欧姆挡的 $R\times100$ 或 $R\times1\mathrm{k}$ 挡(对应的内电池为 1.5 V),然后用红表笔和黑表笔分别接二极管两端,这时表针所指示的电阻值两种可能,一种是比较大(指针偏转不到满刻度的$\frac{1}{4}$),一种是比较小(指针偏转超过$\frac{1}{2}$)。下面分这二种情况来说明其判断方法:

① 阻值比较小:说明此时的二极管处于正向导通状态,外加的是正向偏置电压,故黑表笔接的那一端为二极管的正极,红表笔接的那一端为负极。

② 阻值比较大:说明此时的二极管处于反向截止状态,外加的是反向偏置电压,故黑表笔接的那一端为二极管的负极,红表笔接的那一端为正极。

然后再交换表笔测量,观察结果是否与上一次正好相反。如果正好相反,说明判断正确。

如果两次观察结果,指针偏转情况比较接近,则说明该二极管失去了单向导电性;如果两次观察的电阻值都为零,则说明内部已短路;若电阻都为无穷大,则说明内部已断路。这几种情况都说明二极管已损坏而不能使用了。

顺便指出,用万用表测量一般小功率二极管的正、反向电阻(包括后面介绍的三极管测量),不宜使用 $R\times1$ 和 $R\times10\mathrm{k}$ 挡。前者通过 PN 结的正向电流大(万用表内阻小),能烧毁管子;后者加在 PN 结的反向电压太高(万用表内电池为 15 V),易将管子击穿。另外,二极管的正反向电阻值随测量用万用表量程($R\times100$ 挡还是 $R\times1\mathrm{k}$)的不同而不一样,这是因为 PN 结的非线性特性造成的,属正常现象。因此测量时不直接读电阻值,而是看指针偏转幅度。

4. 半导体三极管测量

1) 三极管的符号和外形

三极管的用途极广,但归纳起来可以分为放大作用和开关作用。三极管的作用等内容请见第 4 章"常用电子元器件介绍"。三极管的符号和外形如图 1.1.5 所示。

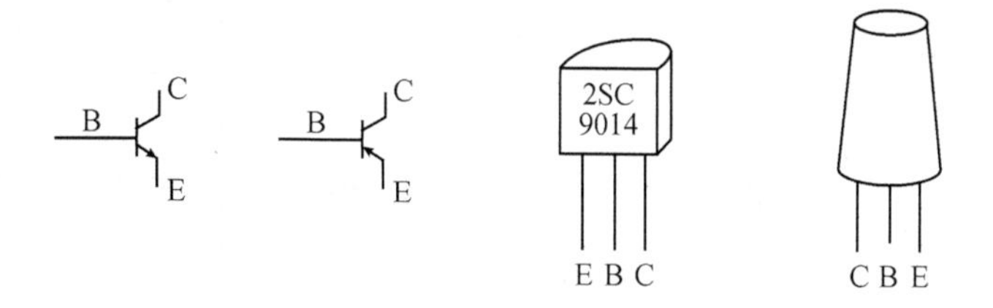

图 1.1.5　常用三极管的符号和外形封装

2）用万用表测定三极管的方法

(1) 判断管子基极

由于三极管的基极与发射极、基极与集电极分别是两个 PN 结，故利用 PN 结单向导电的特性用万用表的电阻挡（$R\times100$ 或 $R\times1\text{k}$）测量，可以判断出管子极性和类型，测量方法如下：

先假设一个引脚为基极，以任一表笔接到此脚上，再以另一表笔分别去接其余的两个引脚，将得到两个阻值，如果这两个阻值都很大或者都很小，则此脚有可能为基极，然后再将表笔对换，按上述方法测此脚，如得到的两个阻值恰好与前面的相反，都很小或都很大，则此脚即为基极。如不符合上述规律，应另换一个脚假设为基极，重新按上述方法进行测量，直到找到符合上述规律引脚为止。如果某个脚的阻值在对换表笔前后测出的值都很大（无穷大）或都很小（0），则该管已坏。

找到基极后再根据引脚和表笔的极性，可判断管子的类型。

(2) 判断管子类型

三极管的检测方法是将万用表置 $R\times100$ 挡。对于 NPN 管：当黑表笔接三极管的基极，红表笔分别接三极管的集电极和发射极时，测量的是三极管两个 PN 结的正向电阻，其阻值为 600 Ω 左右；当红表笔接三极管的基极，黑表笔分别接三极管的集电极和发射极时，测量的是三极管两个 PN 结的反向电阻，其阻值为几十兆欧以上，表针基本不动。对于 PNP 管，万用表的红黑表笔对调，其两个 PN 结的正向电阻值为 200 Ω 左右，反向电阻值为几十兆欧以上。

简而言之，当黑表笔接在基极，红表笔分别接在其他两脚所测得的电阻如果都较小，则可确定该管为 NPN 型，反之即为 PNP 型。

(3) 判断集电极和发射极

判断集电极和发射极的基本原理是把三极管接成基本单管放大电路。如图 1.1.6 所示，利用测量管子的电流放大系数 β 的大小来判定集电极和发射极。

简便测试方法如下：

当肯定被测管为 NPN 型硅管后，将红表笔接于某一个待测引脚，假设它为发射极，黑表笔接另一个引脚，基极悬空，这时组成了图 1.1.6(b)，由于三极管未加上偏置电流，故这时流过管子的电流应该很小，观察表针偏转情况。然后给管子加上偏置电流，如果黑表笔接的是集电极，红表笔接的是发射极，则加上偏置后（即图 1.1.6

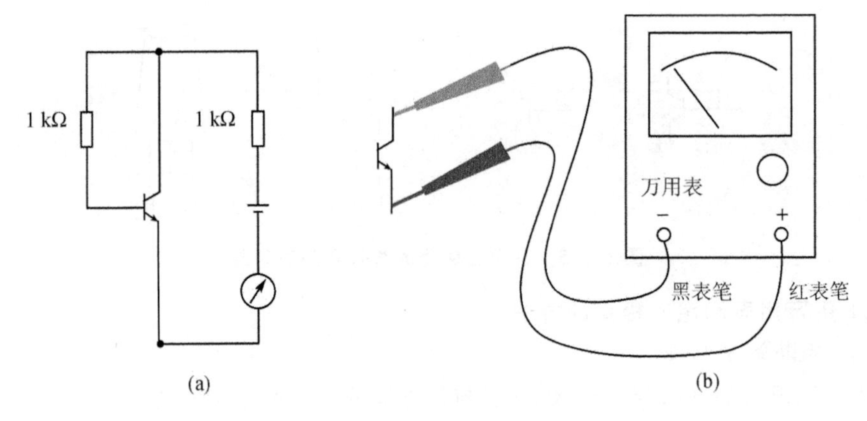

图 1.1.6　晶体管测量

(a)),管子流过的电流增大,表针应摆动,指向较小的阻值。偏置电阻 R_b 可用人体电阻来代替,即用手指捏住黑表笔所接的引脚和已断定出来的基极(注意这两个电极不能相碰),这时表针摆幅越大越好,如果表针反映不大,则应重新假设发射极,重复上述过程。

(4) 粗测穿透电流 I_{CE0}

如图 1.1.6(b)所示,在三极管引脚已确定的前提下,将基极开路,测量三极管集电极与发射极之间的电阻。一般此阻值应在几十千欧以上,如果阻值太小则表明 I_{CE0} 很大,管子性能不好,如果接近于 0,则表明管子已经损坏。此法适用于小功率三极管的测量。

5. 集成电路测量

这里主要研究数字集成电路的检测方法。判别数字集成电路的好坏,可以采用逻辑功能检测法和置位功能检测法,必要时还需采用参数测试法。

1) 逻辑功能检测法

器件逻辑功能的正确标准是:在规定的电源电压范围内、输出端不接任何负载的情况下,电路的输出与输入之间的关系应该完全符合真值表或逻辑功能表所具有的逻辑关系,且输出端电平应符合规定值。根据测试条件的不同,逻辑功能检测法可分为如下五种方法。

(1) 数字集成电路测试仪检测法

用数字集成电路测试仪检测数字集成电路器件的逻辑功能是最为简便迅速的方法,尤其适用于数量多、种类多的场合。

(2) 电子技术实验仪检测法

具体操作步骤如下所述。

① 先给器件加上规定的电源电压。

② 将“电平开关”接至有关输入端以提供逻辑电平。

③ 将输出端接至“电平显示器”，使输出端电平能显示出来。

④ 若有时钟脉冲，则将“单次脉冲”输出端接至器件的时钟输入端。

⑤ 按器件真值表的输入电平拨动“电平开关”，从“显示器”显示的逻辑电平观察是否符合真值表的规定。

(3) 逻辑电平笔测试法

具体操作步骤如下所述。

① 接好被测器件的电源电压。

② 将逻辑电子笔的“类型选择开关”拨到被测器件相应的类型（TTL 或 CMOS）。接好逻辑笔电源，注意接地良好。

③ 在器件的输入端按真值表接以相应的电平，观察逻辑笔上的显示是否符合真值表的规定。

(4) 万用表法

具体操作步骤如下所述。

在没有以上几种仪器的情况下，用万用表也可以测试器件的逻辑功能。

① 把器件插入简易测试板的插座里，并接好电源电压。

② 按真值表规定的输入电平，将各输入端分别按地（为逻辑 0）或接电源（为逻辑 1），分别测量输出电压值，判断器件的逻辑功能是否正常。

③ 对于时钟输入端可用“先接地，瞬间接电源”的方法来实现。

(5) 示波器法

具体操作步骤如下所述。

① 接好被测器件的电源电压。

② 在输入端分别输入合适的脉冲信号。

③ 用双踪示波器的 Y_A、Y_B 两通道同时观察输入、输出波形，并根据波形分析逻辑关系是否正确就可以判断集成电路的好坏。必要时还可测出被测信号的幅度、脉宽、占空比、前后沿时间、最高触发频率和抗干扰能力等脉冲参数。

2）置位检测法

对各种触发器和规模较大的数字集成电路可采用置位法进行检测。

这些集成电路大多数具有置位功能，如 D 触发器、JK 触发器的置 0 和置 1 功能；计数器的复位（清零）功能；译码驱动器的点亮测试功能、无效零消隐功能；编码器的选通输入功能等。若这些置位功能正常，则集成电路是正常的。

置位检测时，需向被测集成电路提供合适的电源电压，按要求向集成电路置位端提供合适的 0、1 电平，用 LED 显示器或逻辑笔检测其能否正常置位，从而进行正确判断。使用置位法时要注意：集成电路输入端应按真值表正确处置；检测 CMOS 电路时，空余输入端要特别处理好。

在应用中，应根据具体使用场合的需要来选择测试方法和测试项目。在数字逻辑电路实验中，可行的方法是用简单的逻辑功能检测法确定器件的逻辑功能是否正常。但有些情况还要对器件的参数进行测试，对于某些器件的使用场合有特殊要求的，还需进行某些专项测试。

1.4 电子测量的基本步骤

电子电路的基本测量项目通常有"静态"测量和"动态"测量。

测试程序一般是先"静态"，后"动态"，并在基本测试项目完成的基础上，根据实际需要有时还可进行某些专项测试(例如在电源波动情况下，电路稳定性的检查、抗干扰能力的测定等)。

1. 模拟电路测试

1) 静态测量

所谓"静态"，是指电路不加输入信号，或仅加固定电压信号，电路所处的稳定状态(对自激振荡电路来说是指停振状态)。

静态测量的对象主要是各节点的直流电位。当测量精度要求不高时，一般可采用普通万用表；对一些精度要求较高的电路(例如 A/D 转换和电压比较电路等)，可采用内阻大、精度高的数字电压表。

2) 动态测量

所谓"动态"，一般是指电路在外加输入信号作用下的工作状态(对自激振荡电路来说，则是指振荡状态)。例如，对放大电路来说，动态测量的主要对象通常有以下几个：

① 信号的幅度、周期(或频率)。

② 电压放大倍数和最大不失真输出电压。

③ 输入电阻和输出电阻。

④ 频率响应(f_L、f_H)。

⑤ 瞬态响应(t_r、t_f、t_p、δ)。

⑥ 共模抑制比 K_{CMR}。

动态测量通常用示波器进行。如通过观察和测量电路的输入、输出波形，利用直读法、比较法(或时标法)等，读测被测信号的幅度(峰值或峰-峰值)、周期(或频率)、正弦信号的相位，脉冲信号的脉宽、上升时间、下降时间等参数。并通过计算求得其他一些性能指标。对于正弦信号的幅度也可用交流毫伏表读测其有效值。

动态测试时应选择合适的信号发生器和示波器，以减小测量误差。

2. 数字电路测试

1) 静态测量

数字电路测试大体上分为静态测试和动态测试两部分。静态测试指的是给定数

字电路若干组静态输入值，测试数字电路的输出是否正确。将数字电路连接成个完整的线路，把线路的输入接电平开关输出，线路的输出接电平指示灯，按功能表或状态表的要求，改变输入状态，观察输入和输出之间的关系是否符合没要求。静态测试是检查电路是否正确、接线是否无误的重要一步。

2）动态测量

在静态测试的基础上，按设计要求在输入端加动态脉冲信号，观察输出波形是否符合设计要求，这是动态测试。有些数字电路只需进行静态测试即可，有些数字电路则必须进行动态测试。一般时序电路应进行动态测试。

1.5　电子电路主要参数测量

1. 放大电路输入电阻

测量放大电路输入电阻采用如图 1.1.7 所示电路。

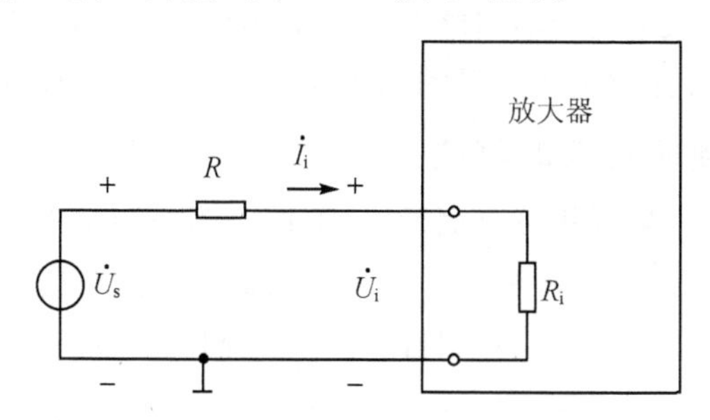

图 1.1.7　电阻分压法测量输入电阻

设输入信号频率处于放大电路的中频区，而且幅度适当，即保证放大电路输出电压波形不失真时，通过毫伏表，分别测得 $\dot{U}_i$ 和 $\dot{U}_s$，则由此可计算输入电阻：

$$R_i=\frac{\dot{U}_i}{\dot{I}_i}=\frac{\dot{U}_i}{(\dot{U}_s-\dot{U}_i)/R}=\frac{\dot{U}_i}{(\dot{U}_s-\dot{U}_i)}R$$

若 R 是可变电阻，通过调节 R 值，使 $\dot{U}_i=\frac{1}{2}\dot{U}_s$，则有 $R_i=R$，这就是采用半压法测输入电阻。

2. 输出电阻的测量

测量放大电路输出电阻 R_o，可以采用如图 1.1.8 所示电路。

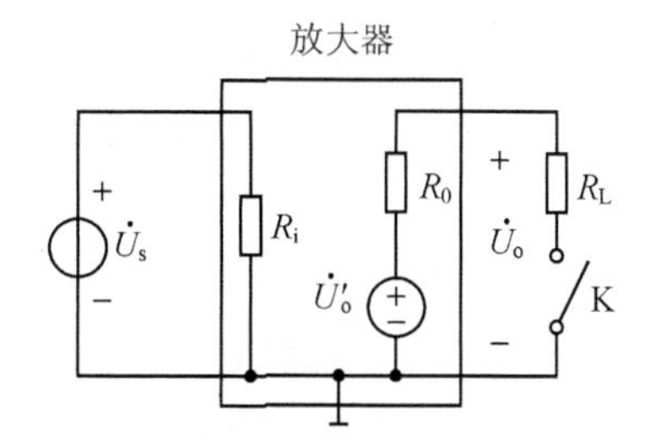

图 1.1.8　测量输出电阻原理图

在输入中频信号且幅度不变的条件下，分

别测出空载和带载两种情况下的输出电压值 $\dot{U}_o$ 和 $\dot{U}'_o$(注意输出电压不能出现失真),则由此可算得输出电阻:

$$R_o = \frac{\dot{U}'_o - \dot{U}_o}{\dot{U}_o} R_L$$

同理也可采用半压法测量输出电阻。

3. 放大电路电压放大倍数的测量

图 1.1.9 是测量放大电路电压放大倍数的原理图。由该图可知,开关 S 分别指向 1 和 2 的位置,通过毫伏表测出输入电压和输出电压的有效值,即 U_i 与 U_o,从而可求得放大电路的电压放大倍数:$|A_u| = U_o/U_i$。

如果测量仪器为示波器,则可分别测得输入、输出电压的幅值即 U_{im} 和 U_{om},然后同样可求得放大电路的电压放大倍数:

$$|A_u| = U_{om}/U_{im}$$

若同时要观察输入电压与输出电压之间的相位关系,则可使用双踪示波器进行测量。测量过程中,要注意输入信号的大小应适当,以免输出电压波形出现失真。

4. 放大电路频率特性的测量

频率特性的测量一般采用逐点测量法,测试电路如图 1.1.10 所示。通过改变输入信号的频率(保持电压大小不变),并用示波器监视放大电路的输出电压,在输出波形无明显失真的条件下,选择一定数目的频率点,测出相应的输入电压 U_i 和输出电压 U_o,由此可算得对应各频率点的 $\dot{A}_u = \dot{U}_o/\dot{U}_i$,或用 dB 单位,取 $20\lg|\dot{A}_u|$。然后就可画出对数幅频特性曲线。曲线上相对中频段下降 3 dB(即 0.707 倍)所对应的频率分别为上限频率 f_H 和下限频率 f_L。频带宽度 $f_{BW} = f_H - f_L$。

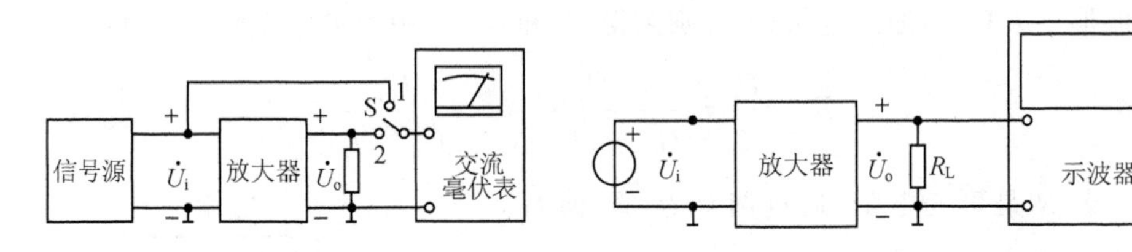

图 1.1.9 测量放大电路电压放大倍数的原理图　　图 1.1.10 逐点法测量频率特性

另一种简单测量方法是在任何频率下都保持输入电压大小不变。首先测出中频区的输出电压 $\dot{U}_{om}$,然后分别降低或升高输入信号频率,直至输出降至 $\dot{U}_{om}$ 的 0.707 倍,此时对应的频率分别为下限频率 f_L 和上限频率 f_H,频带宽度 $f_{BW} = f_H - f_L$。然后再在频带内、外分别测出几个频率点上的输出电压,算出 $\dot{A}_u = \dot{U}_o/\dot{U}_i$,并取 $20\lg|\dot{A}_u|$,由此即可画出幅频特性曲线。

思考题

1. 电子测量和一般电工测量有什么不同之处？

2. 解释什么是时域测量法？什么是频域测量法？什么是数字域测量法？什么是随机量测量法？

3. 什么是调零测试法？举一个应用实例。

4. 可以用交直流电压表、万用表、交流毫伏表、示波器来测量电压。问：交流电压表能测出电压的什么值？直流电压表能测出电压的什么值？万用表能测出电压的什么值？交流毫伏表能测出电压的什么值？示波器又能测出电压的什么值？

5. 交流电压表和交流毫伏表的区别在哪里？

6. 测量电流的仪器一般是与被测元件串联，能不能与被测元件并联？说明原因。

7. 测量交流电流时，对取样电阻有什么要求？

8. 测量电流除了用电流表还能用什么设备？

9. 对于上百千欧电阻器的测量，选用万用表什么挡测量误差小？

10. 如何测量电路中电阻器的阻值？

11. 万用表能准确地测量电容值吗？

12. 用万用表能测量小容量的电容吗？

13. 用万用表如何检查出二极管失去了单向导电性？

14. 为什么说，测量一般小功率二极管的正、反向电阻，不宜使用 $R\times1$ 和 $R\times10k$ 挡？

15. 如何用万用表寻找三极管的基极？

16. 已知三极管的基极，用万用表测其他引脚的阻值，在对换表笔前后测出的值都很大（∞）或都很小（0），问该三极管有什么问题？

17. 数字集成电路的检测方法有哪些？你认为哪一种比较方便？

18. 模拟电路和数字电路都有静态测试和动态测试，试说明它们有什么相同之处和不同之处？

19. 如何测量放大电路输入电阻？

20. 如何测量放大电路输出电阻？

21. 什么叫半压法？如何用半压法测输入电阻和输出电阻？

22. 通常用什么方法测量频率特性？

第 2 章　常用电子实验仪器

2.1　双踪示波器

通用示波器是一种能将随时间变化的电压用图形显示出来的电子仪器。可用它来观察电压(或转换成相应的电流)波形,或测量电压幅度、频率和相位等。因此,它是电工电子实验中必不可少的重要测量仪器。

2.1.1　示波器的工作原理

通用型示波器的原理结构框图如图 1.2.1 所示。

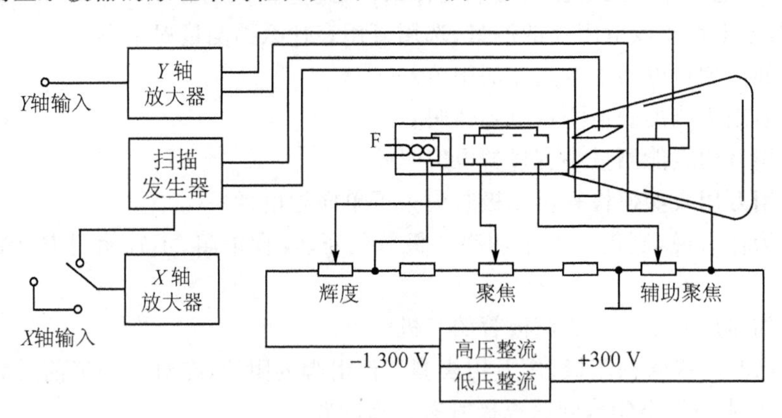

图 1.2.1　通用型示波器的原理结构框图

电子示波器主要是由示波管及其显示电路、垂直偏转系统(Y 轴信号通道)、水平偏转系统(X 轴信号通道)和标准信号发生器、稳压电源等几大部分组成。其中,示波管是示波器的核心部件。下面分别简要介绍。

1. 示波管

普通示波管的结构主要是由电子枪、偏转系统和显示屏等组成,如图 1.2.2 所示,它是把电信号变成光信号的转换器。

1) 电子枪

由灯丝(F)、阴极(C)、栅极(G_1)、前加速极(G_2)、第一阳极(A_1)和第二阳极(A_2)组成。电子枪的作用是用来发射电子并形成很细的高速电子束。示波管的灯丝用于加热阴极。阴极是一个表面涂有氧化物的金属圆筒,在灯丝加热下发射电子。栅极

是一个顶端有小孔的圆筒，套在阴极外边，其电位比阴极低，对阴极发射出来的电子起控制作用；只有初速较大的电子才能穿过栅极顶端小孔射向荧光屏，初速较小的电子则折回阴极，如果栅极电位足够低，就会使电子全部返回阴极。因此，调节栅极电位可以控制射向荧光屏的电子流密度，从而改变亮点的辉度（即示波器面板上“辉度”旋钮的作用）。如果用外加信号控制栅、阴极间电压，则可使亮点辉度随信号强弱变化而变化。

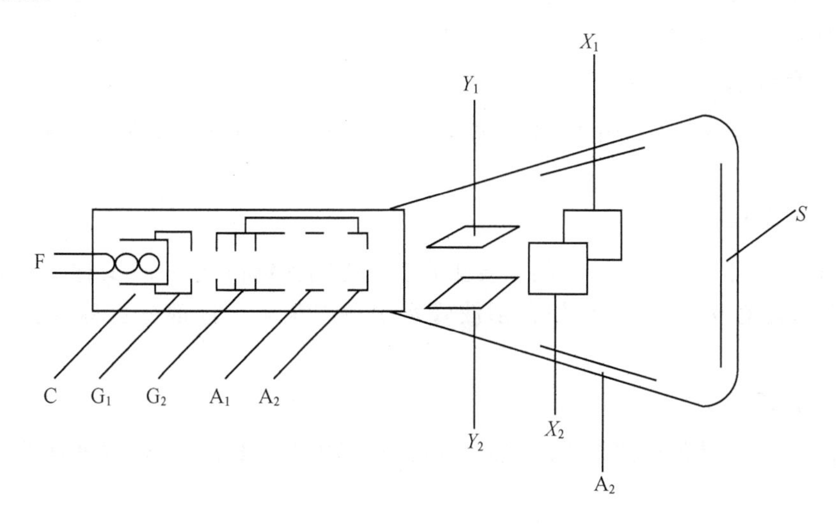

图 1.2.2　普通示波管结构示意图

第一阳极 A_1 是一个与阴极同轴的比较短的金属圆筒，A_1 的电位远高于阴极。第二阳极 A_2 也是与阴极同轴的圆筒，其电位高于 A_1。前加速极 G_2 位于 G_1 与 A_1 之间，与 A_2 相连，对电子束起加速作用。

由 G_1、G_2、A_1 及 A_2 构成一个对电子束的控制系统，它对电子束有聚焦作用。改变第一阳极 A_1 的电位（利用面板上的“聚焦”旋钮）及第二阳极 A_2 电位（利用面板上的“辅助聚焦”旋钮），使电子束在荧光屏上会聚成细小的亮点，以保证显示波形的清晰度。

2）偏转系统

在第二阳极的后面，由两对相互垂直的金属板构成示波器 Y 轴和 X 轴的偏转系统。Y 轴偏转板在前，X 轴偏转板在后，两对板间各自形成静电场。被测信号电压作用在 Y 轴偏转板上，X 轴偏转板上作用着锯齿波扫描电压。通过作用在这两个偏转板上的电压控制着从阴极发射过来的电子束在垂直方向和水平方向的偏转。

3）荧光屏

示波器的荧光屏一般为圆形或矩形平面，在其内壁沉积有荧光物质，形成荧光膜。荧光膜受到电子冲击后能将电子的动能转化为光能，形成亮点。当电子束随信号电压偏转时，这个亮点的移动轨迹就形成了信号的波形并显示在荧光屏上。当电子束停止作用后一段时间内，荧光膜仍保留一段发光过程，这种激励过后辉度所延续的时间称为余辉。余辉时间的长短与所使用的荧光物质有关。余辉时间在 0.1～1 s 的称为长余辉，在 1～100 ms 的称为中余辉，在 0.01～1 ms 的称为短余辉。一般低频示波器用于观察缓慢信号的多用长余辉，用于观察高频信号的宜用短余辉，用于一般用途的多用中余辉。

为了测量波形的高度或宽度，在荧光屏玻璃内侧刻有垂直和水平方向的分刻度线，使测量准确度较高。

2. 垂直偏转系统

Y 轴通道把被测信号电压调节（放大或衰减）到适当的幅度，然后加在示波管的垂直偏转板上。

3. 水平偏转系统

扫描发生器产生一个与时间呈线性关系的周期性锯齿波电压（又称扫描电压），经过 X 轴通道放大以后，再加在示波管水平偏转板上。这部分也称为扫描时基部分。

4. 电源部分

向示波管和其他电路提供所需的各组高低压电源，以保证示波器各部分的正常工作。

5. 波形显示原理

在 X 轴偏转板加上线性扫描电压时，电子束在屏幕上按时间沿水平方向展开，形成时间基线。当仅在 X 轴偏转板加上锯齿波电压时，亮点沿水平方向作等速移动；当扫描电压达到最大值（U_m）时，亮点亦达最大偏转，然后从该点迅速回到起始点。若扫描电压重复变化时，在屏幕上就显示一条水平亮线，这个过程称为扫描。在 X 轴偏转板有扫描电压作用的同时，在 Y 轴偏转板加上被测信号电压，就可以将其波形显示在荧光屏上。这样，电子束就可以随着输入电压的变化而形成图形，如图 1.2.3 所示。

为了在荧光屏上能看到被测电压 u_y 稳定的图形，要求扫描电压 u_x 的周期 T_x 与 Y 轴输入的被测电压 u_y 的周期 T_y 之比 n 具有整数倍的关系。即

$$n=\frac{T_x}{T_y}$$

式中，n 应为正整数。当 $n=1$，即 $T_x=T_y$ 时，荧光屏显示的波形如图 1.2.3(a)所示；当 $T_x=2T_y$ 时，波形显示如图 1.2.3(b)所示。如果不满足 $n=\frac{T_x}{T_y}$ 为整数倍关系，每次扫描的起始点将对应着被测电压 u_y 的不同相位点，荧光屏上显示的波形是不断滚动的不稳定图形，如图 1.2.3(c)所示。

由此可见，为了在屏幕上获得稳定的图形，T_x 与 T_y 必须为整数倍关系，即 $T_x=$

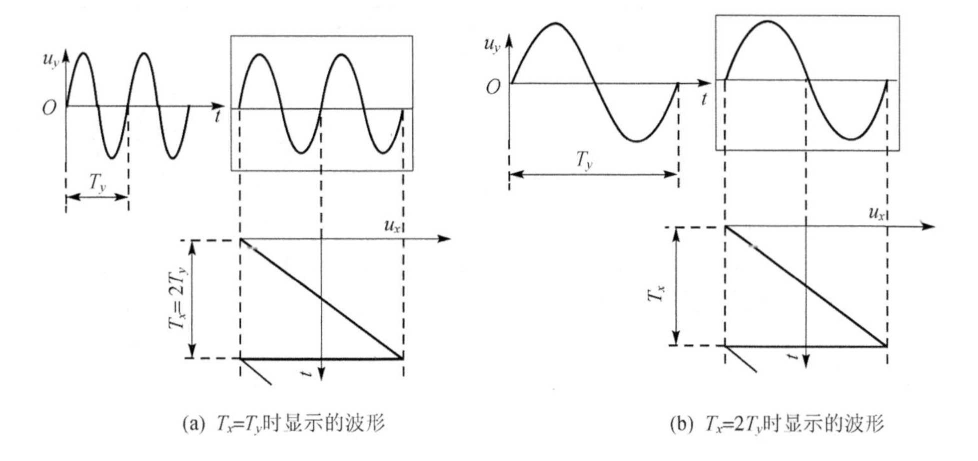

(a) $T_x=T_y$时显示的波形　　　　(b) $T_x=2T_y$时显示的波形

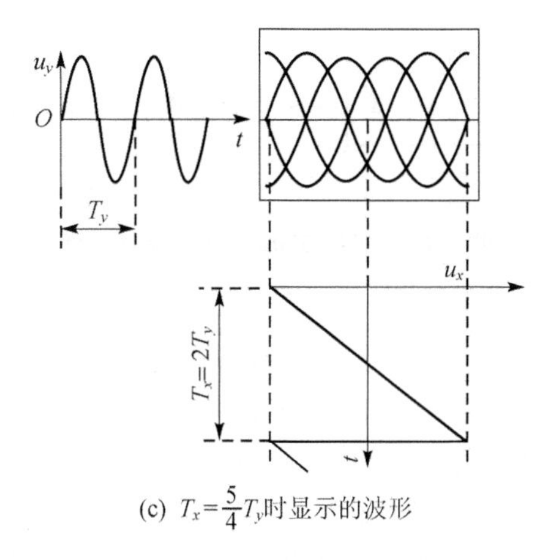

(c) $T_x=\frac{5}{4}T_y$时显示的波形

图 1.2.3　示波器显示波形原理

nT_y，以保证每次扫描起始点都对应信号电压 u_y 的相同相位点上，这种过程称为同步。

由于扫描锯齿波和被测信号来自不同的信号源，$T_x=nT_y$ 的关系不可能维持长久，波形暂时稳定后，又会发生左右移动。示波器解决同步的方法是引入一个控制信号电压来迫使 $T_x=nT_y$。同步信号是触发扫描电路输出一个锯齿波电压，因此同步又被称作“触发”。

2.1.2　SS－5702 示波器

1. SS－5702 示波器的基本结构框图

SS－5702 示波器的基本结构框图如图 1.2.4 所示。

垂直偏转系统包括两套独立的衰减器、前置放大器以及一个主放大器。需要在示波器上显示的信号送到输入端后，先在前置放大器中转换成推挽输出信号并经放

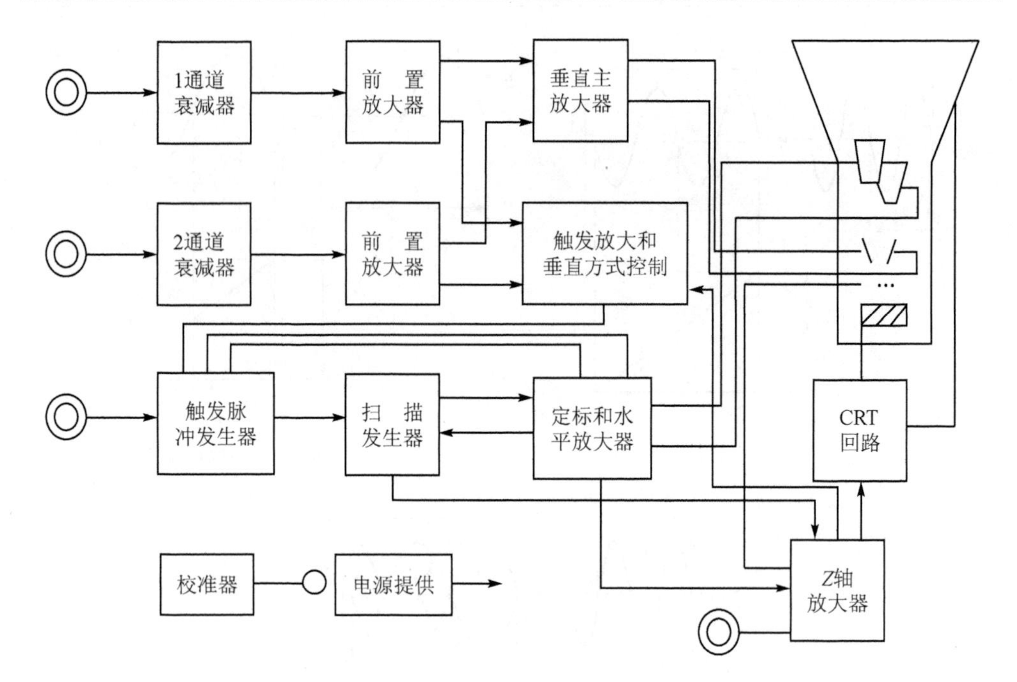

图 1.2.4　SS－5702 的基本结构框图

大，然后送到主放大器。

主放大器对信号进行最后放大并送至垂直偏转线圈。

为使显示电路根据信号的频率让示波管产生扫描动作，必须提供给示波管触发脉冲信号。根据触发信号的来源，触发可分为内触发、外触发两种方式。

内触发方式：从 Y 轴前置放大器取出的信号送触发放大器和选通电路，经放大后送往触发脉冲发生器电路。触发脉冲发生器将输入的触发信号转换成触发脉冲，去触发扫描发生器产生锯齿波信号。

外触发方式：触发信号从外部输入端（EXT TRIG）直接输入。

触发信号的耦合方式又分为：直接耦合（DC），用于接入直流或缓慢变化的信号；交流耦合（AC），触发信号经示波器内部电容接至触发电路，用于观测由低频到较高频信号；高频耦合（HF），多用于观测频率高于 5 MHz 的信号。

在示波器面板上设有触发电平和触发极性的调节旋钮，用来控制显示波形的起始点。

触发极性控制是指在触发信号的上升沿触发还是下降沿触发。用上升沿触发称为正极性触发，用下降沿触发称为负极性触发。

扫描发生器产生锯齿波信号，其斜率由“时间/格”开关决定。

水平放大器进行锯齿波信号放大，或在 $X-Y$ 方式下将 X 轴信号进行放大。

Z 轴放大器决定示波管的辉度和消隐。它将来自辉度控制器、扫描发生器门电路和 Z 轴外输入端的电流相加后送至示波管的控制栅极。

校正器电路产生一个幅度精确的方波信号并用于校正偏转因数和探头的补偿。

2. SS－5702 的主要技术指标

1) 示波管

刻　度：	8 格×10 格(1 格＝10 mm)
	内刻度无视差
	中余辉

2) 垂直偏转系统

频带宽度：	0～20 MHz
灵敏度：	5m V/DIV～10 V/DIV
上升时间：	不高于 17.5 ns
输入阻抗：	(1±3%) MΩ/30 pF±3 pF(直接接)
	(1±3%) MΩ/1 700 pF±10 pF(探头接 1×位置)
	(10±5%) MΩ/23 pF±3 pF(探头接 10×位置)
最大输入电压：	250 V(直流＋交流峰值)(直接接)
	600 V(直流＋交流峰值)(探头接 10×位置)
极性转换：	仅通道 2 具备

3) 水平偏转系统

扫描方式：	AUTO(自动扫描),NORM(常态)
扫描时间范围：	0.2 μs/DIV～0.1 s/DIV 以 1－2－5 顺序分为 18 挡
精　度：	在中央 8 格范围内：≤5%

4) 扫描扩展

5 倍(最高扫描速度：0.04 μs)

5) 机带测试信号

波　形：	方波
频　率：	1 kHz±5%
输出电压：	0.3 V (峰-峰值)
精　度：	±3%(10～35 ℃)
占空比：	40%～60%

6) 电源电压

幅　度：	220 V±10%
频　率：	50 Hz±3%
功　率：	约 35 W

3. 面板控件简介

SS－5702 示波器面板图如图 1.2.5 所示。其面板控制件、插座、指示器的名称和功能简介如表 1.2.1 所列。

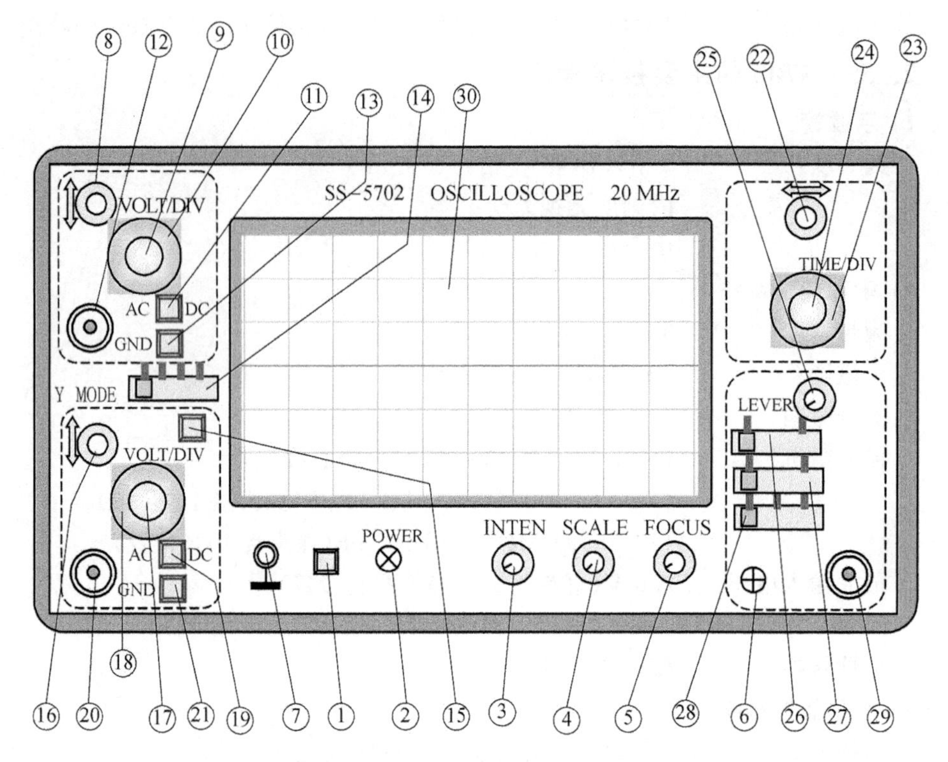

图 1.2.5　SS-5702 示波器面板图

表 1.2.1　SS-5702 双踪示波器的面板控制件、插座、指示器的名称和功能简介

序　号	名　称	功　能
①	POWER 电源开关	电源接通或关闭
②	POWER INDICATOR 电源指示	电源接通时指示灯亮
③	INTENSITY 亮度调节旋钮	轨迹亮度调节
④	SCALE 刻度照度	控制刻度照明灯的亮度
⑤	FOCUS 聚焦	轨迹清晰度调节
⑥	PROBE ADJUST 测试信号输出	提供幅值为 0.3 V、频率为 1 kHz 的方波信号，用于调整探头的补偿和检测垂直和水平电路的基本功能
⑦	接地端子	输入信号源与本仪器连接的接地端
⑧，⑯	VERTICAL POSITION 垂直位移旋钮	调节轨迹在屏幕中上下位置
⑨，⑰	VARIABLE 垂直灵敏度微调	用于连续调节垂直偏转灵敏度。当顺时针旋到底就处于锁定位置，在该位置其挡位与电压值能精确对应

续表 1.2.1

序　号	名　称	功　能
⑩,⑱	VOLE/DIV 垂直灵敏度调节	垂直偏转灵敏度的调节 VOLT/DIV 表示：垂直方向上每格代表多大电压值(当其微调旋钮在锁定位置时)
⑪,⑲	AC-DC 信号耦合方式选择开关	用于选择被测信号馈入到垂直系统的耦合方式
⑫,⑳	CH1 和 CH2 通道输入插座	被测信号的输入端口
⑬,㉑	GND 接地选择开关	按下此开关,机内信号通道与外电路断开后接地,此时屏幕上出现基准扫描线
⑭	MODE 垂直方式(显示方式)	即垂直通道的显示方式选择 CH1 或 CH2：通道 1 或通道 2 单独显示 ALT：两个通道交替显示或两个通道断续显示(用于在扫描速度较低时的双踪显示) ADD：用于显示两个通道的代数和或差
⑮	NORM/INVERT 通道 2 极性开关	通道 2 的极性转换 在 ADD 显示方式时,“NORM”或“INVERT”可分别获得两个通道代数和或差的显示
㉒	HORIZONTAL POSITION 水平位移旋钮	调节轨迹在屏幕中的水平位置
㉓	TIME/DIV 扫描速率调节旋钮	1. 扫描速度调节 2. 当其微调钮在锁定位置时,TIME/DIV 表示水平方向的每一大格的时间值
㉔	扫描速率微调旋钮	1. 用于连续调节扫描速率 2. 当顺时针旋到底为锁定位置。在该位置时,其挡位与时间值精确对应,可用于时间测量 3. 当旋钮拉出时,扫描速率被扩大 5 倍
㉕	LEVER 触发电平调节	1. 用于触发同步信号的调节 2. 也可用于触发极性的选择：推入状态为正向触发,拉出状态为负向触发
㉖	SWEEP MODE 扫描方式选择开关	AUTO(自动扫描)：不受触发控制,自动扫描。被测信号频率大于 20 Hz 时,常用的一种扫描方式 NORM(常态)：无触发信号时,扫描电路无输出,屏幕上无轨迹显示
㉗	COUPPING 触发耦合选择开关	置 AC(EXT DC)时,选内触发时为交流耦合,选外触发时为直流耦合；置 TV-V 时,适合于全电视信号的测试

续表 1.2.1

序　号	名　称	功　能
㉘	SOURSE 触发源选择开关	置 CH1 和 CH2 位置时：触发信号选自 CH1 和 CH2 通道的被测信号；置 EXT 位置时，触发信号由外部输入端(EXT TRIG)直接输入
㉙	EXT TRIG 外触发输入插座	外部触发信号输入插座
㉚	示波屏	

4. SS－5702 示波器的基本操作方法及步骤

1) 开启电源，调出扫描线

① 确认所用电压为市电交流 220 V 后，按下电源开关。此时 POWER 指示灯亮。

② 将以下控制器置于下列位置

- 垂直移位：　　　　中间位置
- 水平移位：　　　　中间位置
- 辉度调节：　　　　顺时针拖到底
- 垂直方式：　　　　CH1
- 扫描方式：　　　　AUTO
- 扫描速率调节旋钮：1 ms/DIV

③出现扫描后，调节"垂直移位"旋钮，使扫描移至屏幕的中央。

④ 用"辉度调节"旋钮，将扫描轨迹调至所需的亮度。

⑤ 调节"聚焦"旋钮，使扫描轨迹纤细清晰。

上面的旋钮、开关分别控制扫描线的位置、高度、亮度、清晰度及轨迹的有无等。因此熟悉它们的作用和使用方法十分必要。

2) 加入机带测试信号

① 将以下控件置于下列位置：

- 垂直方式选择开关置于 CH1；
- CH1 耦合方式选择开关置于 DC；
- CH1 垂直灵敏度调节钮调至 50 mV/DIV；
- CH1 垂直灵敏度微调钮右旋到底(CAL 位置)；
- 触发耦合方式置于 AC(EXT DC)；
- 触发源 CH1。

② 用探头将自带标准测试信号连接到通道 1 的输入端。

③ 调节"触发电平"旋钮，使屏幕上显示出的波形稳定。

此时将在荧光屏上看到 6 格高度的方波信号，如图 1.2.6 所示。

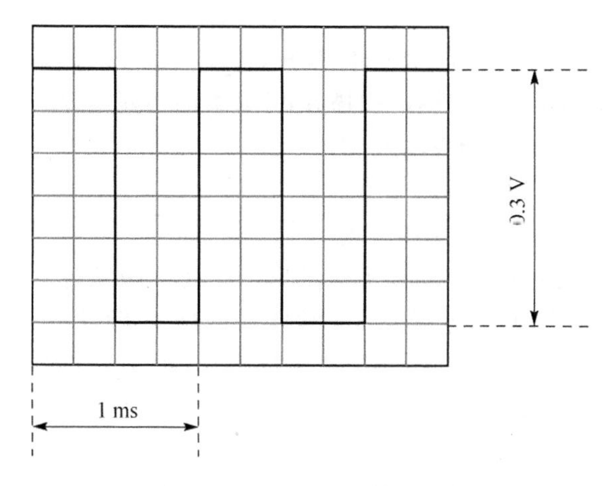

图 1.2.6　SS－5702 自带测试信号

3）信号的输入

示波器的输入信号可以是直流信号、交流信号，也可以是交直流混合信号等。为了准确地测量这些信号，必须用“耦合方式选择”开关选择一个适当的信号输入耦合方式。

① 当开关置“AC”位置时，选择为交流耦合方式，输入信号通过一个电容器进入示波器，此时信号的直流成分被隔断，示波器屏幕上显示的波形仅是信号的交流成分。

② 当耦合开关置“DC”位置时，选择为直流耦合方式，输入信号直接进入示波器，输入信号的交直流成分同时被显示在屏幕上。

③ 当接地开关“GND”按下，选择为接地方式，示波器的输入探头与内部信号通道隔开，同时内部信号通道接地，示波器屏幕上显示的波形仅是一条直线。此条直线相当于输入电压为零时，信号电压在示波器屏幕上的位置。这一位置作为测量的基准电平。

4）触发源选择

（1）内触发信号

在内触发方式下，触发信号以下列方式选择：

当“垂直工作方式”开关置于 CH1 或 CH2 时，触发信号就取自该通道，而“触发源”开关也只能选择该通道。

当“垂直工作方式”开关置于 DUAL 时，如果信号源开关置于 CH1，则选择通道 1 触发信号；而置于 CH2 时则选择通道 2 触发信号。因此，当输入信号频率相同时，选择信号幅度较高和噪声成分较小的通道将获得稳定的触发。当输入信号频率不同（但信号间没有相移）时，应选择频率较低的一个作为触发信号。如果采用另一个频率较高的作触发信号，频率较低的信号就会重叠显示。当要采用双迹显示来测量两

个信号之间的相位差时，必须选取相位超前的信号作为触发信号。

内触发操作如下：

① 置"触发源"开关于 CH1 或 CH2 位置(视输入信号的位置而定)。

② 根据输入信号的不同，选择"扫描方式"开关的不同位置。

③ 将触发信号通过"外触发输入"端输入。

(2) 外触发信号

这种工作方式具有下列独到的特点：

其一，外触发不受垂直偏转挡位调整的影响。在内触发时，当改变偏转因数时，触发信号的幅度也随之改变，这就需要经常地重新调节"触发电平"旋钮以重建适当的触发电平。反之，只要外触发信号幅度保持不变，外触发工作就不需要重新调整"触发电平"旋钮来适应垂直偏转挡位的改变。

其二，当希望扫描启动于输入信号之前或之后某一时间时，假如存在这样的时间关系的信号，使用该信号作外触发信号就能获得期望的显示波形。

5) 触发耦合

"耦合方式"开关是用以选择触发信号与触发电路间耦合方式的开关。有 AC(EXT DC)和 TV－V 两个方式供选择。

① AC(EXT DC)：在此位置时，若"触发源"选择在内触发，则信号的交流成分进入触发电路；若"触发源"选择在外触发，则外触发信号的交直流成分进入触发电路。

② TV－V：这种耦合方式为全电视信号的测量提供稳定的触发。

6) 扫描方式和触发电平

用"扫描方式"开关可选择两种扫描方式：自动扫描方式(AUTO)和常态方式(NORM)触发。实际使用时，应根据被测对象选择合适的方式。

在两种方式下，都是在"触发电平"旋钮中央位置两侧的某一范围内可获得触发，而范围的宽度依触发信号幅度的不同而不同。

① 在自动扫描方式下，当"电平"旋钮置于触发范围之外或无触发信号时，触发电路自动发生扫描。但当扫描频率低于 50 Hz 时，将停止扫描(此时应采用"常态"触发)。

② 在常态方式下，从直流到各种频率的信号都能触发，但无触发信号时扫描将停止。

7) 触发极性

触发极性可由"触发电平"旋钮的推拉开关来选择。在"触发电平"旋钮的推入状态，所选择的是正向触发；而在"触发电平"旋钮的拉出状态，所选择的是负向触发。

8) 扫描速度

扫描速度用 TIME/DIV(时间/格)开关来选择。当"微调"旋钮逆时针旋转时扫描速度随之下降；旋转到底时，扫描速度低于满挡值的$\frac{1}{2.5}$。

5. SS－5702 示波器的参数测量电压测量

1）交流电压测量

在示波器上可直接测量交流信号电压的峰-峰值。在测一个直流分量与交流分量叠加在一起的信号电压、且只观察交流分量的变化规律时，可用示波器直接观察和测量其交流电压分量，操作如下：

① 把“信号耦合方式选择开关”置 AC 状态。将 VOLT/DIV 和 TIME/DIV 细调旋钮，顺时针旋到底（有咔嗒声），处于锁定位置；调节 VOLT/DIV 和 TIME/DIV 粗调旋钮，使交流电压波形在屏幕上长、宽得当；再调节触发信号使波形稳定。其中：

- “VOLT/DIV”表示伏/格，V/DIV（每格长度在 1 cm）。
- “TIME/DIV”表示秒/格，s/DIV（每格长度在 1 cm）。

② 将被测信号移到屏幕中央，读取整个波形的峰-峰值所占 Y 轴方向的格数，并计算。

【例】若“VILT/DIV”挡级放在“0.05 V/DIV”，由坐标刻度读出的峰-峰值为 2.5 DIV，并使用了 10∶1 的衰减探头，则被测信号电压的峰-峰值为：

$$U_{P\text{-}P}=0.05\ \text{V/DIV}\times 2.5\ \text{DIV}\times 10=1.25\ \text{V}$$

2）全电压信号的测量

若将“耦合方式选择开关”置“DC”状态，送入的电压信号（包括交流和直流分量）将全部显示在示波屏上，这时我们可以通过相应的操作、分析来测取交、直流电压分量。步骤如下：

① 因为要测量直流分量，而直流电压是相对参考点而言，因此要在屏幕上确定参考点扫描线（即直流电压为 0 时的扫描线的位置）。方法是：将 GND 接地开关置接地位置；扫描方式选择开关置 AUTO，屏幕上出现一条扫描基线，调节移位旋钮，使扫描基线与所选的坐标横线重合。释放 GND 开关。

② 将输入耦合开关改置于 DC 位置，并按被测信号的幅度和频率将 VOLT/DIV 挡级开关和 TIME/DIV 扫描速率开关置于适当位置，调节触发电平使信号波形稳定，如图 1.2.7 所示。

③ 根据屏幕坐标刻度，分别读出显示信号波形的交流分量（峰-峰值）为 A DIV、直流分量为 B DIV 以及被测信号某特定点 R 与参考基线间的瞬时电压为 C DIV。若仪器 VOLT/DIV 挡级开关的标称值为 0.5 V/DIV，同时 Y 轴输入端使用了 10∶1 衰减探极，则被测信号的各电压值分别如下。

被测信号交流分量：$U_{P\text{-}P}=0.5\ \text{V/DIV}\times A\ \text{DIV}\times 10=5\times A\ \text{V}$

被测信号直流分量：$U=0.5\ \text{V/DIV}\times B\ \text{DIV}\times 10=5\times B\ \text{V}$

被测信号 R 点瞬时值：$U_R=0.5\ \text{V/DIV}\times C\ \text{DIV}\times 10=5\times C\ \text{V}$

3）时间测量

在示波管有效面内读测所所需两点的水平距离，乘以 TIME/DIV 扫速开关的标称值，即为被测信号的时间变化值。

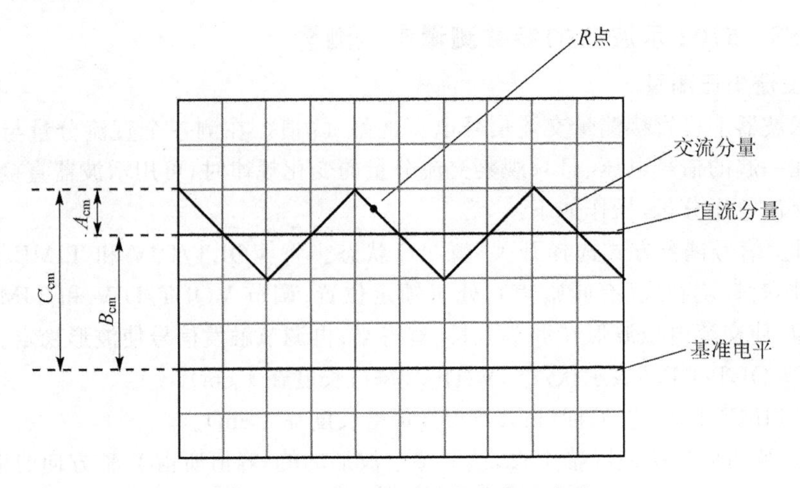

图 1.2.7　含有直流分量的电压波形

4）频率的测量

在图 1.2.8 中，TIME/DIV 的位置为 0.1 ms/DIV，交流电压的一个周期共有 5 个格，由此可得出，其周期为 0.5 ms，频率值为$\frac{1}{0.5\ \text{ms}}=2000\ \text{Hz}$。

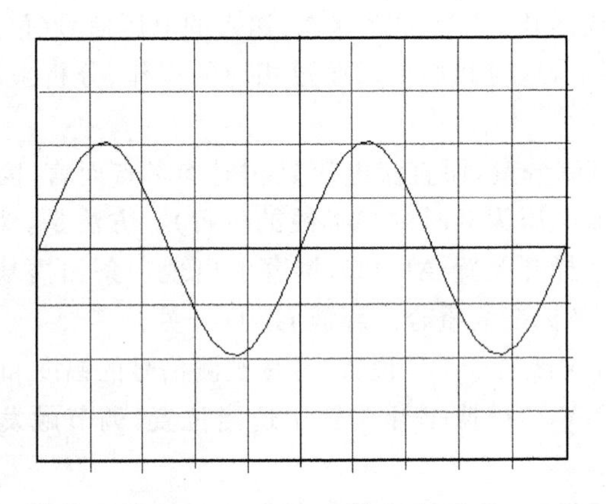

图 1.2.8　示波器显示正弦波

5）相位的测量

将"垂直方式选择开关"置于"DUAL"，即可实现 CH1 和 CH2 的双踪显示。此时，若在通道 1 和通道 2 同时输入两路频率相同（1 000 Hz）而相位不同的交流信号，即可在屏幕上将其同时显示出，如图 1.2.9 所示。

在图 1.2.9 中，u_1 与 u_2 的周期为 5 格，"TIME/DIV"为 0.1 ms/DIV，u_1 与 u_2 之间的相位差为 1.65 格。由此可得，u_1 超前 u_2 为 $T=\left(\frac{1.65}{5}\right)\times 2\pi\approx\frac{2}{3}\pi$，即 u_1 超前 u_2 的相位角为 120°。

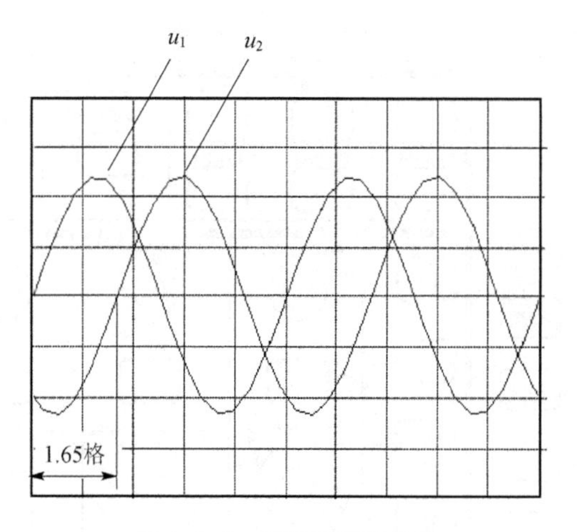

图 1.2.9　示波器测相位差

2.1.3　DS5022M 示波器

1. DS5000 系列面板控件简介

DS5000 系列面板向用户提供简单而明晰的功能,以帮助用户进行基本的操作。面板上包括旋钮和功能按键。旋钮的功能与其他示波器类似。显示屏右侧的一列 5 个灰色按键为菜单操作键(自上而下定义为 1～5 号)。可用它们来设置当前菜单的不同选项。其他按键(包括彩色按键)为功能键,可以用它们进入不同的功能菜单或直接获得特定的功能应用。图 1.2.10 所示为 DS5000 系列示波器前面板,图 1.2.11 所示为 DS5000 面板操作说明图。

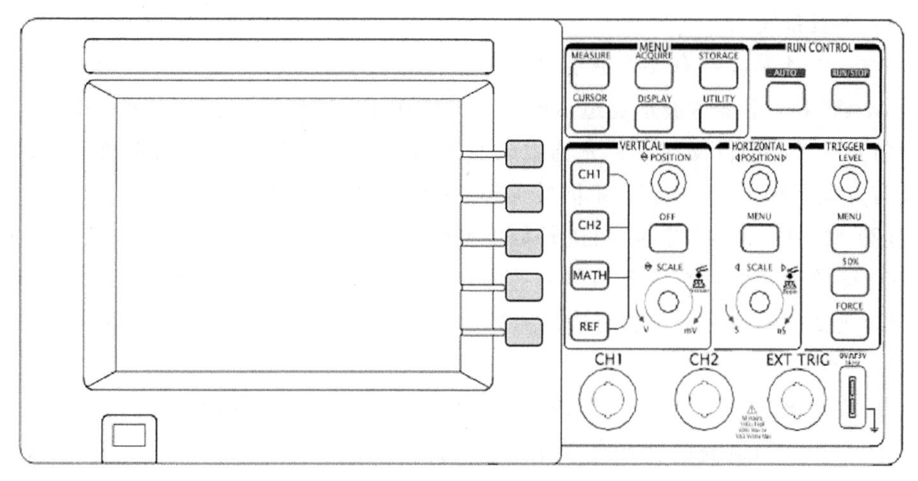

图 1.2.10　DS5000 系列示波器前面板

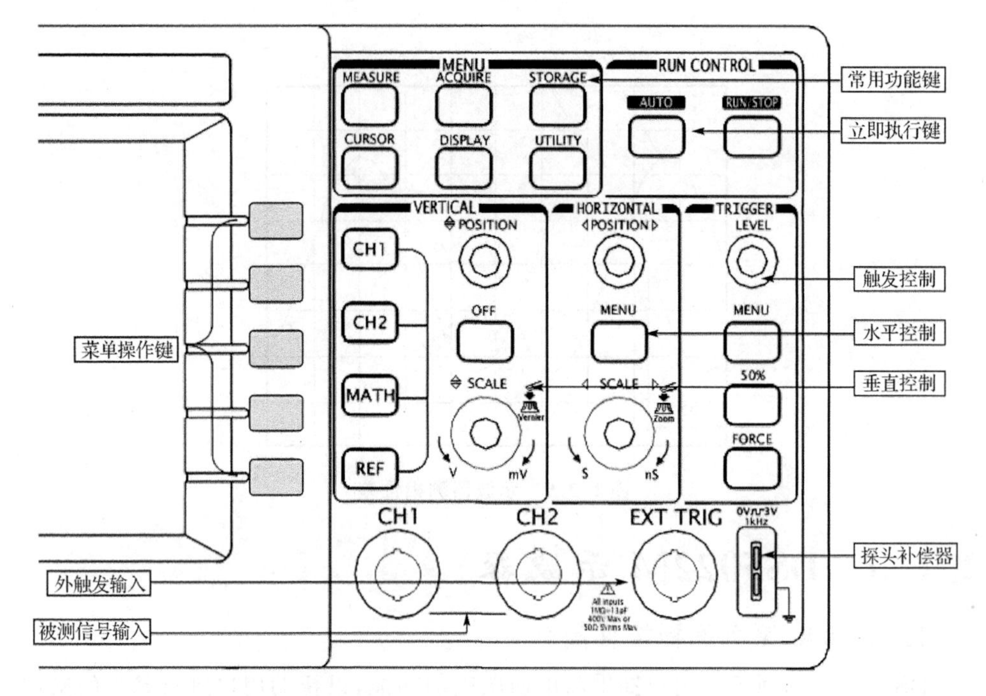

图 1.2.11　DS5000 面板操作说明图

2. DS5022M 示波器的显示界面简介

图 1.2.12 所示为 DS5000 显示界面说明图。

3. DS5022M 示波器的基本功能和使用方法

1) 垂直系统

DS5022M 示波器有 4 个通道，它们是：2 个信号通道 CH1、CH2，1 个数学运算通道 MATH，1 个参考波形通道 REF。它们既可以同时显示几个，也可以单独显示。

(1) 对通道进行操作。首先选中该通道(按 VERTICAL 中的相应通道按钮，使屏幕右方显示该通道的菜单；不同的通道，菜单也可能不同)

(2) 对 CH1、CH2 来说，可进行如下操作：

① 变该通道波形在屏幕中的上下位置(调 VERTICAL 中的 POSITION 旋钮)。

② 改变该通道波形在屏幕中所占垂直方向的格数(调 VERTICAL 中的 SCALE 旋钮)。

③ 决定该通道是否显示(是否按 VERTICAL 中的 OFF 按钮)。

④ 选择该通道的耦合方式(交流、直流、接地)。

⑤ 设置探头衰减因素(1×、10×、100×、1000×)。

⑥ 设置数字滤波，即通道带宽限制(>20 MHz 信号是否限制)。

⑦ 设置 SCALE 旋钮的粗调或微调，以调节垂直方向的比例尺。

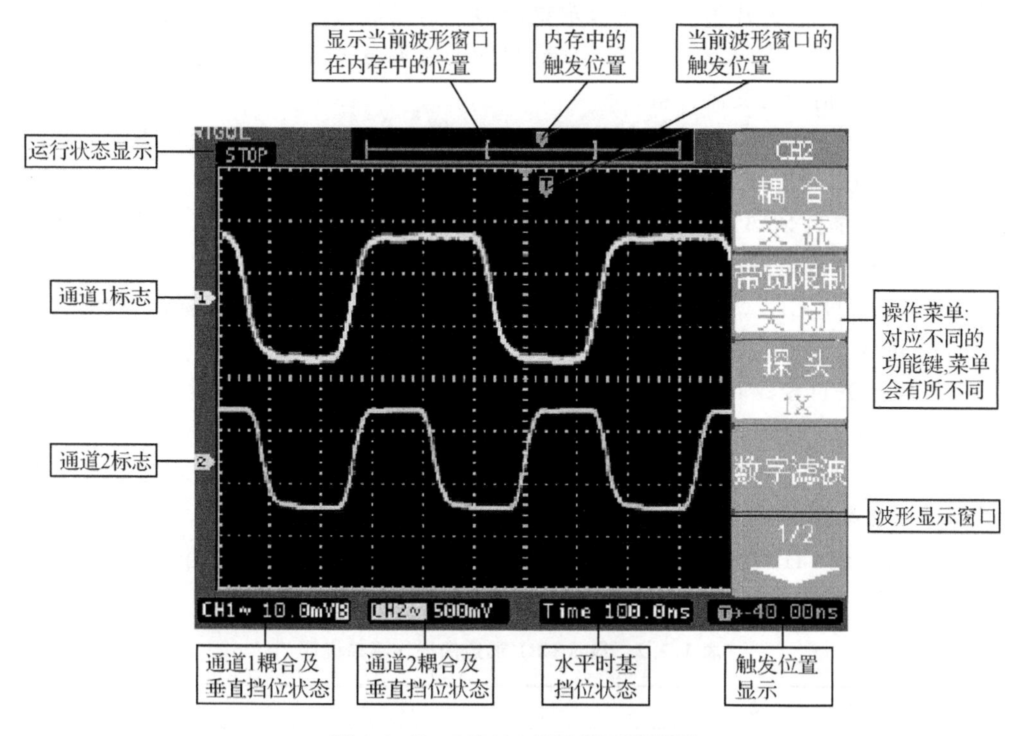

图 1.2.12　DS5000 显示界面说明图

⑧ 设置该通道波形是否反向。

(3) 对 MATH 通道来说,可进行如下操作。

① 选择进行何种运算(A+B、A−B、A×B、A÷B、FFT)。

② 对+、−、×、÷运算分别指定运算数 A 和 B 是 CH1 还是 CH2 信号。

③ 对运算结果选择是否反相。

④ 如果在①中选择 FFT,将进入另一菜单(FFT 菜单)以选择共功能参数。

(4) REF 通道是显示一个已保存的参数波形,具体操作略。

(5) 垂直控制区(VERTICAL)的练习:

在垂直控制区(VERTICAL)有一系列的按键、旋钮,如图 1.2.13 所示。通过下面的练习,熟悉垂直设置的使用。

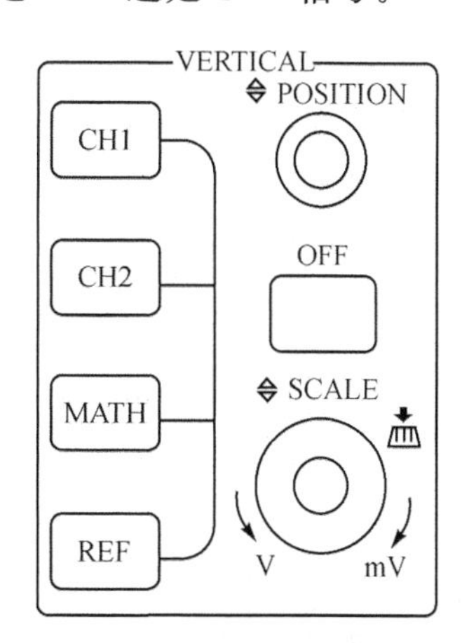

图 1.2.13　DS5000 的垂直控制区(VERTICAL)

① 使用垂直 POSITION 旋钮在波形窗口居中显示信号。垂直 POSITION 旋钮控制信号的垂直显示位置。当转动垂直 POSITION 旋钮时,指示通道地(GROUND)的标识跟随波形而上下移

动。如果通道耦合方式为 DC,通过观察波形与信号地之间的差距来快速测量信号的直流分量。如果耦合方式为 AC,信号里面的直流分量被滤除。这种方式用更高的灵敏度显示信号的交流分量。

② 改变垂直设置,并观察因此导致的状态信息变化。通过波形窗口下方的状态栏显示的信息,确定任何垂直挡位的变化。

- 转动垂直 SCALE 旋钮改变"VOLT/DIV(伏/格)"垂直挡位,可以发现状态栏对应通道的挡位显示发生了相应的变化。
- 按 CH1、CH2、MATH、REF,屏幕显示对应通道的操作菜单、标志、波形和挡位状态信息。按 OFF 按键关闭当前选择的通道。

注意: OFF 按键具备另一功用,即当菜单未隐藏时,按 OFF 按键可快速关闭菜单,再按下 OFF 按键才可关闭选中的通道。

③ CH1、CH2 通道的设置。每个通道有独立的垂直菜单。每个项目都按不同的通道单独设置。

按 CH1 或 CH2 功能按键,系统显示 CH1 通道的操作菜单,其说明如表 1.2.2 所列。MATH 、REF 通道的设置这里不再介绍。

表 1.2.2　显示 CH1 通道的操作菜单说明

功能菜单	设　定	说　明
耦合	交流	阻挡输入信号的直流成分
	直流	通过输入信号的交流和直流成分
	接地	断开输入信号
带宽限制	打开	限制带宽至 20 MHz,以减少显示噪声
	关闭	满带宽
探头	1× 10× 100× 1000×	根据探头衰减因数选取其中一个值,以保持垂直标尺读数准确
数字滤波		设置数字滤波
挡位调节	粗调 微调	粗调按 1-2-5 进制设定垂直灵敏度。微调则在粗调设置范围之间进一步细分,以改善分辨率
反相	打开	打开波形反向功能
	关闭	波形正常显示
输入	1 MΩ	设置通道输入阻抗为 1 MΩ
	50 Ω	设置通道输入阻抗为 50 Ω

2) 水平系统与触发系统

(1) 水平系统介绍

一个波形的水平方向通常代表时间,这种波形显示方式叫 Y-T 模式。在 Y-T 模式中有两种最基本的操作用于调节波形在水平方向的显示,它们分别是波形在水

平方向上的位置(调 HORIZONTAL 中的 POSITION)和水平方向上的比例尺,即每格代表多少时间(调 HORIZONTAL 中的 SCALE)。

一个双踪示波器能接受两个输入信号,屏幕上除可以将两个波形用 Y-T 模式同时显示外,还可以设置成垂直方向代表一个信号,水平方向为另一个信号(即 X-Y 模式,或称李沙育图形),因此按水平 MENU 键可以选择显示模式是 Y-T 还是 X-Y。通常的波形测量,都是用 Y-T 模式。

在 Y-T 模式下,垂直方向代表波形信号的幅值,水平方向代表被测信号的时间。示波器和电脑显示器、电视机一样,是通过光点在屏幕上扫描得到波形的,所以就存在扫描同步问题,绝大部分示波器都用触发方式同步,即触发扫描。

水平系统与触发扫描是息息相关的,有关旋钮的调整必须在理解触发扫描概念的基础上才能进行。前面提到的水平 SCALE,从测量波形的角度看是调整水平轴的标尺,但从扫描的角度看,却是调整扫描速度。扫速越快,光点从左到右所花的时间就越短,整个屏幕上显示波形的时间范围就越小,每格所代表的时间就越小,SCALE 值就越小,但能更清楚地观察到波形在时间轴上变化的细节。所以在普通示波器上观察波形变化细节和观察波形的范围是有矛盾的。要观察波形变化细节,应该减小 SCALE;要观察波形变化全貌,应该增大 SCALE。为了解决这个矛盾,可以使用缩放模式。

在缩放模式中示波器采用了延迟扫描技术。缩放模式用来放大一段波形,以便查看图像细节。在缩放模式下,分两个显示区域,如图 1.2.14 所示。上半部分显示的是原波形,未被紫色覆盖的区域是期望被水平扩展的波形部分。此区域可以通过转动水平 POSITION 旋钮左右移动,或转动水平 SCALE 旋钮扩大和减小选择区域。(DS5000M 以单色区分扩展区域)下半部分是选定的原波形区域经过水平扩展的波形。值得注意的是,缩放时基相对于主时基提高了分辨率。由于整个下半部分显示的波形对应于上半部分选定的区域,因此转动水平 SCALE 旋钮减小选择区域可以提高缩放时基,即提高了波形的水平扩展倍数,缩放时基可相对主时基向后扩展 5~6 个时基挡位。注意:因为缩放模式分上下两个区域,分别显示原波形和扩展后的波形,所以波形的显示幅度被压缩了一倍。如原来的垂直挡位是 10 mV/DIV,进入缩放模式以后,垂直挡位将变为 20 mV/DIV。进入缩放模式不但可以通过水平区域的 MENU 菜单操作,也可以直接按下此区域的水平 SCALE 旋钮作为 UltraZoom 快捷键,切换到 UltraZoom(缩放模式)状态。

(2) 水平系统操作练习

水平控制区(HORIZONTAL)有一个按键、两个旋钮,如图 1.2.15 所示。通过如下水平系统的操作练习,了解 DS5022M 水平系统,熟悉水平时基的设置。

① 使用水平 SCALE 旋钮改变水平挡位设置,并观察因此导致的状态信息变化。

转动水平 SCALE 旋钮改变“S/DIV”(秒/格)水平挡位,可以发现状态栏对应通

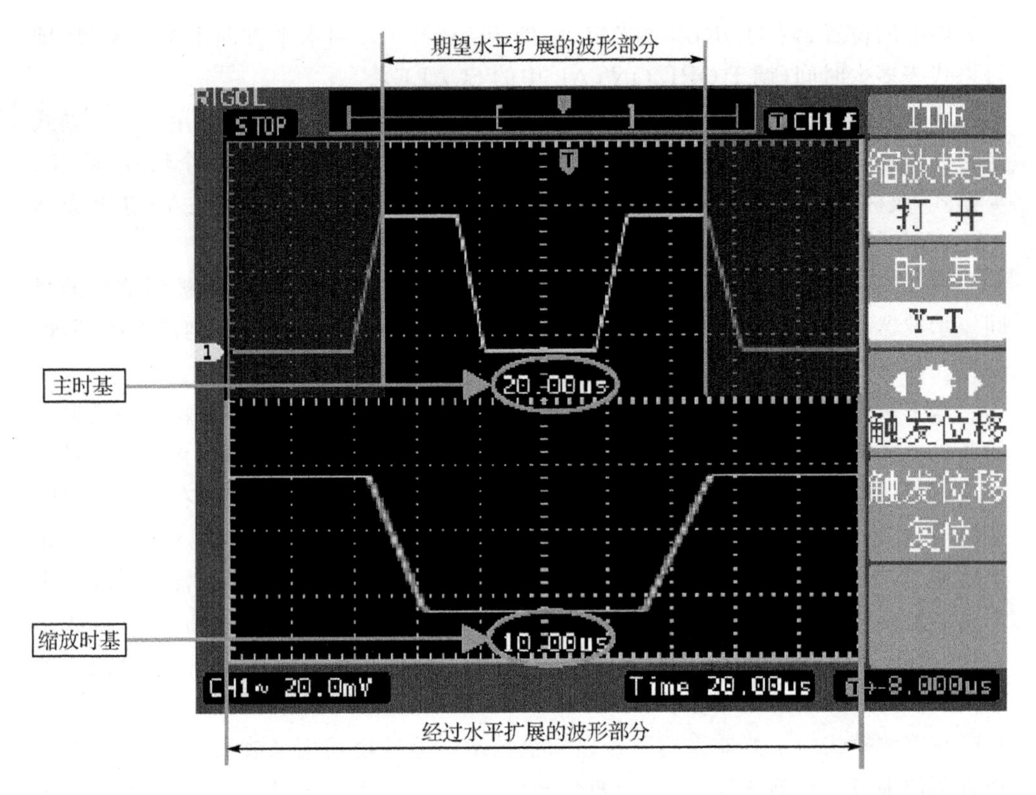

图 1.2.14　缩放模式下波形的显示

道的挡位显示发生了相应的变化。水平扫描速度从 1 ns 至 50 s，以 1—2—5 的形式步进，在 UltraZoom 状态可达到 10 ps/DIV。UltraZoom 还可以通过快捷键实现，即按下水平 SCALE 旋钮可快速切换到 UltraZoom（缩放模式）状态。

② 使用水平 POSITION 旋钮调整信号在波形窗口的水平位置。

水平 POSITION 旋钮控制信号的触发位移或其他特殊用途。当应用于触发位移时，转动水平 POSITION 旋钮时，可以观察到波形随旋钮而水平移动。

③ 按 MENU 按钮，显示 TIME 菜单。在此菜单下，可以开启/关闭 UltraZoom（缩放模式）或切换 Y－T、X－Y 显示模式。此外，还可以设置水平 POSITION 旋钮的触发位移或触发释抑模式。触发位移指实际触发点相对于存储器中点的位置。转动水平 POSITION 旋钮，可水平移动触发点。触发释抑指重新启动触发电路的时间间隔。转动水平 POSITION 旋钮，可设置触发释抑时间。

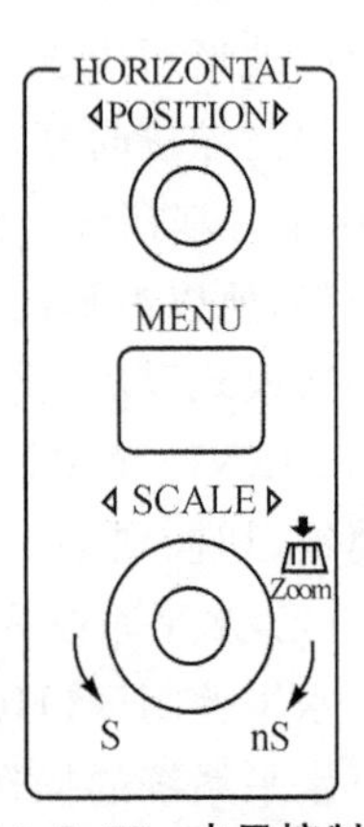

图 1.2.15　水平控制区（HORIZONTAL）

(3) 触发系统介绍

触发扫描中有一个很重要的概念，触发电平 LEVEL 是触发条件中的一个最重要的条件。触发电平简单地说，就是触发源信号(触发源信号可以是某路被测信号，也可以是其他外接信号)达到某个电压值，示波器就产生扫描，就显示波形。这个电压值就叫触发电平。如果触发电平不合适，比如太大或太小而使触发源信号无法达到该电平值，示波器就不能扫描而看不到波形(普通触发或称常态触发下)或者看到的波形不稳定(自动触发下)。关于其他复杂的触发条件，限于篇幅不再赘述。下面初步介绍 DS5022M 的触发系统。

(4) 触发系统操作练习

通过触发系统操作练习，熟悉触发系统的设置。如图 1.2.16 所示，在触发控制区(TRIGGER)有一个旋钮、三个按键。

① 使用 LEVEL 旋钮改变触发电平设置。

转动 LEVEL 旋钮，可以发现屏幕上出现一条黑色触发线以及触发标志，随旋钮转动而上下移动。停止转动旋钮，此触发线和触发标志会在约 5 s 后消失。在移动触发线的同时，可以观察到在屏幕上触发电平的数值或百分比显示发生了变化(在触发耦合为交流或低频抑制时，触发电平以百分比显示)。

② 使用 MENU 调出触发操作菜单(如图 1.2.17 所示)，改变触发的设置，观察由此造成的状态变化。

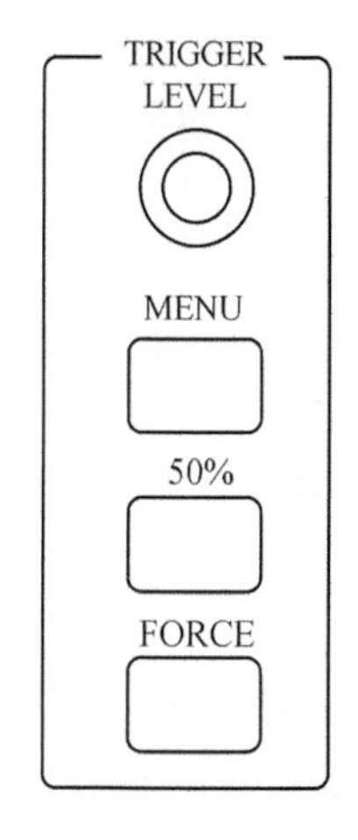

图 1.2.16　触发控制区(TRIGGER)

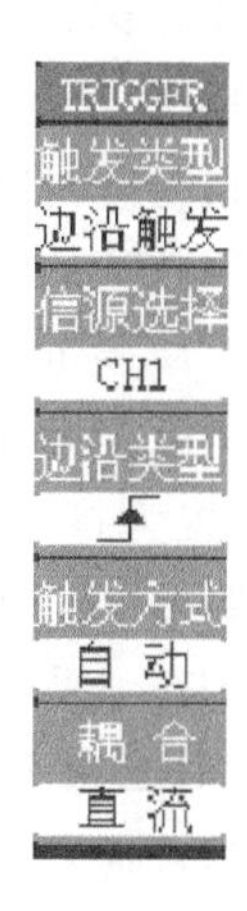

图 1.2.17　触发操作菜单

- 按 1 号菜单操作按键，选择边沿触发。
- 按 2 号菜单操作按键，选择“信源选择”为 CH1 。
- 按 3 号菜单操作按键，设置“边沿类型”为上升沿。
- 按 4 号菜单操作按键，设置“触发方式”为自动。
- 按 5 号菜单操作按键，设置“耦合”为直流。

注意：改变前三项的设置会导致屏幕右上角状态栏的变化。

③ 按 50% 按钮，设定触发电平在触发信号幅值的垂直中点。

④ 按 FORCE 按钮：强制产生一触发信号，主要应用于触发方式中的“普通”和“单次”模式。

(5) 自动设置的功能

数字存储示波器因为功能多，使用复杂，对于初次使用者来说，似乎很难短期内把握。为了使使用者快速使用，DS5022M 数字存储示波器具有自动设置的功能。它根据输入的信号，可自动调整电压倍率（垂直 SCALE）、时基（水平 SCALE）、以及触发方式至最好形态显示。应用自动设置要求被测信号的频率大于或等于 50 Hz，占空比大于 1%。

使用自动设置的步骤：

① 将被测信号连接到信号输入通道。

② 按下 AUTO 按钮。示波器将自动设置垂直，水平和触发控制。如需要，可手工调整这些控制以使波形显示达到最佳。

3）MENU 控制区简介

在 MENU 控制区的有 MEASURE、ACQUIRE、STORACE、CURSOR、DISPLAY、UTILITY 六个按钮，它们的含义分别如下所述。

(1) MEASURE：自动测量功能按键

按 MEASURE 键，系统显示自动测量操作菜单。本示波器具有 20 种自动测量功能。包括峰-峰值、最大值、最小值、顶端值、底端值、幅值、平均值、均方根值、过冲、预冲、频率、周期、上升时间、下降时间、正占空比、负占空比、延迟 1－>2↑、延迟 1－>2↓、正脉宽、负脉宽的测量，共 10 种电压测量和 10 种时间测量。自动测量的结果显示在屏幕下方，最多可同时显示 3 个数据。当显示已满时，新的测量结果会导致原显示左移，从而将原屏幕最左的数据不再显示。通过 MEASURE 菜单也可以将全部测量项状态设置为打开，此时 18 种测量参数值显示于屏幕中央。如果要清除显示的测量参数，只要按一下 MEASURE 菜单中的清除测量就可以了。

(2) ACQUIRE：采样系统的功能按键

使用 ACQUIRE 按钮将弹出采样设置菜单，以调整采样方式。如选择实时采样还是等效采样，是普通获取方式还是平均获取方式等。观察单次信号请选用实时采样方式，观察高频周期性信号请选用等效采样方式；期望观察信号的包络避免混淆，请选用峰值检测方式；期望减少所显示信号中的随机噪声，请选用平均采样方式，平均值的次数可以选择；观察低频信号，请选择滚动模式方式（滚动模式是指示波器从屏幕左侧到右侧滚动更新波形采样点，此模式只应用于水平时基挡位（即水平 SCALE）在 50 ms 以上的设置）；期望显示波形模拟显示，请选用模拟获取方式。

(3) STORAGE：存储系统的功能按键

使用 STORAGE 按钮将弹出存储设置菜单。通过菜单控制按钮设置存储/调出

波形或存储/调出示波器设置。示波器出厂前已为各种正常操作进行了预先设定，任何时候用户都可根据需要调出厂家设置，此项功能对于初学者相当适用。

注意：

1. 选择波形存储不但可以保存两个通道的波形，而且同时可以存储当前的状态设置。

2. 更改设置后，请至少等待5 s再关闭示波器，以保证新设置得到正确的储存。用户可在示波器的存储器里永久保存10 s设置，并可在任意时刻重新写入设置。

(4) CURSOR：光标测量功能按键

光标模式允许用户通过移动光标进行测量。光标测量分为3种模式：①手动方式：光标电压或时间方式成对出现，并可手动调整光标的间距。显示的读数即为测量的电压或时间值。当使用光标时，需首先将信号源设定成所需要测量的波形。②追踪方式：水平与垂直光标交叉构成十字光标。十字光标自动定位在波形上，通过旋转对应的垂直控制区域或水平控制区域的POSITION旋钮可以调整十字光标在波形上的水平位置。示波器同时显示光标点的坐标。③自动测量方式：通过此设定，在自动测量模式下，系统会显示对应的电压或时间光标，以揭示测量的物理意义。系统根据信号的变化，自动调整光标位置，并计算相应的参数值。

注意：此方式在未选择任何自动测量参数时无效。

光标测量的详细操作这里不再赘述，可参考仪器的使用说明书或在DS5022M示波器的光标测量功能菜单里通过选择有关选项自行学习摸索。

(5) DISPLAY：显示系统的功能按键

使用DISPLAY按钮将弹出显示设置菜单，以调整显示方式。如显示类型(采样点之间通过连线的方式显示，即矢量显示；还是直接显示采样点，即点显示)，是否打开背景网格及坐标，亮度、对比度调节等。显示设置菜单还可以设置波形保持是否关闭，如果关闭：记录点以高刷新率变化；如果打开，记录点一直保持，直至波形保持功能被关闭。刷新率是数字示波器的一项重要指标，它是指示波器每秒刷新屏幕波形的次数。刷新率的快慢将影响示波器快速观察信号动态变化的能力。DS5000系列数字存储示波器的刷新率最高为每秒一千次以上。

(6) UTILITY 为辅助系统功能按键

使用UTILITY按钮将弹出辅助系统功能设置菜单。通过菜单控制按钮可以设置接口(需要另配扩展功能模块)、按键声音、打开或关闭频率计功能、选择菜单语言等。

4) 如何使用执行按钮

(1) AUTO(自动设置)：自动设定仪器各项控制值，以产生适宜观察的输入信号显示。按AUTO(自动设置)钮，快速设置和测量信号。AUTO(自动设置)功能设置菜单说明如表1.2.3所列。

表 1.2.3　AUTO(自动设置)功能设置菜单说明

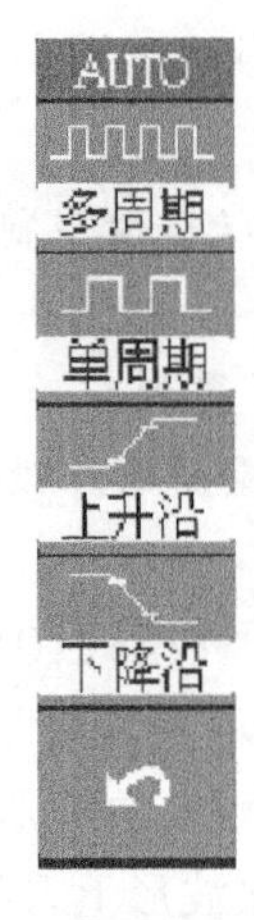

功能菜单	设　定	说　明
多周期		设置屏幕自动显示多个周期信号
单周期		设置屏幕自动显示单个周期信号
上升沿		自动设置并显示上升时间
下降沿		自动设置并显示下降时间
(撤消)		撤消自动设置

(2) RUN/STOP(运行/停止):运行和停止波形采样。

注意:在停止的状态下,对于波形垂直挡位(即垂直 SCALE)和水平时基(即水平 SCALE)可以在一定的范围内调整,相当于对信号进行水平或垂直方向上的扩展。在水平挡位为 50ms 或更小时,水平时基可向上或向下扩展 5 个挡位。

5) 自动设定功能项目

自动设定功能项目如表 1.2.4 所列。

表 1.2.4　自动设定功能项目

功　能	设　定
显示方式	Y-T
采样方式	等效采样
获取方式	普通
垂直耦合	根据信号调整到交流或直流
垂直“V/DIV”	调节至适当挡位
垂直挡位调节	粗调
带宽限制	关闭(即满带宽)
信号反相	关闭
水平位置	居中
水平“S/DIV”	调节至适当挡位
触发类型	边沿
触发信源	自动检测到有信号输入的通道
触发耦合	直流
触发电平	中点设定
触发方式	自动
◁POS▷	触发位移

4. DS5022M 示波器的使用实例

任务：观测电路中一未知信号，迅速显示、测量信号的频率和峰-峰值。

1) 迅速显示信号

为迅速显示该信号，可按如下步骤操作。

① 将探头菜单衰减系数设定为 10×，并将探头上的开关设定为 10×。

② 将通道 1 的探头连接到电路被测点。

③ 按下 AUTO（自动设置）按钮。

示波器将自动设置使波形显示达到最佳。在此基础上，可以进一步调节垂直、水平挡位，直至波形的显示符合要求。

2) 自动测量信号频率和峰-峰值

示波器可对大多数显示信号进行自动测量。欲测量信号频率和峰-峰值，请按如下步骤操作。

(1) 测量峰-峰值

按下 MEASURE 按钮以显示自动测量菜单。

按下 1 号菜单操作键以选择信源 CH1 。

按下 2 号菜单操作键选择测量类型：电压测量。

按下 2 号菜单操作键选择测量参数：峰-峰值。此时，可以在屏幕左下角发现峰-峰值的显示。

(2) 测量频率

按下 3 号菜单操作键选择测量类型：时间测量。

按下 2 号菜单操作键选择测量参数：频率。此时，可以在屏幕下方发现频率的显示。

注意：测量结果在屏幕上的显示会因为被测信号的变化而改变。

2.1.4 TDS1000B-SC 系列示波器

1. TDS1000B-SC 系列示波器的面板图

TDS1000B-SC 系列示波器的面板如图 1.2.18 所示。

2. TDS1000B-SC 系列示波器的面板控件介绍

1) 垂直控件

垂直控件面板如图 1.2.19 所示。

① 垂直位置(VERTICAL POSITION)(CH1 和 CH2)：可垂直定位波形。

② CH1 菜单(CH1 MENU)和 CH2 菜单(CH2 MENU)：显示垂直菜单选择项并打开或关闭通道波形的显示。

③ 伏/格(VOLT/DIV)(CH1 和 CH2)：选择垂直刻度系数。

④ 数学菜单(MATH MENU)：显示波形数学运算菜单，并打开和关闭对数学

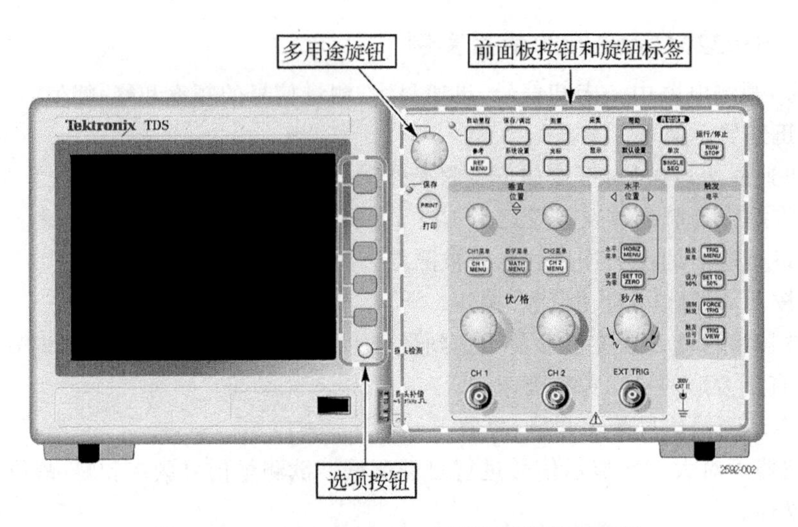

图 1.2.18　TDS1000B－SC 系列示波器的面板图

波形的显示。

2）水平控件

水平控件面板如图 1.2.20 所示。

① 水平位置(HORIZONTAL POSITION)：调整所有通道和数学波形的水平位置。此控件的分辨率随时基设置的不同而改变。

② 水平菜单(HORIZ MENU)：显示水平菜单。

③ 设置为零(SET TO ZERO)：将水平位置设置为零。

④ 秒/格(SEC/DIV)：为主时基或视窗时基选择水平的时间/格(刻度系数)。如果视窗设定已启用，则通过更改视窗时基可以改变视窗宽度。

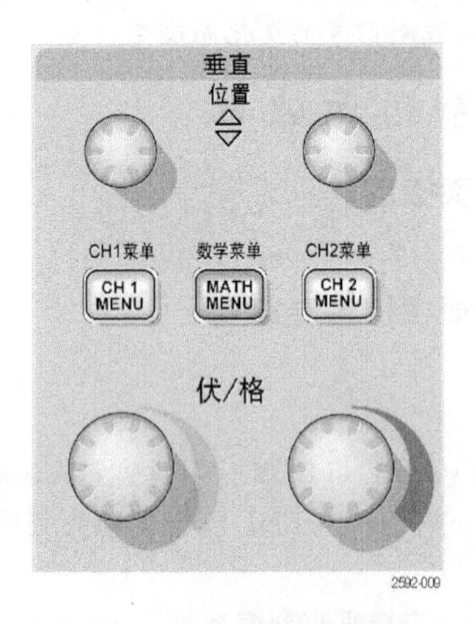

图 1.2.19　垂直控件面板

图 1.2.20　水平控件面板

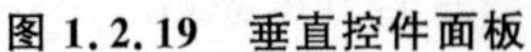

3）触发控件

触发控件面板如图 1.2.21 所示。

① 触发电平（TRIGGER LEVEL）：使用边沿触发或脉冲触发时，触发电平旋钮设置采集波形时信号所必须越过的幅值电平。

② 触发菜单（TRIG MENU）：显示触发菜单。

③ 设为 50%（SET TO 50%）：触发电平设置为触发信号峰值的垂直中点。

④ 强制触发（FORCE TRIG）：不管触发信号是否适当，都完成采集。如采集已停止，则该按钮不产生影响。

⑤ 触发信号显示（TRIG VIEW）：按下触发信号显示（TRIG VIEW）按钮时，显示触发波形而不是通道波形。可用此按钮查看触发设置对触发信号的影响，例如触发耦合。

图 1.2.21　触发控件面板

4）菜单和控件按钮

菜单和控件按钮面板如图 1.2.22 所示。具体的说明如下所述。

① 多用途旋钮：通过显示的菜单或选定的菜单选项来确定功能。激活时，旁边的 LED 变亮。

② 自动量程（AUTORANGE）：显示自动量程菜单，并激活或禁用自动量程功能。自动量程激活时，旁边的 LED 变亮。

③ 保存/调出（SAVE/RECALL）：显示设置和波形的保存/调出菜单。

④ 测量（MEASURE）：显示自动测量菜单。

⑤ 采集（ACQUIRE）：显示采集菜单。

⑥ 参考（REF MENU）：显示参考菜单以快速显示或隐藏存储在示波器非易失性存储器中的参考波形。

⑦ 系统设置（UTILITY）：显示系统设置菜单。

⑧ 光标（CURSOR）：显示光标菜单。离开光标菜单后，光标保持可见（除非类型选项设置为关闭），但不可调整。

⑨ 显示（DISPLAY）：显示显示菜单。

⑩ 帮助（HELP）：显示帮助菜单。

⑪ 默认设置（DEFAULT SETUP）：调出厂家设置。

⑫ 自动设置（AUTOSET）：自动设置示波器控制状态，以产生适用于输出信号的显示图形。

⑬ 单次（SINGLE SEQ）：采集单个波形，然后停止。

⑭ 运行/停止（RUN/STOP）：连续采集波形或停止采集。

⑮ 打印(PRINT)：启动打印到 PictBridge 兼容打印机的操作，或执行保存到 USB 闪存驱动器功能。

⑯ 保存(SAVE)：LED 指示打印(PRINT)按钮被配置为将数据储存到 USB 闪存驱动器中。

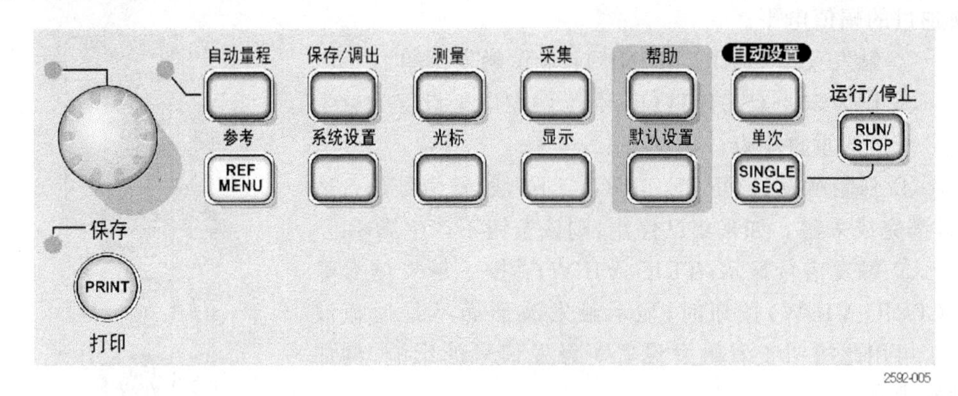

图 1.2.22　菜单和控件按钮面板

3. TDS1000B－SC 系列示波器的显示界面简介

TDS1000B－SC 系列示波器的显示界面如图 1.2.23 所示。

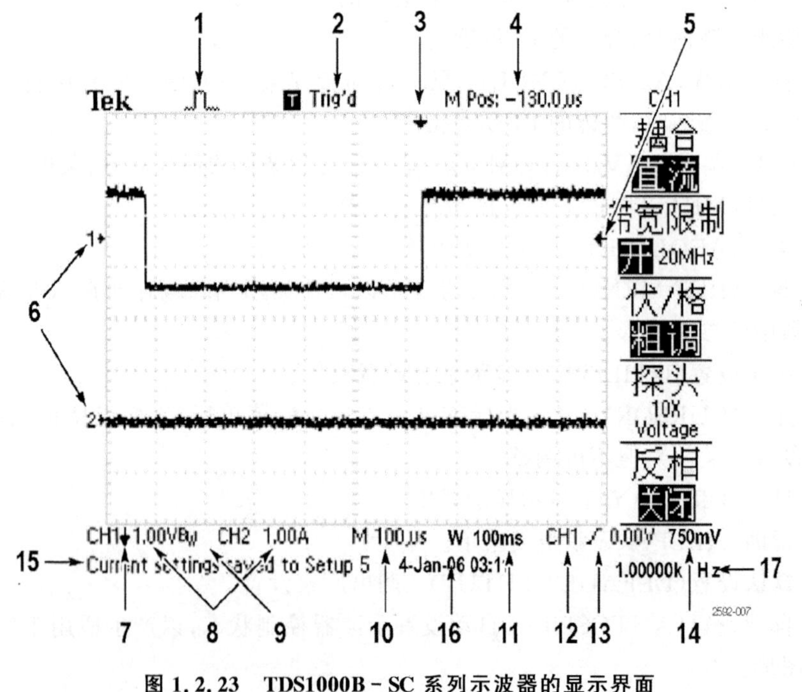

图 1.2.23　TDS1000B－SC 系列示波器的显示界面

TDS1000B－SC 系列示波器的显示界面上除显示波形外，还含有很多关于波形

和示波器控制设置的详细信息。

1）图标显示表示

图标显示表示如表 1.2.5 所列。

表 1.2.5　图标显示表示

采集模式		触发状态显示		选定的触发类型	
图标显示	含　义	图标显示	含　义	图标显示	含　义
	取样模式	□ Armed.	示波器正在采集预触发数据，此状态下忽略所有触发		上升沿的边沿触发
	峰值检测模式	R Ready.	示波器已采集所有预触发数据并准备接受触发		下降沿的边沿触发
	平均模式	T Trig'd.	示波器已发现一个触发，并正在采集触发后的数据		行同步的视频触发
		● Stop.	示波器已停止采集波形数据		场同步的视频触发
		● Acq. Complete	示波器已经完成单次采集		脉冲宽度触发，正极性
		R Auto.	示波器处于自动模式并在无触发的情况下采集波形		脉冲宽度触发，负极性
		□ Scan.	示波器在扫描模式下连续采集并显示波形数据		

2）示波器控制设置信息

① 标记显示水平触发位置。旋转水平位置（HORIZONTAL POSITION）旋钮可调整标记位置。

② 显示中心刻度处的时间读数。触发时间为零。

③ 显示边沿或脉冲宽度触发电平的标记。

④ 屏幕上的标记指明所显示波形的地线基准点。如没有标记，就不会显示通道。

⑤ 箭头图标表示波形是反相的。

⑥ 读数显示通道的垂直刻度系数。

⑦ A BW 图标表示通道带宽受限制。

⑧ 读数显示主时基设置。

⑨ 如使用视窗时基，读数显示视窗时基设置。

⑩ 读数显示触发使用的触发源。

⑪ 读数显示边沿或脉冲宽度触发电平。

⑫ 显示区显示有用消息；有些消息仅显示 3 s。如果调出某个储存的波形，读数就显示基准波形的信息，如 RefA 1.00V 500μs。

⑬ 读数显示日期和时间。

⑭ 读数显示触发频率。

4. TDS1000B－SC 系列示波器的菜单系统

示波器的用户界面设计用于通过菜单结构方便地访问特殊功能。按下前面板按钮，示波器将在屏幕的右侧显示相应的菜单。该菜单显示直接按下屏幕右侧未标记的选项按钮时可用的选项。

示波器使用下列几种方法显示菜单选项。

① 页面(子菜单)选择：对于某些菜单，可使用顶端的选项按钮来选择两个或三个子菜单。每次按下顶端按钮时，选项都会随之改变。例如，按下触发菜单中的顶部按钮时，示波器会循环显示边沿、视频和脉冲宽度这三个子菜单。

② 循环列表：每次按下选项按钮时，示波器都会将参数设为不同的值。例如，按下 CH1 菜单(CH1 MENU)按钮，然后按下顶端的选项按钮，即可在垂直(通道)耦合各选项间切换。

在某些列表中，可以使用多用途旋钮来选择选项。使用多用途旋钮时，提示行会出现提示信息，并且当旋钮处于活动状态时，多用途旋钮附近的 LED 变亮。

③ 动作：示波器显示按下动作选项按钮时立即发生的动作类型。例如，如果在出现“帮助索引”时按下下一页选项按钮，示波器将立即显示下一页索引项。单选按钮：示波器的每一选项都使用不同的按钮。当前选择的选项高亮显示。例如，按下采集菜单(ACQUIRE)按钮时，示波器会显示不同的采集模式选项。要选择某个选项，可按下相应的按钮。

5. TDS1000B－SC 系列示波器的使用介绍

设置示波器的方法如下所述。

1) 使用自动设置

每次按下自动设置(AUTOSET)按钮，自动设置功能都会获得稳定显示的波

形。它可以自动调整垂直刻度、水平刻度和触发设置。自动设置也可在刻度区域显示几个自动测量结果,这取决于信号类型。

2）使用自动量程

自动量程是一个连续的功能,可以启用和禁用。此功能可以调节设置值,从而可在信号表现出大的改变或在将探头移动到另一点时跟踪信号。

3）保存设置

关闭示波器电源前,如果在最后一次更改后已等待 5 s,示波器就会保存当前设置。下次接通电源时,示波器会调出此设置。可以使用保存/调出(SAVE/RECALL)菜单保存最多十个不同设置。还可以将设置储存到 USB 闪存驱动器。示波器上可插入 U 盘,用于存储和检索可移动数据。

4）默认设置

示波器在出厂前设置为可以完成普通操作。这就是默认设置。要调出此设置,按下默认设置(DEFAULT SETUP)按钮。

5）触　发

触发将确定示波器开始采集数据和显示波形的时间。正确设置触发后,示波器就能将不稳定的显示结果或空白显示屏转换为有意义的波形。

6）信　源

可使用触发源选项来选择示波器用作触发的信号。信源可以是交流电源线(仅用于边沿触发),也可以是连接到通道 BNC 或 EXT TRIG(外部触发)BNC 的任何信号。

7）类　型

示波器提供三类触发:边沿、视频和脉冲宽度。模式在示波器未检测到触发条件时,可以选择自动或正常触发模式来定义示波器捕获数据的方式。要执行单次采集,请按下单次(SINGLE SEQ)按钮。

8）耦　合

可使用触发耦合选项确定哪一部分信号将通过触发电路。这有助于获得一个稳定的波形显示。要使用触发耦合,请按下触发菜单(TRIG MENU)按钮,选择一种边沿触发或脉冲触发,然后选择一种耦合选项。

9）采集信号

采集信号时,示波器将其转换为数字形式并显示波形。采集模式定义采集过程中信号被数字化的方式以及影响采集时间跨度和细节程度的时基设置。

10）采集模式

有三种采集模式:取样、峰值检测和平均值。

① 取样:在这种采集模式下,示波器以均匀时间间隔对信号进行取样以构建波形。此模式多数情况下可以精确呈现信号。然而,此模式不能采集取样之间可能发生的快速信号变化。这可能导致假波现象,并可能漏掉窄脉冲。在这些情况下,应使

用峰值检测模式来采集数据。

② 峰值检测：在这种采集模式下，示波器在每个取样间隔中找到输入信号的最大值和最小值，并使用这些值显示波形。这样，示波器就可以采集并显示窄脉冲，这些窄脉冲在取样模式下可能会被漏掉。在这种模式下噪声表现得更大。

③ 平均：在这种采集模式下，示波器采集几个波形并求其平均值，然后显示最终波形。可以使用此模式来减少随机噪声。

11）时　基

示波器通过在离散点上采集输入信号的值来数字化波形。使用时基可以控制这些数值被数字化的频度。要将时基调整到某一水平刻度以适合要求，可旋转秒/格(SEC/DIV)旋钮。

12）测　量

示波器将显示电压相对于时间的图形并帮助用户测量显示波形。有几种测量方法，比如可以使用刻度、光标进行测量或执行自动测量。

13）刻　度

使用此方法能快速、直观地作出估计。例如，可以观察波形幅度，确定它是否略高于 100 mV。数出相关的大、小刻度的格数并乘以比例系数，即可进行简单的测量。例如，如果计算出在波形的最大值和最小值之间有 5 个主垂直刻度格，并且已知比例系数为 100 mV/DIV，则可按照下列方法来计算峰-峰值电压，如图 1.2.24 所示。

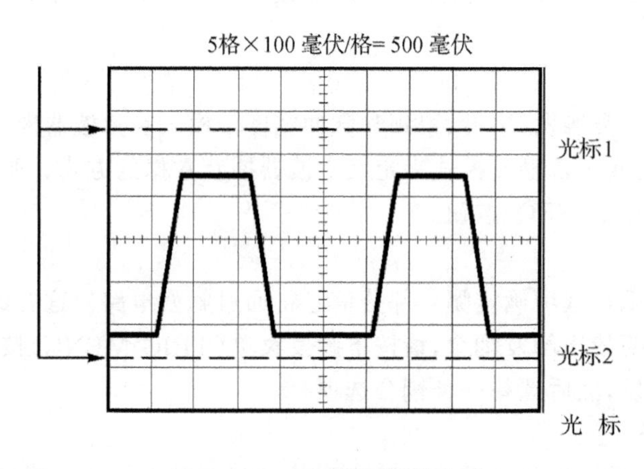

图 1.2.24　测量峰-峰值电压

使用此方法能通过移动总是成对出现的光标并从显示读数中读取它们的数值从而进行测量。有两类光标：幅度和时间。使用光标时，要确保将信源设置为显示屏上想要测量的波形。要使用光标，可按下光标(CURSOR)按钮。

幅度光标：幅度光标在显示屏上以水平线出现，可测量垂直参数。幅度是参照基准电平而言的。对于数学 FFT 功能，这些光标可以测量幅度。

时间光标：时间光标在显示屏上以垂直线出现，可测量水平参数和垂直参数。时间是参照触发点而言。对于数学 FFT 功能，这些光标可以测量频率。时间光标还包含在波形和光标的交叉点处的波形幅度的读数。

14) 自　动

测量菜单最多可采用五种自动测量方法。如果采用自动测量，示波器会为用户进行所有的计算。因为这种测量使用波形的记录点，所以比刻度或光标测量更精确。自动测量使用读数来显示测量结果。示波器采集新数据的同时对这些读数进行周期性更新。

6. TDS1000B－SC 系列示波器的使用实例

测量电路中的某个信号，快速显示该信号，并测量其频率、周期和峰-峰值幅度。

1) 使用自动设置快速设置信号的操作步骤

使用自动设置，快速显示某个信号，可按照以下步骤操作。

① 按下 CH1 菜单(CH1 MENU)按钮。

② 按下探头→电压→衰减→1×。

③ 将 P2220 探头上的开关设定为 10×。

④ 将通道 1 的探头端部与信号连接。将基准导线连接到电路参考点。

⑤ 按下自动设置(AUTOSET)按钮。示波器自动设置垂直、水平和触发控制。如果要优化波形的显示，可手动调整上述控制。进行自动测量示波器可自动测量大多数显示的信号。

2) 测量信号的频率、周期峰-峰值幅度、上升时间以及正频宽的操作步骤

要测量信号的频率、周期、峰-峰值幅度、上升时间以及正频宽，可遵循以下步骤进行操作。

① 按下测量(MEASURE)按钮可看到测量菜单。

② 按下顶部选项按钮；显示测量 1 菜单。

③ 按下类型 →频率按钮，值读数将显示测量结果及更新信息。

④ 按下返回选项按钮。

⑤ 按下顶部第二个选项按钮；显示测量 2 菜单。

⑥ 按下类型 →周期按钮，值读数将显示测量结果及更新信息。

⑦ 按下返回选项按钮。

⑧ 按下中间的选项按钮；显示测量 3 菜单。

⑨ 按下类型 →峰-峰值按钮，值读数将显示测量结果及更新信息。

⑩ 按下返回选项按钮。

⑪ 按下底部倒数第二个选项按钮；显示测量 4 菜单。

⑫ 按下类型→上升时间按钮，值读数将显示测量结果及更新信息。

⑬ 按下返回选项按钮。

⑭ 按下底部的选项按钮；显示测量 5 菜单。

⑮ 按下类型→正频宽按钮，值读数将显示测量结果及更新信息。

⑯ 按下返回选项按钮。

3）进行光标测量

使用光标可快速对波形进行时间和振幅测量。要测量某个信号上升沿的振荡频率，可执行以下步骤：

① 按下光标（CURSOR）按钮可看到光标菜单。

② 按下类型→时间按钮。

③ 按下信源→CH1 按钮。

④ 按下光标 1 选项按钮。

⑤ 旋转多用途旋钮，将光标置于振荡的第一个波峰上。

⑥ 按下光标 2 选项按钮。

⑦ 旋转多用途旋钮，将光标置于振荡的第二个波峰上。可在光标菜单中查看时间和频率 Δ（增量）（测得的振荡频率）。

⑧ 按下类型→幅度按钮。

⑨ 按下光标 1 选项按钮。

⑩ 旋转多用途旋钮，将光标置于振荡的第一个波峰上。

⑪ 按下光标 2 选项按钮。

⑫ 旋转多用途旋钮，将光标 2 置于振荡的最低点上。在光标菜单中将显示振荡的振幅。

2.1.5　示波器使用的注意事项

① 示波器正常使用温度应在 0～40 ℃之间。使用时不要将其他仪器或杂物置于示波器的通风孔上，以免影响散热，造成仪器过热而发生故障。

② 使用时，示波器的辉度不要过高，因为过亮的光点或扫描线长时间驻定在一地会使示波管的荧光屏涂层灼伤。

③ 信号输入不要超过最高允许电压范围。

2.2　信号发生器

信号发生器是一种能产生正弦波、矩形波及 TTL 逻辑电平信号的多功能电子仪器，并且其幅值和频率在一定范围内能自由调节。因此该仪器广泛用在电子电路的调试，测量和检修中。在电子技术实验中，它作为交流信号源或脉冲信号源使用。

下面介绍 XD22A 型低频信号发生器。

2.2.1 XD22A 型信号发生器

1. 面板介绍

XD22A 型低频信号发生器的面板图如图 1.2.25 所示。

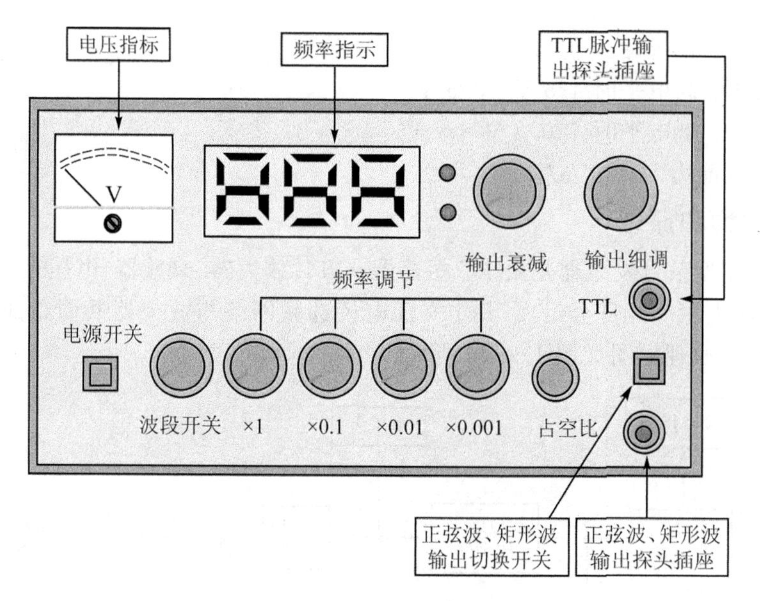

图 1.2.25 XD22A 型低频信号发生器的面板图

2. 主要技术性能

1) 输出频率

① 输出频率范围：1 Hz～1 MHz

② 输出频率误差：Ⅰ波段的误差＜Ⅴ波段的误差＜±(1.5f%＋1 Hz)

Ⅳ波段的误差＜±2f%

2) 正弦波信号

① 输出最大幅度：＞6 V(开路，有效值)

② 额定输出电压误差：＜±1 dB

③ 失真：＜1%(10 Hz～200 kHz)

④ 表头分刻度误差：≤±5%(相对满度值)

⑤ 衰减器衰减范围：0～90 dB

⑥ 衰减器衰减误差：＜±1 dB

⑦ 输出阻抗：600 Ω±10%

3) 脉冲信号

① 输出脉冲幅度：0～10$U_{P\text{-}P}$ 连续可调

② 脉冲宽度：可调

③ 脉冲上冲、下冲时间：<7%

④ 脉冲上升、下降时间：<0.3 μs

⑤ 脉冲顶部倾斜：<5%(f=100 Hz 时)

4) TTL 信号

① 波形：方波

② 极性：正极性

③ 幅度：高电平时 4.5 V±0.5 V

低电平时 <0.3 V

④ 负载能力：>25 mA

3. 结构和原理

XD22A 型信号发生器是由 RC 振荡器、OTL 放大器、衰减器、电压表、脉冲 TTL 电路和稳压电源等几部分组成，其中文氏电桥选频网络与放大器共同组成文氏电桥振荡器，其电原理框图如图 1.2.26 所示。

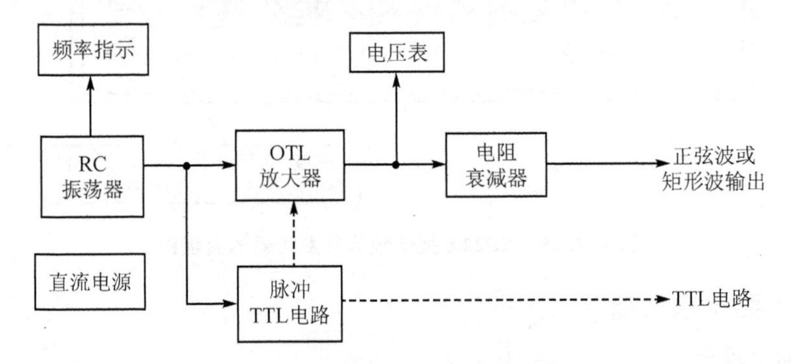

图 1.2.26　XD22A 信号发生器原理框图

从图 1.2.26 可看出，由 RC 振荡器产生一个正弦波信号，其输出一路直接送到 OTL 放大器，另一路经过脉冲 TTL 电路转换成矩形波信号送到 OTL 放大器或者转成 TTL 电平直接到 TTL 输出(这两种情况如图 1.2.26 虚线所示)。RC 振荡器产生振荡信号的频率由其内部选频网络中的 RC 时间常数决定。所以改变振荡器选频网络中的 R 值或 C 值都可调节振荡频率。在本信号发生器中，波段开关，就是通过改变桥路中的电容值来实现频率粗调的，它有六挡，即把 1 Hz～1 MHz 分成六个频段。"频率开关"实际上有三个旋钮，它是通过改变桥路中的电阻值来实现每个频段内的频率细调的。其中×1 和×0.1 为步进式，×0.01 为连续可变的。

OTL 放大器是一种功率放大器，它的输入由波形选择开关选择是 RC 振荡器直接送过来的正弦波信号还是经过脉冲 TTL 电路转换来的矩形波信号。它将输入信号进行放大，成为 0～6 V 的信号输出。最终的正弦波或矩形波输出信号幅度由输出微调和输出衰减两旋钮共同调节。输出微调旋钮调节 OTL 放大器的输出电压幅值，也就是说，调节输出微调旋钮，OTL 放大器的输出电压能在 0～6 V 范围内连续变化，并

通过面板左上方的电压表直观地指示出来。然后,该电压值再经衰减器继续衰减。所以,整个仪器输出端信号的幅度应该是:

$$U_o(\text{仪器输出端电压值})=U_{\text{表}}(\text{电压表读数})\times\frac{1}{K}(\text{电压衰减倍数})$$

上式中的 K 值是衰减器的衰减倍数,它由输出衰减开关选择,但此开关所标的挡值不是直接的衰减倍数 K,而是对应衰减倍数的分贝值(dB)。它们之间的对应关系:

$$\text{分贝值}=20\lg K$$

例如:0 dB 挡,$K=1$,即不衰减;20 dB 挡,$K=10$,即衰减 10 倍;40 dB 挡,$K=100$,即衰减 100 倍;等等。因此输出衰减开关每挡所对应的电压衰减倍数如表 1.2.6 所列。

表 1.2.6　输出衰减分贝值与电压衰减倍数的关系

输出衰减分贝值/dB	电压衰减倍数 K	输出衰减分贝值/dB	电压衰减倍数 K
0	1	50	316
10	3.16	60	1000
20	10.0	70	3160
30	31.6	80	10000
40	100	90	31600

4. 使用方法

1) 接通交流电源(220 V)

由于振荡器中热敏电阻的惯性,起振幅度将超过正常幅度,所以开机时输出微调电位器应置于较小位置(逆时针左旋)。

2) 频率选择

根据使用的频率范围,先将面板左下方的波段开关旋到要求的位置,然后再调节面板下方三个频率旋钮(×1 挡,×0.1 挡,×0.01 挡),按十进制原则细调到所需要的频率。

例如,调节输出频率为 465 kHz:它在 100 kHz～1 MHz 范围内,因此先将频率范围置于波段Ⅳ(100 kHz～1 MHz 之间)的位置,然后调节频率旋钮,使×1 旋钮置于 4,×0.1 旋钮置于 6,×0.01 旋钮置于 5,则输出信号频率为 $f=(4\times1+6\times0.1+5\times0.01)\times100\ \text{kHz}=465\ \text{kHz}$。同时 LED 数码频率指示器指示所选频率值。

3) 正弦波输出电压幅度调节

首先,将波形选择开关置于弹起位置,使右下角插座输出正弦波信号。调节右上方输出衰减(0,10(dB),20(dB),……,90(dB))和输出细调电位器,便可在输出端得到所需的电压。仪器上的电压表所指示的 0～5 V(有效值)电压是未加衰减时的输出电压，如果需要小信号输出时，可用输出衰减电位器进行适当衰减，这时的实际输出电压应为仪器电压表指示值缩小所选输出衰减分贝数的倍数，可由表 1.2.6 对照查得，或用交流毫伏表(JH811)测量。

注意：仪器指针式电压表的刻度对正弦波信号能准确地指示其有效值，而对其他形式的电压则无效。

4) 矩形脉冲电压的输出

当需输出频率，幅度可调的矩形波时，按下波形转换开关即可。频率和幅度调节与正弦波相同。占空比调节钮可满足脉冲宽度变化的调节。

当需输出 TTL 电信号时，需将信号探头接上面的 TTL 输出座。这时其输出电压幅度低电平小于 0.3 V，高电平约为 4.5 V，不可调。频率调节方法与正弦波相同。

5) 共　地

仪器的输出线，有一根为仪器的接地线(黑色接线夹)，当与被测电路或其他仪器相连时，应该让该线与其他电路或仪器的地端连接在一起，即必须共地。因为仪器的输出线是屏蔽线，其接地线与屏蔽层是连接在一起的。

2.2.2　TFG1000 系列 DDS 函数信号发生器

TFG1000 系列 DDS 函数信号发生器采用直接数字合成技术(DDS)，具有快速完成测量工作所需的高性能指标和众多的功能特性。其简单而功能明晰的前面板设计和液晶显示界面能更便于操作和观察，可扩展的选件功能，获得增强的系统特性。

1. 面板介绍

TFG1000 系列 DDS 函数信号发生器的前、后面板由图 1.2.27 和图 1.2.28 所示。

前面板

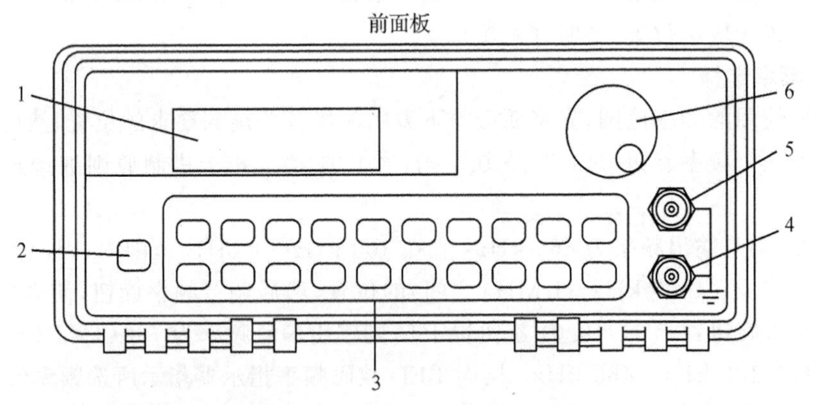

1—液晶显示屏；2—电源开关；3—键盘；4—输出B；5—输出A；6—调节旋钮

图 1.2.27　TFG1000 系列 DDS 函数信号发生器前面板

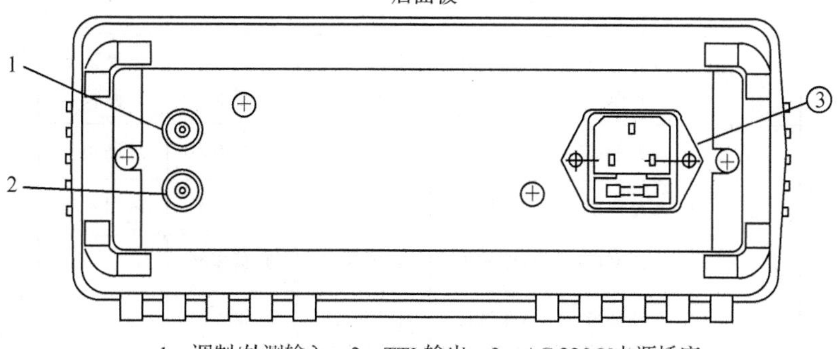

1—调制/外测输入；2—TTL输出；3—AC 220 V电源插座

图 1.2.28　TFG1000 系列 DDS 函数信号发生器后前面板

2. 技术指标和功能特性

① 频率精度高：频率精度可达到 10^{-5} 数量级。

② 频率分辨率高：全范围频率分辨率 20 MHz。

③ 无量程限制：全范围频率不分挡，直接数字设置。

④ 无过渡过程：频率切换时瞬间达到稳定值，信号相位和幅度连续无畸变。

⑤ 波形精度高：输出波形由函数计算值合成，波形精度高，失真小。

⑥ 多种波形：可以输出 16 种波形。

⑦ 方波特性：可以设置精确的方波占空比。

⑧ 输出特性：两路独立输出，可准确设置两路的相位差。

⑨ 频率扫描：具有频率扫描功能，扫描起止点任意设置。

⑩ 频率调制：可以输出频率调制信号 FM。

⑪ 计算功能：可以选用频率或周期，幅度有效值或峰-峰值。

⑫ 操作方式：全部按键操作，中文菜单显示，直接数字设置或旋钮连续调节。

⑬ 高可靠性：大规模集成电路，表面贴装工艺，可靠性高，使用寿命长。

⑭ 频率测量：可以选配频率计，对外部信号进行频率测量。

⑮ 功率放大：可以选配功率放大器，输出功率可以达到 7 W。

3. 显示说明

显示屏上面一行为功能和选项显示，左边两个汉字显示当前功能，在 A 路单频和 B 路单频功能时显示输出波形。右边四个汉字显示当前选项，在每种功能下各有不同的选项，如表 1.2.7 所列。表中带阴影的选项为常用选项，可使用面板上的快捷键直接选择，仪器能够自动进入该选项所在的功能。不带阴影的选项较不常用，需要首先选择相应的功能，然后使用菜单键循环选择。显示屏下面一行显示当前选项的参数值。

表 1.2.7　功能选项表

功　能	A 路单频正弦	B 路单频正弦	频率扫描扫频	频率调制调频	外测频率测频
选项	A 路频率	B 路频率	始点频率	载波频率	外测频率
	A 路周期	B 路周期	终点频率	载波频率	闸门时间
	A 路幅度	B 路幅度	步进频率	调制频率	
	A 路波形	B 路波形	扫描方式	调频频偏	
	A 占空比	B 占空比	间隔时间	调制波形	
	A 路衰减	B 路谐波			
	A 路偏移	B 路相移			
	步进频率				
	步进幅度				

4. 键盘说明

仪器前面板上共有 20 个按键(见前面板图),键体上的字表示该键的基本功能,直接按键执行基本功能。键上方的字表示该键的上档功能,首先按 Shift 键,屏幕右下方显示 S,再按某一键可执行该键的上档功能。20 个按键的基本功能如下,19 个按键的上档功能,将在后面相应章节中叙述。

① 频率、幅度键:频率和幅度选择键。

② 0、1、2、3、4、5、6、7、8、9 键:数字输入键。

③ ./一键:在数字输入之后输入小数点,“偏移”功能时输入负号。

④ MHz、kHz、Hz、mHz 键:双功能键,在数字输入之后执行单位键功能,同时作为数字输入的结束键。不输入数字,直接按 MHz 键执行 Shift 功能,直接按 kHz 键执行 A 路功能,直接按 Hz 键执行 B 路功能。直接按 mHz 键可以循环开启或关闭按键时的提示声响。

⑤ 菜单键:用于选择项目表中不带阴影的选项。

⑥ <、>键:光标左右移动键。

5. 基本操作

可满足一般使用需要的基本操作方法,下面举例说明。如果遇到疑难问题或较复杂的使用,可以仔细阅读使用说明中的相应部分。

1) A 路参数设定

按 A 路键,选择 A 路单频功能。

① A 路频率设定:设定频率值 3.5 kHz,按键顺序为频率→3→.→5→kHz。

② A 路频率调节:按＜或＞键可移动数据上边的三角形光标指示位,左右转动旋钮可使指示位的数字增大或减小,并能连续进位或借位,由此可任意粗调或细调频率。其他选项数据也都可用旋钮调节,不再赘述。

③ A 路周期设定:设定周期值 25 ms,按键顺序为 Shift→周期→2→5→ms。

④ A 路幅度设定:设定幅度值为 3.2 V,按键顺序为幅度→3→.→2→V。

⑤ A 路幅度格式选择:有效值或峰-峰值,按键顺序为 Shift→有效值或 Shift→峰-峰值。

⑥ A 路常用波形选择:A 路选择正弦波、方波、三角波、锯齿波,按键顺序分别是 Shift→0、Shift→1、Shift→2、Shift→3。

⑦ A 路其他波形选择:A 路选择指数波形,按键顺序为 Shift→波形→1→2→Hz。

⑧ A 路占空比设定:A 路选择方波,占空比 65%,按键顺序为 Shift→占空比→6→5→Hz。

⑨ A 路衰减设定:选择固定衰减 0 dB(开机或复位后选择自动衰减 AUTO),按键顺序为 Shift→衰减→0→Hz。

⑩ A 路偏移设定:在衰减选择 0 dB 时,设定直流偏移值为－1 V,按键顺序为 Shift→偏移→－→1→V。

⑪ A 路频率步进:设定 A 路步进频率 12.5 Hz,按键顺序按菜单键选择步进频率,按 1→2→.→5→Hz,然后每按一次 Shift＋∧,A 路频率增加 12.5 Hz,每按一次 Shift＋∨,A 路频率减少 12.5 Hz。

2) B 路参数设定

① 按 B 路键,选择 B 路单频功能,B 路的频率、周期、幅度、峰-峰值、有效值、波形、占空比的设定和 A 路相类同。

② B 路谐波设定:设定 B 路频率为 A 路频率的一次谐波,按键顺序为 Shift→谐波→1→Hz。

③ B 路相移设定:设定 A B 两路的相位差为 90°,按键顺序为 Shift→相移→9→0→Hz。

3) A 路频率扫描

① 按 Shift→扫频键,A 路输出频率扫描信号,使用默认扫描参数。

扫描方式设定:设定往返扫描方式。

② 按菜单键选中扫描方式选项,按 2→Hz。

其他扫描参数设定此略。

4) A 路频率调制

① 按 Shift→调频键,A 路输出频率调制(FM)信号,使用默认调制参数。

调频频偏设定:设定调频频偏5%。

② 按菜单键选中调频频偏选项,按5→Hz。

其他调频参数设定此略。

5）复位初始化

开机后或按Shift→复位键后仪器的初始化状态如下：

A B路波形:正弦波	A B路频率:1 kHz	B路幅度:1 U_{P-P}
A B占空比:50%	A路衰减:AUTO	A路偏移:0 V
B路谐波:1.0	B路相移:90°	
始点频率:500 Hz	终点频率:5 kHz	步进频率:10 Hz
间隔时间:10 ms	扫描方式:正向	
载波频率:50 kHz	载波幅度:1 U_{P-P}	调制频率:1 kHz
调频频偏:1.0%	调制波形:正弦波	
闸门时间:1 000 ms		

6. 操作通则

1）数字键输入

一个项目选中以后,可以用数字键输入该项目的参数值。十个数字键用于输入数据,输入方式为自左至右移位写入。数据中可以带有小数点,如果一次数据输入中有多个小数点,则只有第一个小数点为有效。在偏移功能时,可以输入负号。使用数字键只是把数字写入显示区,这时数据并没有生效,数据输入完成以后,必须按单位键作为结束,输入数据才开始生效。如果数据输入有错,可以有两种方法进行改正:如果输出端允许输出错误的信号,那么就按任一个单位键作为结束,然后再重新输入数据。如果输出端不允许输出错误的信号,由于错误数据并没有生效,输出端不会有错误的信号产生。可以重新选择该项目,然后输入正确的数据,再按单位键结束,数据开始生效。

数据的输入可以使用小数点和单位键任意搭配,仪器都会按照固定的单位格式将数据显示出来。例如输入1.5 kHz,或1 500 Hz,数据生效之后都会显示为1 500.00 Hz。

虽然不同的物理量有不同的单位,频率用"Hz",幅度用"V",时间用"s",相位用"°",但在数据输入时,只要指数相同,都使用同一个单位键。

即:MHz键等于10^6,kHz键等于10^3,Hz键等于10^0,mHz键等于10^{-3}。

输入数据的末尾都必须用单位键作为结束,因为按键面积较小,单位"°""%""dB"等没有标注,都使用Hz键作为结束。随着项目选择为频率、电压、时间、百分比等,仪器会自动显示出相应的单位:Hz,V,ms,%等。

2）步进键输入

在实际应用中,往往需要使用一组几个或几十个等间隔的频率值或幅度值,如果

使用数字键输入方法，就必须反复使用数字键和单位键，这是很麻烦的。由于间隔值可能是多位数，所以使用旋钮调节也不方便。为了简化操作，A 路的频率值和幅度值设置了步进功能，使用简单的步进键，就可以使频率或幅度每次增加一个步进值，或每次减少一个步进值，而且数据改变后即刻生效，不用再按单位键。

例如：要产生间隔为 12.5 kHz 的一系列频率值，按键顺序如下：

按菜单键选中步进频率选项，按 1→2→.→5→kHz。然后每按一次 Shift→∧键，A 路频率增加 12.5 kHz，每按一次 Shift→∨键，A 路频率减少 12.5 kHz。产生一系列间隔为 12.5 kHz 的递增或递减的频率值序列，操作快速而又准确。用同样的方法，可以使用步进键得到一系列等间隔的幅度值序列。步进键输入只能在 A 路频率或 A 路幅度时使用。

3）旋钮调节

实际应用中，有时需要对信号进行连续调节，这时可以使用数字调节旋钮。在参数值数字显示的上方，有一个三角形的光标，按移位键“<”或“>”，可以使光标指示位左移或右移，面板上的旋钮为数字调节旋钮，向右转动旋钮，可使光标指示位的数字连续加一，并能向高位进位。向左转动旋钮，可使光标指示位的数字连续减一，并能向高位借位。使用旋钮输入数据时，数字改变后即刻生效，不用再按单位键。光标指示位向左移动，可以对数据进行粗调，向右移动则可以进行细调。

4）输入方式选择

对于已知的数据，使用数字键输入最为方便，而且不管数据变化多大都能一次到位，没有中间过渡性数据产生，这在一些应用中是非常必要的。对于已经输入的数据进行局部修改，或者需要输入连续变化的数据进行观测时，使用调节旋钮最为方便，对于一系列等间隔数据的输入则使用步进键最为方便。操作者可以根据不同的应用要求灵活选择。

7. A 路单频

按 A 路键可以选择 A 路单频功能。屏幕左上方显示出 A 路信号的波形名称。

1）A 路频率设定

按频率键，显示出当前频率值。可用数字键或调节旋钮输入频率值，在输出 A 端口即有该频率的信号输出。

2）A 路周期设定

A 路信号也可以用周期值的形式进行显示和输入，按 Shift→周期键，显示出当前周期值，可用数字键或调节旋钮输入周期值。但是仪器内部仍然是使用频率合成方式，只是在数据的输入和显示时进行了换算。由于受频率低端分辨率的限制，在周期较长时，只能输出一些周期间隔较大的频率点，虽然设定和显示的周期值很精确，但是实际输出信号的周期值可能有较大差异，这一点在使用中应该心中有数。

3）A路幅度设定

按幅度键，选中A路幅度，显示出当前幅度值，可用数字键或调节旋钮输入幅度值，输出A端口即有该幅度的信号输出。

4）幅度值的格式

A路幅度值的输入和显示有两种格式：按Shift→峰-峰值键选择峰-峰值格式U_{P-P}，按Shift→有效值键选择有效值格式U_{rms}。随着幅度值格式的转换，幅度的显示值也相应地发生变化。

虽然幅度数值有两种格式，但是在仪器内部都是以峰-峰值方式工作的，只是在数据的输入和显示时进行了换算。由于受幅度分辨率的限制，用两种格式输入的幅度值，在相互转换之后可能会有些差异。例如在正弦波时输入峰-峰值$1U_{P-P}$，转换为有效值是$0.353U_{rms}$，而输入有效值$0.353U_{rms}$，转换为峰-峰值却是$0.998U_{P-P}$，不过这种转换差异一般是在误差范围之内的。幅度有效值只能在正弦波形时使用，在其他波形时只能使用幅度峰-峰值。

5）幅度衰减器

按Shift→衰减键可以选择A路幅度衰减方式，开机或复位后为自动方式AUTO，仪器根据幅度设定值的大小，自动选择合适的衰减比例。在输出幅度为2 V、0.2 V和0.02 V时进行衰减切换，这时不管信号幅度大小都可以得到较高的幅度分辨率和信噪比，波形失真也较小。但是在衰减切换时，输出信号会有瞬间的跳变，这种情况在有些应用场合可能是不允许的。因此仪器设置有固定衰减方式。按Shift→衰减键后，可用数字键输入衰减值：输入数据<20时为0 dB，数据≥20时为20 dB，数据≥40时为40 dB，数据≥60时为60 dB，数据≥80时为AUTO。也可以使用旋钮调节，旋钮每转一步衰减变化一挡。如果选择了固定衰减方式，在信号幅度变化时衰减挡固定不变，可以使输出信号在全部幅度范围内变化都是连续的，但在0 dB衰减挡时如果信号幅度较小，则波形失真较大，信噪比可能较差。

6）A路波形选择

A路具有16种波形，按Shift→波形键选择A路波形选项，屏幕下方显示出当前输出波形的序号和波形名称。可用数字键输入波形序号，再按Hz键，即可以选择所需要的波形，也可以使用旋钮改变波形序号，同样也很方便。

对于四种常用波形，可以使用面板上的快捷键选择。按Shift→0键选择正弦波，按Shift→1键选择方波，按Shift→2键选择三角波，按Shift→3键选择锯齿波。波形选择以后，输出A端口即可输出所选择的波形。对于四种常用波形，屏幕左上方显示出波形的名称，对于其他12种不常用的波形，屏幕左上方显示为“任意”。16种波形的序号和名称如表1.2.8所列：

表 1.2.8 16 种波形序号和表

序 号	波 形	名 称	序 号	波 形	名 称
00	正弦波	Sine	08	正直流	Pos-DC
01	方波	Square	09	负直流	Neg-DC
02	三角波	Triang	10	正弦全波整流	All sine
03	升锯齿波	Up ramp	11	限幅正弦波	Limit sine
04	降锯齿波	Down ramp	12	指数函数	Exponent
05	正脉冲	Pos-pulse	13	对数函数	Logarithm
06	负脉冲	Neg-pulse	14	半圆函数	Half round
07	阶梯波	Stair	15	Sinc 函数	Sin(x)/x

7) A 路方波占空比

按 Shift→占空比键，A 路自动选择为方波，并显示出方波占空比，可用数字键或调节旋钮输入占空比数值，输出即为设定占空比的方波，方波的占空比调节范围为1%～99%。

8. B 路单频

按 B 路键可以选择 B 路单频功能，屏幕左上方显示出 B 路信号的波形名称。

B 路的频率设定，周期设定，幅度设定，峰-峰值和有效值转换，波形选择，方波占空比调节，都和 A 路相类同，不再重述。不同的是 B 路没有幅度衰减，也没有直流偏移。

1) B 路谐波设定

B 路频率能够以 A 路频率倍数的方式设定和显示，也就是使 B 路信号作为 A 路信号的 N 次谐波。按 Shift→谐波键，选中 B 路谐波功能，可用数字键或调节旋钮输入谐波次数值，B 路频率即变为 A 路频率的设定倍数，也就是 B 路信号成为 A 路信号的 N 次谐波，这时 AB 两路信号的相位可以达到稳定的同步。如果不选中 B 路谐波，则 AB 两路信号没有谐波关系，即使将 B 路频率设定为 A 路频率的整倍数，则 AB 两路信号也不一定能够达到稳定的相位同步。所以，要保持 AB 两路信号稳定的相位同步，必须先设置好 A 路频率，再选中 B 路谐波，设置谐波次数，则 B 路频率能够自动改变，不能再使用 B 路频率设定。

2) B 路相移设定

如果已经设定了 B 路谐波，按 Shift→相移键，选中 B 路相移功能，此时 A B 两路信号完全同步，相位差为 0，可用数字键或调节旋钮设定 AB 两路信号的相位差。仪器内部两路信号的时间差最高分辨率为 80 ns，所以：当频率较低时相位差的分辨率较高，例如当频率低于 34 kHz 时，相位差的分辨率为 1°；频率越高相位差的分辨率越低，例如当频率为 1 MHz 时，相位差的分辨率为 28.8°。把两路信号连接到示波

器上，设定两路信号的谐波次数和相位差，可以做出各种稳定的李沙育图形。

2.3 晶体管毫伏表

晶体管毫伏表是一种用来测量电子电路中正弦交流电压有效值的电子仪表。它与一般的交流电压表或万用表的交流电压挡相比，具有频率范围宽、输入阻抗高、电压测量范围广和灵敏度高等特点，因而特别适用于电子电路，如对一般放大器和电子设备进行测量。

下面就来简单介绍JH811晶体管毫伏表。

1. 面板图

JH811晶体管毫伏表面板图如图1.2.29所示。

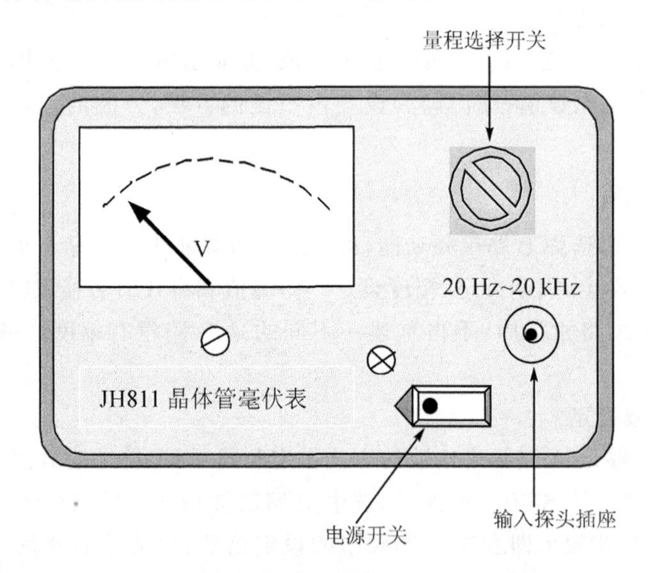

图1.2.29 JH811晶体管毫伏表面板图

2. 主要技术指标

① 交流电压测量范围0.1 mV～300 V，分12个量程。即1 mV，3 mV，10 mV，30 mV，100 mV，300 mV，1 V，3 V，10 V，30 V，100 V，300 V。

② 频率范围：20 Hz～2 MHz

③ 输入电阻：在1～300 mV时，8 MΩ±10%

在1～300 V时，10 MΩ±10%

输入电容：在1～300 mV时，<45 pF

在1～300 V时，<30 pF

④ 最大输入电压：交流峰值+直流电压=600 V

3. 工作原理

JH811 晶体管毫伏表的原理框图如图 1.2.30 所示。毫伏表由于前置级采用射级跟随电路,从而能获得高输入阻抗和宽的频率测量范围;衰减器和分压器用来满足宽量限的电压测量范围;从分压器取得很小的电压经多级交流放大器进行放大,提高了仪表的灵敏度,使其能测量毫伏级的电压,放大后的交流电压送至桥式全波整流器,整流后的直流电压通过磁电式测量机构指示出来。面板上的刻度是已被换算成的正弦交流电压有效值,可直接进行读数。

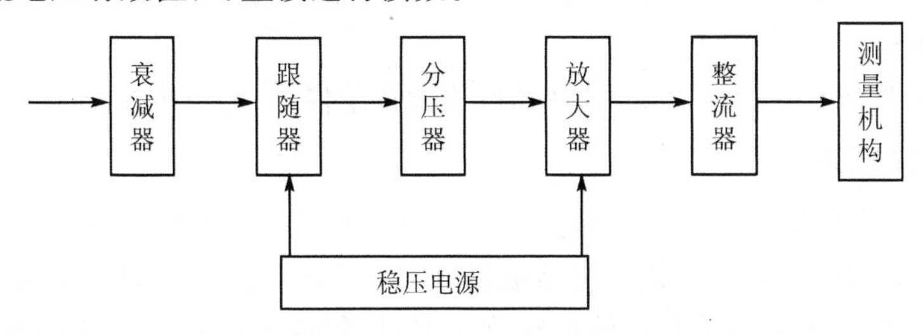

图 1.2.30　JH811 晶体管毫伏表的原理框图

4. 使用方法

① 将量程开关放在最大量程挡(300 V),接通电源,指示灯应当亮。指针大约有持续 5 s的不规则摆动,但是不表明它是一个故障。不规则摆动过后仪器将稳定。

② 仍将量程置于最大挡,将测量线接入被测电压处。由于测量线两线不对称,其中有一个接线夹(黑色)为屏蔽层,同时又是毫伏表的接地线,所以在接线时,先将黑色夹子(地线)接入电路,再将红色夹子(信号线)接到被测点。接入后再逐步减小量程,直到调至合适的量程使得表头有某一指示为止。如果读数小于满刻度 30%,逆时针方向转动量程旋钮逐渐地减小量程电压。当指针大于满刻度 30%且小于满刻度值时读出示值。切勿用低量程挡测量高电压,因为这样操作将损坏仪器。

③ 该点测量结束后,应先将“量程”放到大量程挡,拆下测量线。与接线的过程相反,拆线时先拆红色夹子(信号线),再拆黑色夹子(地线)。为防止感应信号过大造成毫伏表过载,测量线的两夹子在拆下后应短接在一起。

④ 面板上电压表头有两个标尺(0～10 和 0～3)。使用不同的量程时,应在相应的标度尺上读数,并乘以合适的倍率。

⑤ 长期不用毫伏表时,应关掉电源。

2.4　晶体管直流稳压电源

WYJ0 - 15V2A 型晶体管直流稳压电源是提供直流电压的电源设备。当电网或负载在一定范围内变化时,其输出稳定不变,可近似看做一个理想的电压源。

下面介绍 WYJ0 - 15V2A 型晶体管直流稳压电源。

1. 面板图

WYJ0－15V2A 型晶体管直流稳压电源的面板图如图 1.2.31 所示。

2. 性能指标

① 输出电压：0～15 V 连续可调(双路)。

② 输出电流：0～2 A(双路)。

③ 电压稳定度：在额定负载内输入电压变化±10%时，电压调整率≤0.1%。

④ 负载稳定度：当负载电流由 0 变化到 2 A 时，负载调整率≤0.1%。

⑤ 纹波电压：≤5 mV。

⑥ 保护性能：输出端过载或短路时，均能自动保护，输出电压趋于 0。

3. 工作原理

直流稳压电源原理框图如框图 1.2.32 所示，它是一个串联型稳压电源。交流输入电压经整流、滤波后，再经调整电路输出。当输出电压由于电源电压或负载电流变化而波动时，取样电路将信息传给比较放大器，比较放大器将它与基准电压相比较，并将其差值进行放大后再去控制调整电路，从而使得输出稳定。

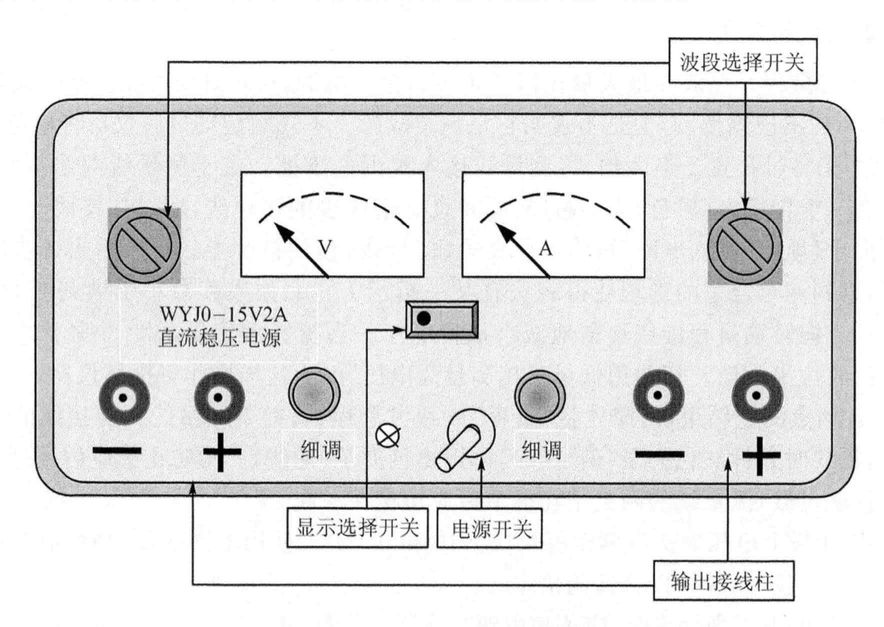

图 1.2.31　WYJ0－15V2A 面板图

4. 使用方法

从面板图(见图 1.2.14)上可看到两路电压源的控制件(电压粗调、电压细调和输出端)分布在面板的左右两边，调节电压粗调旋钮、电压细调旋钮，在输出端便可得所需输出电压。面板中间有一对表头(电压表和电流表)，在其下方是指示选择开关，

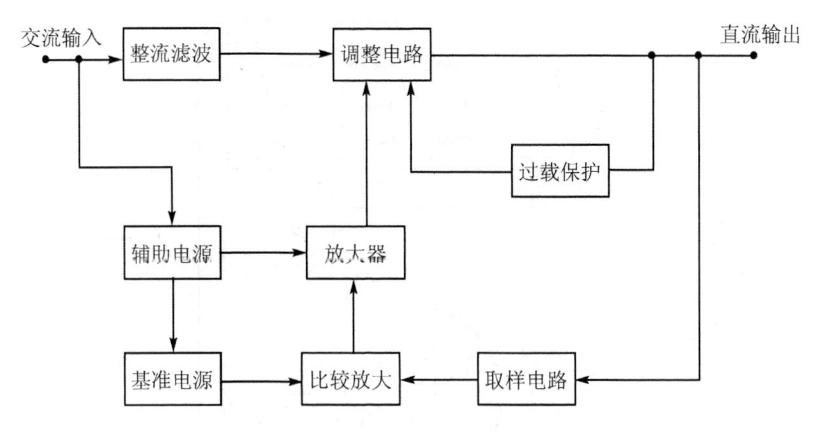

图 1.2.32　直流稳压电源原理框图

指示选择开关的作用是控制表头指示选择。当它拨向左边时，两表头指示左路输出的电压和电流；当它拨向右边时，两表头指示右路输出的电压和电流。再往下是电源开关、电源指示灯，只要电源开关闭合，电源指示灯亮，左右两路就都有电压输出。

5. 注意事项

① 电压源不能短路。

② 当面板上的表头指示不够精确，而实验要求准确输出电压时，应使用万用表或其他直流电压表。

2.5　数字万用表

数字万用表具有精度高，输入阻抗大，显示直观，过载能力强，功能全等特点。

下面介绍 DT－830 数字万用表。

1. 面板图

DT－830 数字万用表面板图如图 1.2.33 所示。

2. DT－830 数字万用表原理介绍

DT－830 数字万用表原理框图如图 1.2.34 所示。

输入信号经转换器后按比例转换成直流电压信号。

虚线框内是直流数字电压表(DVM)，它由 RC 滤波器、A/D 转换器、LCD 显示器组成。这样就构成了数字万用表。

3. 基本技术性能

① 显示位数：4 位数字，最高位只能显示 1 或不显示数字，算半位，所以称 $3\frac{1}{2}$ 位。最大显示数为 1999 或－1999。

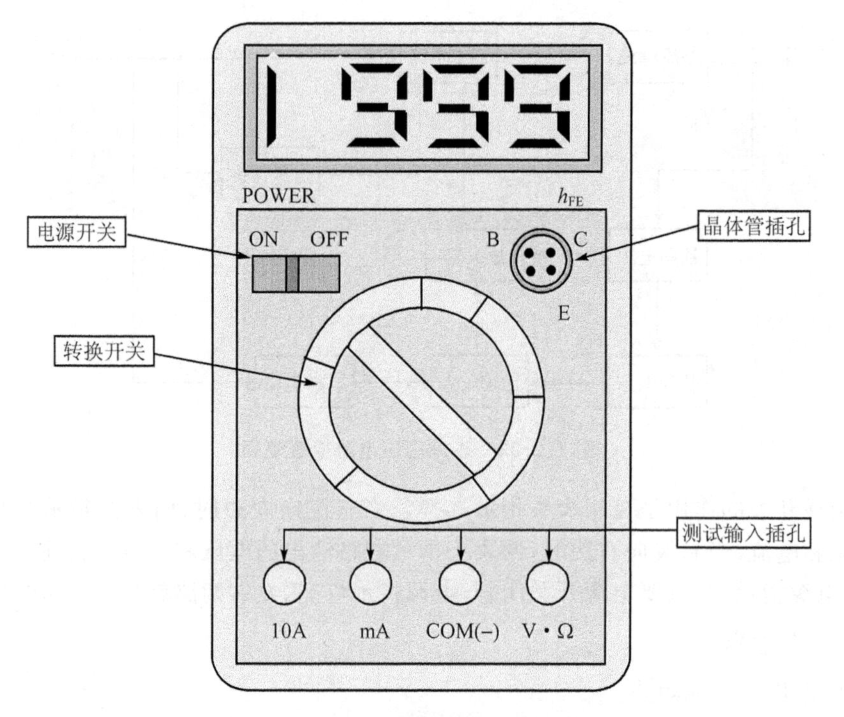

图 1.2.33　DT-830 数字万用表面板图

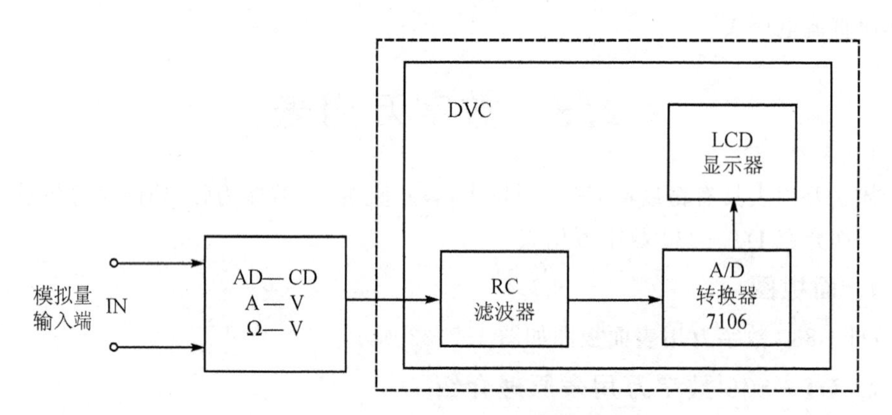

图 1.2.34　DT-830 数字万用表原理框图

② 调零电位器：具有自动调零和显示正、负极性的功能。

③ 超量程显示：超量程时显示“1”或“-1”。

④ 采样时间：0.4 s。

⑤ 电源：9 V 叠层电池供电。

⑥ 整机功耗：20 mW。

4. 主要技术规范

DT－830 的主要技术规范如表 1.2.9 所列。

表 1.2.9 DT－830 型数字万用表主要技术规范

标记符号	测量范围		输入阻抗或满量程电压降	精 度	备 注
DCV	直流电压共五挡	200 mV，2 V	10 MΩ	+0.5%	
		20 V，200 V，1000 V		±0.8%	
ACV	交流电压共五挡	200 mV，2 V，20 V，200 V，750 V	10 MΩ	±1.0%	频率范围 40～500 Hz，正弦波
DCA	直流电流共五挡	200 μA，2 mA，20 mV，200 mA	250 mV	±1.0%	
		10 A	700 mV	±2.0%	
ACA	交流电流共五挡	200 μA，2 mA，20 mA，200 mA	250 mV	±1.2%	频率范围 40～500 Hz
		10 A	700 mV	±2.0%	
Ω	电 阻 共六挡	200 Ω，2 kΩ 20 kΩ，200 kΩ		±1.0%	
		2 MΩ		±1.5%	
		20 MΩ		±2.0%	
h_{FE}	NPN，PNP 晶体管				测试条件：$U_{CE}=2.8$ V $I_U=10\ \mu$A
─▷├─	检查二极管：硅管正向压降为 0.55～0.70 V；锗管正向压降为 0.15～0.3 V				
＊))	检查线路通断				

5. 使用方法及注意事项

测量电压、电流和电阻等方法与指针式万用表相类似，这里不再赘述。下面仅将 DT－830 型数字万用表使用时的几点注意事项加以说明。现对照图 1.2.33，说明如下。

① 测试输入插座。黑色测试棒插在“COM(－)”插孔里不动。红色测试棒有以下两种插法：第一种，在测电阻值和电压时，将红色测试棒插在“V · Ω”插孔里。第二种，在测量小于 200 mA 的电流时，将红色测试棒插在“mA”插孔里；当测量大于 200 mA 的电流时，将红色测试棒插在“10 A”插孔里。

② 根据被测量的性质和大小，将面板上的转换开关旋到适当的挡位，并将测试

棒插在适当的插孔里。

③ 将电源开关置于“ON”位置，即可用测试棒直接测量。

④ 测毕，将电源开关置于“OFF”位置。

⑤ 当显示器显示“←”符号时，表示电池电压低于 9 V，需要换电池后再使用。

⑥ 测三极管 h_{FE} 时，需注意三极管的类型（NPN 或 PNP）和表面插孔 E、C 所对应的管子引脚。

⑦ 检查二极管时，若显示“000”表示管子短路；显示“1”表示管子极性接反或管子内部已开路。

⑧ 检查线路通断，若电路通（电阻小于 20 Ω）电子蜂鸣器发出声响。

2.6　电子实验台常用仪器

电子实验台通常有电子实验仪器四件：晶体管直流稳压电源、信号发生器、晶体管毫伏表和双踪示波器。图 1.2.35 所示为这四件仪器实物照片。

(a) 晶体管直流稳压电源

(b) 信号发生器

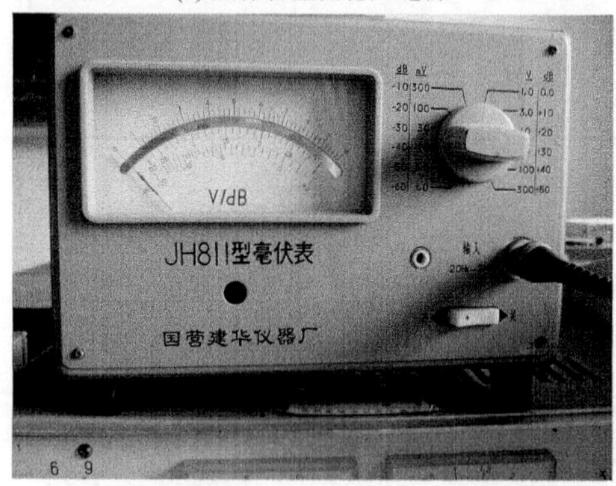

(c) 晶体管毫伏表

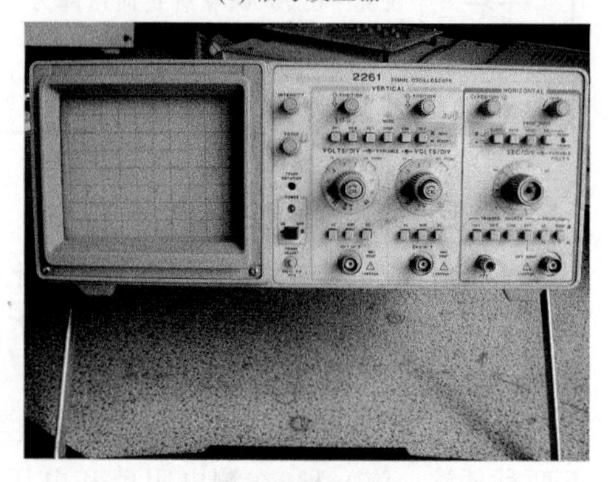

(d) 双踪示波器

图 1.2.35　常用电子实验仪器

思考题

1. 在模拟通用示波器上调节下列开关、旋钮的作用是什么？

① 辉度；② 聚焦和辅助聚焦；③ y 轴移位；④ 触发源选择开关；⑤ x 轴移位；⑥ 垂直灵敏度微调；⑦ 扫描速度微调。

2. 要在示波器上看 1 mV 1000 Hz 的交流信号，以上开关、旋钮怎么调？

3. 可用示波器直接测量电网电压吗？为什么？

4. 在 XD22A 上调节下列开关、旋钮的作用是什么？

① 波形选择开关；② 频率波段开关；③ 频率细调；④ 输出衰减开关；⑤ 输出微调旋钮；⑥占空比调节旋钮。

5. 在 XD22A 上输出 1 mV 1000 Hz 的交流信号，以上开关、旋钮怎么调？

6. 什么是占空比？它是在输出方波还是在输出正弦波时调节？

7. 信号发生器 XD22A 的输出端能短路吗？若短路会发生什么情况？

8. 为何在使用晶体管毫伏表时，要求在其通电时，信号输入端不要在“量程开关”置于较小挡位时处于开路状态？

9. 使用晶体管毫伏表测量过程中，要先将“量程开关”置于较大挡位，接入后再逐步减小量程，直到合适的量程为止。为什么？

10. 直流稳压电源的输出端能短路吗？为什么？

11. DT－830 是一块 3 位半数字万用表，现预用它测量放大电路的输入与输出信号电压，放大电路的工作频率为 10 kHz，是否可以胜任？为什么？

12. 数字万用表使用时要注意哪些问题？

第 3 章　常用电子实验设备

3.1　逻辑电路学习机

数字逻辑电路学习机是用于数字电路实验的实验装置。下面介绍的 HY－8801 是一种通用型的数字逻辑电路学习机，还可以用于进行小信号模电实验、课程设计等。

1. 面板图

HY－8801 型逻辑电路学习机面板图如图 1.3.1 所示。HY－9802 实物图如图 1.3.2 所示。

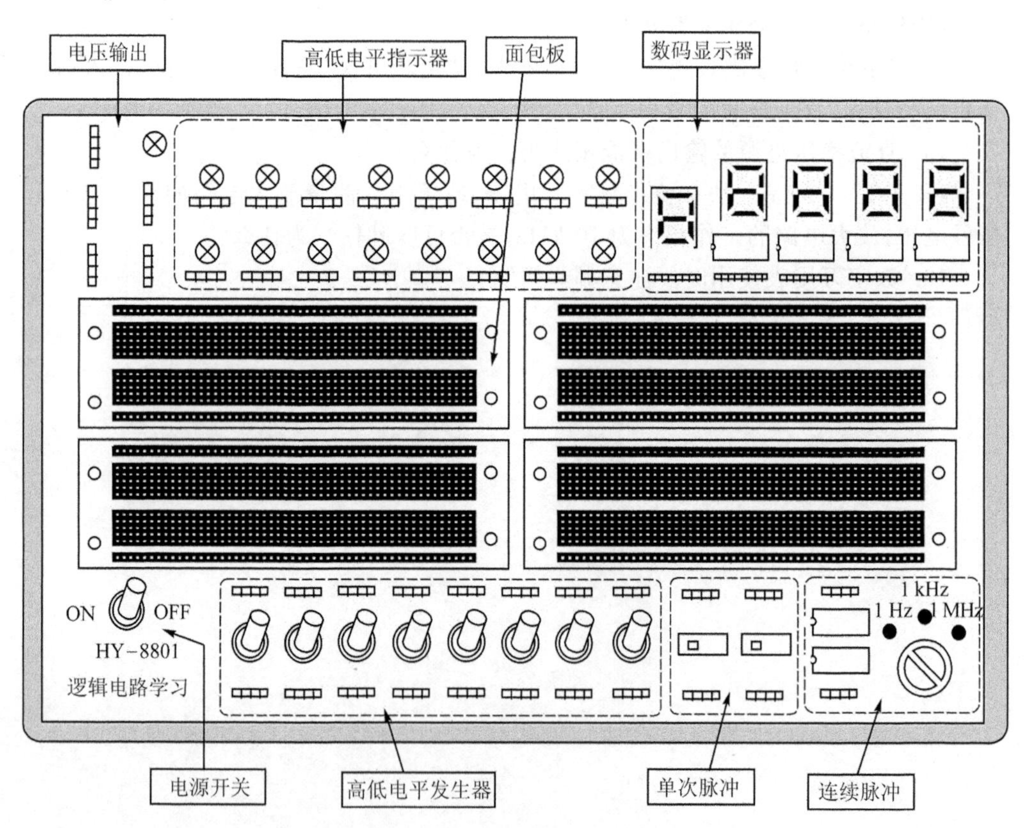

图 1.3.1　HY－8801 面板图

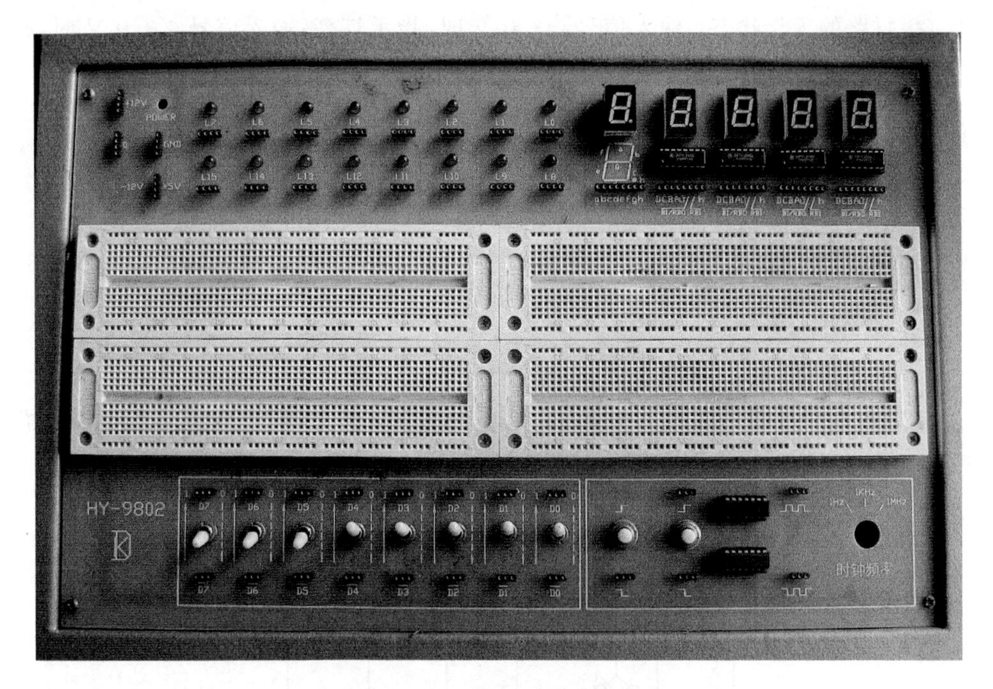

图 1.3.2　HY－9802 实物图

2. 工作性能与技术指标

1) 机内电源

① +5 V±1%,1 A;负端与参考地相连。

② ±12 V±5%,0.2 A;悬浮。

2) 连续脉冲(均为方波输出)

① 频率：1 Hz,1 kHz,1 MHz。

② 输出幅度：$U_{P\text{-}P}>3$ V。

3) 手动脉冲信号

① 共两组手动脉冲信号,相互间独立。

② 每组信号有两输出端：

- _↑‾输出插口：按下微动开关按钮时,_↑‾输出插口的电平从低电平(≤0.4 V)无抖动地跳变到高电平(≥3.0 V);释放按钮时,_↑‾输出插口的电平从高电平(≥3.0 V)无抖动地跳变为低电平(≤0.4 V)。
- ‾↓_输出插口：按下微动开关按钮时,‾↓_输出插口的电平从高电平(≥3.0 V)无抖动地跳变到低电平(≤0.4 V);释放按钮时,‾↓_输出插口的电平从低电平(≤0.4 V)无抖动地跳变为高电平(≥3.0 V)。

4) 逻辑电平指示灯(器)

① 共 16 路逻辑电平指示器,检测 TTL 电路的逻辑电路。

② 每路的工作状态：输入信号≥3.0 V 时，指示灯亮；输入信号≤3.0 V 时，指示灯不亮。

5）数码显示

① 一位数码显示：输入端插孔输入高电平时，相位的字段亮。

② 四位译码显示：在输入端送入 BCD 码，数码管有对应数字显示。

6）面包板电路搭试区

四块面包板组成搭试区。

3. 工作原理

1）电源部分

电源电路原理图如图 1.3.3 所示。降压变压器 B 将交流 220 V 电压转变为一路 11 V 输出和一个带中心抽头的 30 V 交流电压。

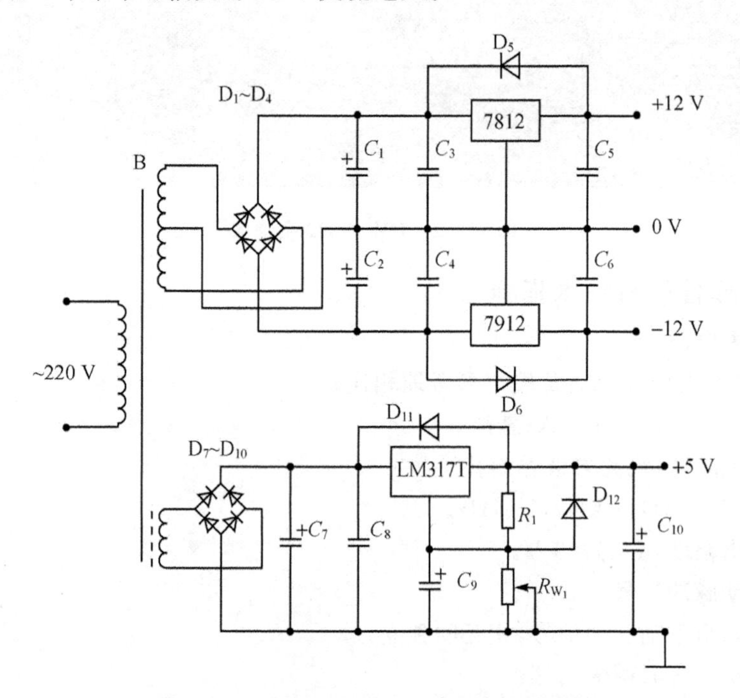

图 1.3.3　±12 V 和±5 V 稳压电源原理图

交流 30 V 电压送入 D_1～D_4 组成的整流桥，再经 C_1 和 C_2 滤波变为平滑的直流电压。中心抽头与串联的 C_1 和 C_2 电容的中心点相接，形成直流电压的中心点，也就构成了以此为参考点的正负电压输出。7812 和 7912 是三端稳压集成电路。7812 可输出+12 V 电压；7912 输出−12 V 电压。C_5 和 C_6 为输出端并接的滤波电容，可使输出直流的纹波进一步衰减。D_5 和 D_6 是保护二极管，防止输入短路时，C_5 和 C_6 电容上积蓄的电荷倒流入三端稳压器。

交流 11 V 电压送入 D_7～D_{10} 组成的整流桥，再经 C_7 和 C_8 滤波后变为平滑的

直流电压。LM317T 是一可调三端稳压器，R_1 为 100 Ω，接在三端稳压器的输出端的调整端之间，这两端的电压是一定值，为 1.25 V。R_{W_1} 为 470 Ω 电位器，用来调节稳压电源的输出。其输出电压 U_o 与 R_1，R_{W_1} 的关系为：

$$U_o=\left(1+\frac{R_{W_1}}{R_1}\right)\times 1.25\ \text{V}$$

为得到+5 V 输出电压，可用直流电压表监测输出，同时调节 R_{W_1} 电位器，使输出电压精确为 5 V。LM317T 系列稳压块的稳压精度较高。C_9 电容是用来滤除 R_{W_1} 上的纹波；D_{11} 和 D_{12} 二极管是用来保护可调三端稳压器的。

2）连续脉冲发生器

连续脉冲发生器电原理图如图 1.3.4 所示。

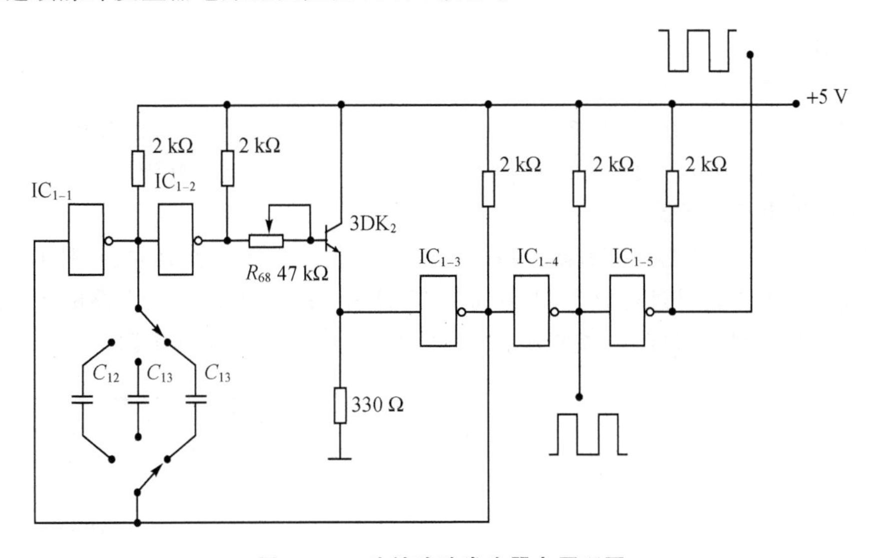

图 1.3.4　连续脉冲发生器电原理图

本电路选用了一片六非门器件 74LS05。

由 74LS 05 的 IC_{1-1}，IC_{1-2}，IC_{1-3} 和 $3DK_2$，$C_{12}\sim C_{14}$，R_{68} 等组成一个环形振荡器。电容 C_{12}（或 C_{13}，C_{14}）和电阻 R_{68} 构成的充放电回路决定着振荡器的频率。改变开关连接位置，便可得到 1 Hz，1 kHz，1 MHz 的频率输出。R_{68} 可变电阻可调节频率的精确位置。IC_{1-4} 和 IC_{1-5} 的作用是倒相和改变波形、增加输出的带载能力。IC_{1-4} 和 IC_{1-5} 采用集电极开路门的好处是在输出对地短路时，不致造成该器件的损坏。但若该将输出端连接到+5 V 电源，将造成器件的损坏。

3）单次脉冲发生电路

单次脉冲发生器电路原理图如图 1.3.5 所示。

从电路图 1.3.4 中可以看到，IC_{2-1}，IC_{2-2}，IC_{2-3}，IC_{2-4} 组成了两个 R－S 触发器。K_3，K_4 就是面板上的按键开关；按下 K_3 或 K_4，在相应的输出端就产生一对无抖动的跳变信号（跳变极性如该图所示）。释放开关，得到与前相反的跳变。因此，一次

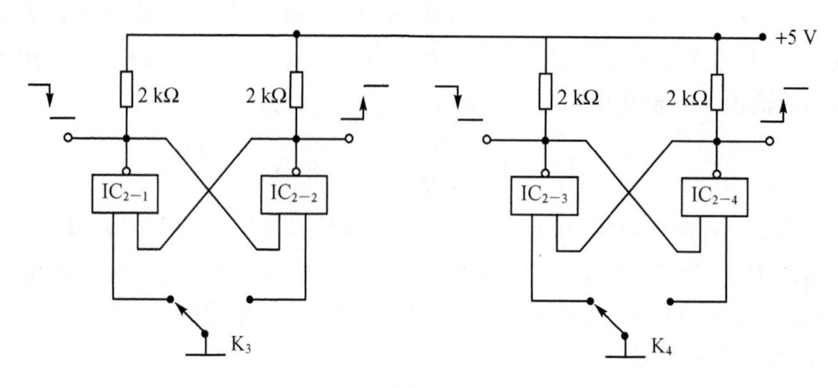

图 1.3.5　单次脉冲发生电路

“按下—释放”，输出端产生一个脉冲信号。

4）高低电平信号发生器

利用开关、电源和限流电阻的有机组合（高低电平信号发生电路如图 1.3.6 所示），产生 8 对电平信号“D_i”和“$\overline{D}_i$”其中 $i=0\sim7$。“D_i”和“$\overline{D}_i$”互为反码。

5）高低电平指示器

图 1.3.7 是高低电平指示器电路。BG_1，BG_2 组成两级直流放大器，对 L_i（$i=0\sim15$）输入的电平信号进行放大，以驱动 LED 显示。R_1 是显示放大电路串接的输入电阻，用来提高输入阻抗，以减少对被显示电路的影响，R_2 是分压电阻。

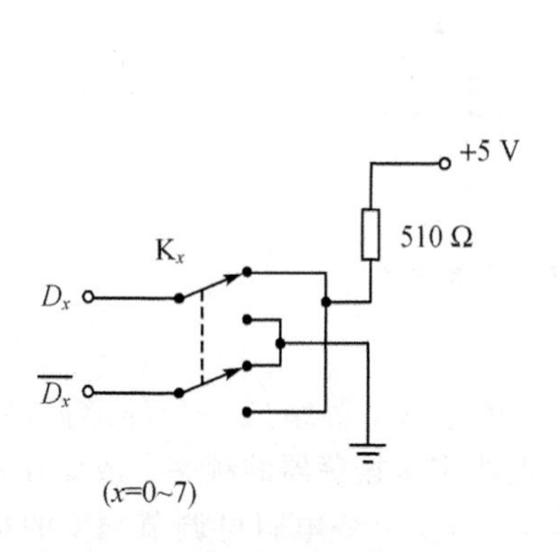

图 1.3.6　高低电平信号发生电路

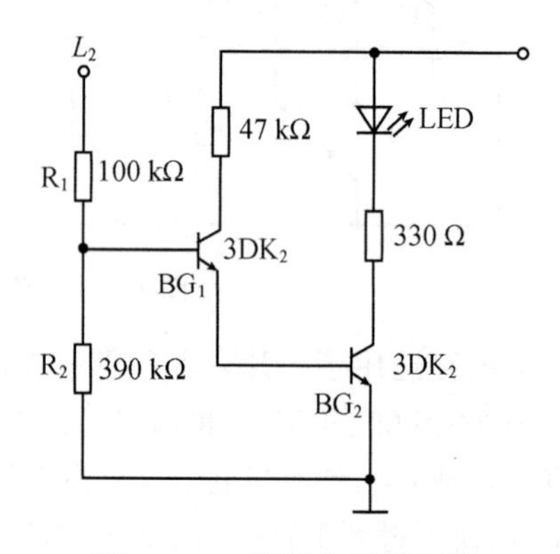

图 1.3.7　高低电平指示器

6）数码显示及译码显示

数码显示电路与译码显示电路分别如图 1.3.8 和图 1.3.9 所示。

（1）数码显示电路

由图 1.3.8 可见，数码管的 8 段分别通过前排的插孔直接引出。当高电平接入某插孔时，相应的段码就发光，要注意的是不能将＋5 V 电源作为高电平直接送入插孔，否则将因大电流烧坏数码管。

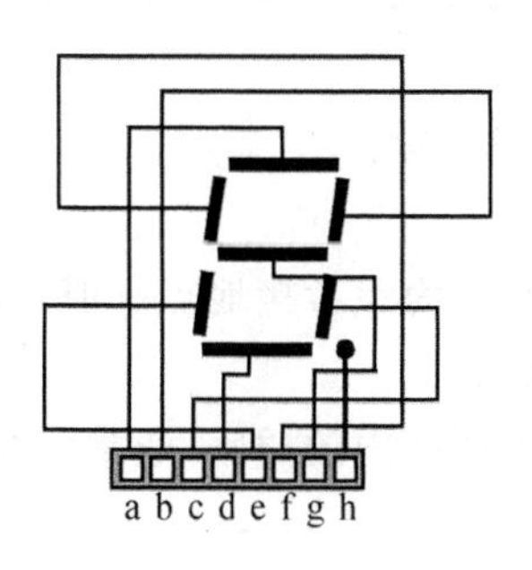

图 1.3.8　数码显示电路

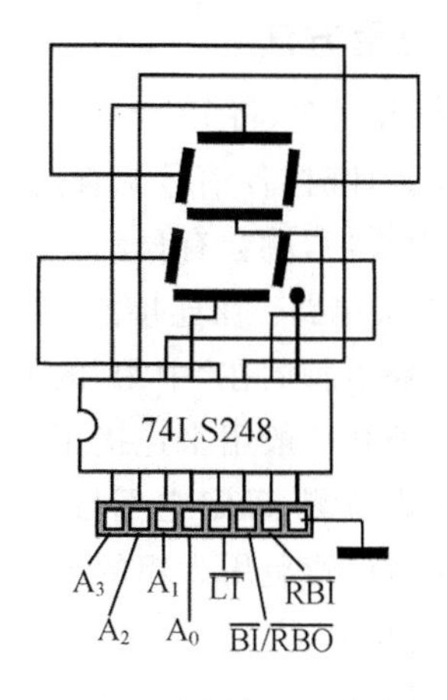

图 1.3.9　译码显示电路

(2) 译码显示电路

在学习机上共有 4 路译码显示，下面以一路为例加以说明。

输入插座的前 7 位与 74LS248 的输入端相连，后一位“h”直送数码管“h”段。

74LS248 是 BCD 码四线-七段译码驱动器。输出端 $Y_a \sim Y_g$ 高电平有效，可驱动共阴数码管。$\overline{BI}$ 是共消隐输入端，当它为低电平时，无论其他输入端如何，$Y_a \sim Y_g$ 都输出低电平。$\overline{LT}$ 是灯测试输入端，在 $\overline{BI}$ 为高或开路时，$\overline{LT}$ 置低，$Y_a \sim Y_g$ 均为高电平。$\overline{RBI}$ 为脉冲消隐输入端，低电平有效。$A_0 \sim A_3$ 为译码地址输入端。$\overline{LT}$、$\overline{BI}$ 为高时，$A_0 \sim A_3$ 端的输入将译成 7 段码输出。共阴数码管将显示相应的数字。

7) 面包板

学习机上有 4 块面包板，就其中一块说明其内部结构。

如图 1.3.10 所示，它共有 12 行插孔，每孔的内部都有一微小的金属插座，允许插入一根导线或元件的一个引脚。而这些插座又按一定规律相互的连通。图 1.3.10 剖面中黑条用来表示插座的金属连接板。它将插座 5 个一组相连行，最上行、最下行是横向连通，中间 10 行是五-五纵向连通。这样，在某允许引脚插入一孔后，它就扩展了 4 个连线插孔。

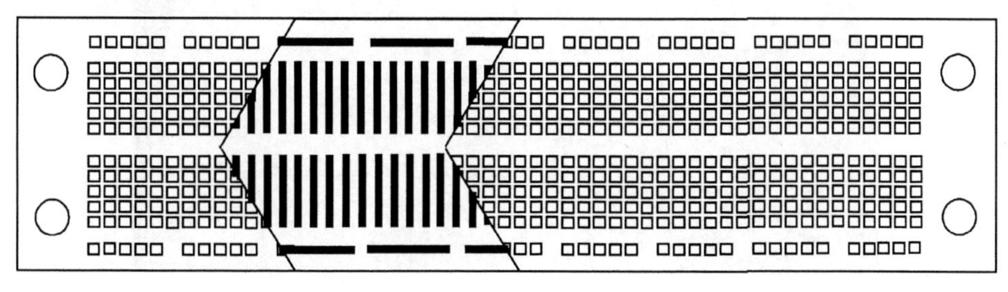

图 1.3.10　面包板

4. 使用方法

① 打开电源，将 POWER 掷向 ON 一侧，电源指示灯亮。说明学习机得电，进入工作状态。此时，各信号源有信号输出。“高低电平指示器”和“数码显示电路的输入端”接入信号后，就会有显示。

② 连接电路：在连接前，应对主要元件进行合理布局。

集成块引脚插在“中沟”的两侧。

上排插孔一般用来连接正负电源，下排孔常用来作为参考接地点。但在使用前，要用万用表检测，确定它不与其他段相连后方可使用。

使用时应避免用太粗的导线硬往里挤塞，以免损坏孔内的插座，通常引线的直径 0.4～0.5 mm。

布线用的工具有镊子、剪刀、剥线钳。用它们将单芯导线剪取所需连线长度，并将两头剥出 1～1.5 cm 裸露芯线，再用镊子将其插入连线插孔。

注意：应尽量避免用手直接拿住往面包板插孔里插。这样极易插错。

5. 注意事项

① 不要带电接线，拆线。

② 数字显示输入端不能直接接电源。

③ 信号源不能短路。

3.2　电压放大电路实验板

图 1.3.11 是单管交流电压放大电路的实验板。它是一个分压式偏置的共射放大电路，在这个实验中，要做动态、静态分析，讨论静态工作点；输入、输出电阻；电压放大倍数等参数，还要对旁路电容的作用，电路的带载能力等做做深入了解。这是一个必做的基础性实验，详见实验二。

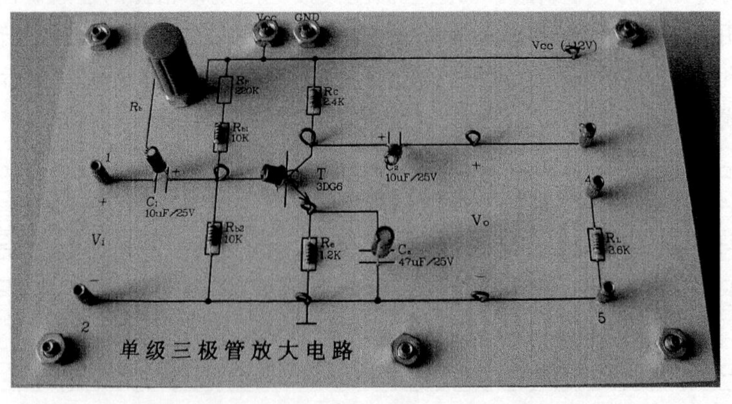

图 1.3.11　单管交流电压放大电路实验板

图 1.3.12 是两级电压放大电路实验板。前级与图 1.3.11 电路相似，后级是射级输出器。本实验的重点是研究射级输出器和多级放大电路(两级连起来)，除单级反馈外，还可加两级反馈支路，讨论反馈问题。这是一个选做的综合性实验，详见实验十。

图 1.3.12　两级电压放大电路实验板

3.3　集成运算放大器实验板

图 1.3.13 是集成运算放大器实验板。它可以搭试很多电路。它可以输入直流信号，也可以输入交流信号。这是一个必做的基础性实验，详见实验三。

图 1.3.13　集成运算放大器实验板

3.4　直流稳压电源实验板

图 1.3.14 是直流稳压电源实验中的一块实验板。它可以搭试不同的电路，如整流电路、整流滤波电路、稳压电路。它还可以研究不同负载下，直流稳压电源的工作情况。这是一个必做的基础性实验，详见实验四。

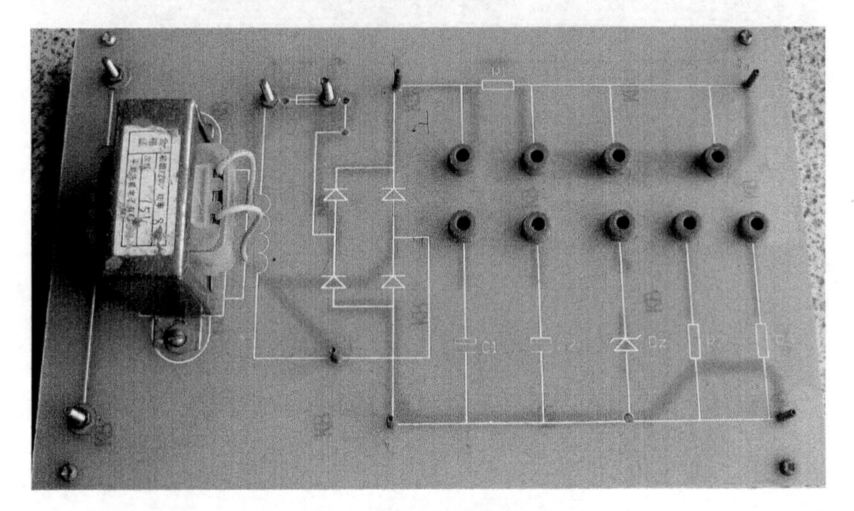

图 1.3.14　直流稳压电源实验板

思考题

1. 数字逻辑电路学习机是什么设备？可以用来做哪些实验？

2. 数字逻辑电路学习机由哪几部分组成？每一部分的功能是什么？

3. 数字逻辑电路学习机输出几种电源？

4. 74LS248 是什么样的芯片？输出端是高电平还是低电平有效？可驱动共阴还是共阳数码管？

5. 数字显示输入端为什么不能直接接电源？

6. 用图 1.3.10 单管交流电压放大电路的实验板测静态工作点时，需要在板子上接什么？

7. 用图 1.3.10 单管交流电压放大电路的实验板测输入电阻时，需要在板子上接什么？

8. 用图 1.3.10 单管交流电压放大电路的实验板测输出电阻时，需要在板子上接什么？

9. 图 1.3.10 单管交流电压放大电路的实验板上的旋钮是做什么的？

10. 图 1.3.11 两级电压放大电路实验板。前级是共射电路，后级是射级输出

器。比较一下接后级和不接后级两种情况的电压放大倍数。

11. 图 1.3.11 两级电压放大电路，接射级输出器和不接射级输出器对前级有什么影响？

12. 图 1.3.12 集成运算放大器实验板，可以输入直流信号，也可以输入交流信号。请描述直流输入信号的路径和交流输入信号的路径。

13. 图 1.3.12 集成运算放大器实验板，需要两路电源，如何将双路稳压电源接到实验板上？

14. 图 1.3.13 是直流稳压电源实验板，只接上 C_1 是什么电路？又接上 C_2 是什么电路？再接上 D_Z 是什么电路？

15. 若用万用表测出变压器副边的电压是 10 V，根据表 1.3.1 内容填写。

表 1.3.1　数据表

结构 / 电压	C_1、C_2、D_Z、R_2 都没接	只接 C_1	接 C_1、C_2	接 C_1、C_2、D_Z	接 C_1、C_2、D_Z、R_2
变压器原边的电压 u_1					
电容电压 U_{C1}					
电容电压 U_{C2}					
稳压管电压 U_{D_Z}					

第4章　常用电子元器件

电子元器件在各类电子产品中占有重要的地位,尤其是一些通用电子元器件,更是电子产品中必不可少的基本材料。近年来,随着科学技术的进步,电子元器件在不断发展。特别是电子器件,发展的速度很快,朝着微型化、集成化、专用化和智能化和模块化等方面发展。电子器件的快速发展,带来了电子电路的不断进步、电子产品的不断更新换代。因此,学习电子技术,首先要熟悉和掌握各类元器件的性能、特点和使用范围等。有关电子元器件的原理性能,在理论教材中已有介绍。本章将常用电子元器件的介绍偏重于应用,并收编了一些实用的资料。

4.1　常用的电子元件

电子实验中的常用元件与电工实验相同,也是电阻、电容和电感。所不同的是电工实验中的常用元件有功率要求,因此体积大。而电子线路的电流小,所以常用元件的功率小,体积也小。近年来出现的片型化无引线或短引线表面贴装元件,使电子元件更加微型化。本节介绍电子实验中的电阻、电容,力图与电工实验介绍的侧重点有所不同。

4.1.1　电阻器

在电子线路中,具有电阻性能的实体元件称为电阻器,习惯上称电阻。由于电子线路中的电阻功率较小,因此体积也小,通常采用色环法表明阻值和误差等级。电阻器无论怎样安装,唯一目的是让标称值看清楚,以便于自动化生产装配。

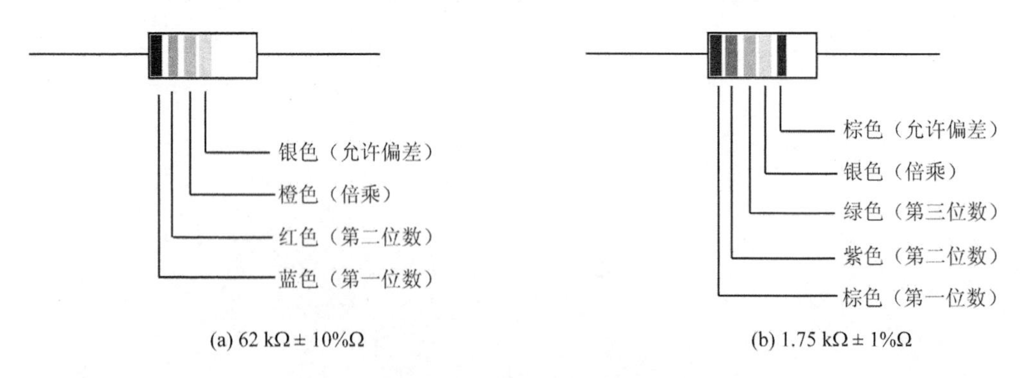

图 1.4.1　电阻器的色环标法

1. 电阻器的识别

会看色环就能识别电阻器。色环的具体规定如表 1.4.1 所列。普通电阻用四道色环来表示，而精密电阻用五道色环来表示，如图 1.4.1 所示。在四道色环电阻上，第一道色环表示电阻值的第一位数，第二道色环表示电阻值的第二位数，第三道色环表示电阻值中尾数零的个数(即倍乘)，第四道色环表示误差。在五道色环电阻上，前三道色环分别表示阻值的第一、二、三位数，后两道色环与四色环电阻后两道的含义一样。其中四道色环的电阻，其允许误差只有±5%、±10%和±20%三种。例如某四环电阻，其四道色环分别是蓝、红、橙、银，其电阻值为：

$$62 \times 10^3 = 62\ \text{k}\Omega$$

误差为：

$$\pm 10\%$$

表 1.4.1 色环法

颜　色	左第一位	左第二位	左第三位	右第二位	右第一位(误差)
棕	1	1	1	10^1	±1%
红	2	2	2	10^2	±2%
橙	3	3	3	10^3	
黄	4	4	4	10^4	
绿	5	5	5	10^5	±0.5%
蓝	6	6	6	10^6	±0.25%
紫	7	7	7	10^7	±0.1%
灰	8	8	8	10^8	
白	9	9	9	10^9	
黑	0	0	0	10^0	
金				10^{-1}	±5%
银				10^{-2}	±10%

2. 电阻的标称值

电阻器的主要技术指标有容许误差、标称阻值、标称功率和温度系数等。常见的容许误差有±5%，±10%和±20%。电阻器常见的标称电阻值有 E_{24}，E_{12}，E_6 系列。表 1.4.2 列出了这三个系列电阻器的误差和标称值。

表 1.4.2　三个系列电阻器的误差和标称阻值

标　称	误　差	电阻器标称值				
E_{24}	5%	1.0	1.1	1.2	1.3	1.5
		1.6	1.8	2.0	2.2	2.4
		2.7	3.0	3.3	3.6	3.9
		4.3	4.7	5.1	5.6	6.2
		6.8	7.5	8.2	9.1	
E_{12}	10%	1.0	1.2	1.5	1.8	2.2
		2.7	3.3	3.9	4.7	5.6
		6.4	8.2			
E_6	20%	1.0	1.5	2.2	3.3	4.7
		6.8				

3. 电阻的主要特点

电阻的主要特点如表 1.4.3 所列。

表 1.4.3　电阻的主要特点

名　称	型　号	阻值范围	主要特点
碳膜电阻	RT	几欧到几十兆欧	一般为草绿色，阻值和误差等级直接印在电阻上。电阻的功率较大，常用的有 $\frac{1}{16}$ W、$\frac{1}{8}$ W、$\frac{1}{4}$ W、$\frac{1}{2}$ W、1 W、2 W 等
金属膜电阻	RJ	30 Ω～10 MΩ	外形、结构和碳膜电阻相似，但为红色或蓝色，性能比碳膜电阻好，阻值范围宽，体积小，精密度较碳膜电阻高，稳定性与耐热性更好，阻值也标在电阻上，功率根据体积大小区域。常用电阻的功率与碳膜电阻相同
金属氧化膜电阻	RY	1 Ω～1 kΩ	制造简单、成本低，性能与金属膜电阻相同，但耐热性更好，工作温度可达 140～235 ℃，且容易制成低阻产品
线绕电阻	RX	几欧到几十千欧	一般为黑色，有固定和可变电阻两种。工作稳定可靠，耐热性好，体积大，功率也大，适用于大功率场合。额定功率在一瓦到几百瓦。阻值、功率、误差等都印在电阻上，但不适用于高频电路

4.1.2　电位器

电位器实质上是电阻器的一种，也就是可调电阻，所以许多参数与电阻器相同，如标称阻值、误差等级和标称功率等。标称阻值是指两固定端之间的电阻值。

电路符号如图 1.4.2 所示。它是一个三端元件。"1","2"两端之间是固定电阻,"3"端是一活动端点,可以从一端移到另一端。"1"～"3"端电阻和"2～3"端电阻也会随活动端点的位移而改变。

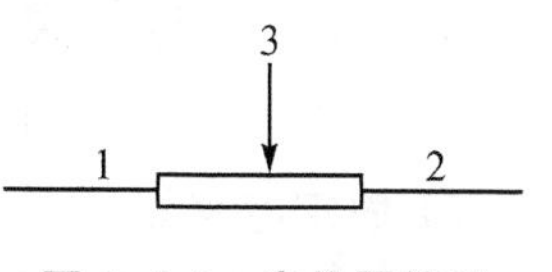

图 1.4.2　电位器符号

电位器的用途很广,可用做可变电阻、分压器等。在收音机、录音机、电视机等电子设备中的音量、音调、亮度、对比度、色饱和度等都是通过电位器调节改变的。因此对它的要求主要是:阻值符合要求,中心滑动端与电阻体之间接触良好,动噪声和静噪声应尽量小;对带开关的电位器,其开关部分应动作准确可靠。

在具体检测时,可首先测量一下它的标称阻值,即两固定端之间的阻值应为其标称值,然后再测量它的活动端与电阻体的接触情况。这时万用表仍工作在电阻挡上,将一只表笔接电位器的活动端,另一只表笔接其余两端中的任意一个。慢慢将其转柄从一个极端位置旋转至另一个极端位置,其阻值则应从零(或标称值)连续变化到标称值(或零)。在整个旋转过程中,表针不应有任何跳动现象。对于直线式电位器,当旋转均匀时,其表针的移动也应是均匀的;对反对数式或对数式电位器,当旋转均匀时,其表针的移动则是不均匀的。开始较快(或较慢),结束时则较慢(或较快)。另外,在电位器转柄的旋转过程中,应感觉平滑,不应有过松过紧现象,也不应出现响声。

4.1.3　电容器

1. 电容器基本作用

电容器能够被充电和放电,也就是储存电能和释放电能,这是它的基本功能。在恒压充电期间,电容器上的电荷和电压按指数增长,电路中有一指数衰减的充电电流;充电完毕,电流消失,电容上电压达到稳定值而不再变化。在放电期间,电容上电荷和电压按指数下降,电路中有一指数衰减的放电电流;放电完毕,电流消失,电容上的电压也没有了。由充放电过程可知,电路中任何电容两端的电压不可能突然变化,这种电压不能突变的现象,是分析电路的基本概念之一。同时亦可看到,充放电过程是一个暂时的不稳定过程,电路分析中称它为过渡过程,它所需的时间称为过渡时间。过渡过程对了解电容器充放电的基本功能和分析任何电路是有用的,但一般情况下,只分析稳定状态。

如上所述,如果把电容器接在直流电路中,只有当电源开启时的充电和关闭时的放电(当存在放电回路时)这两个暂时的过程中,电路上存在电流。所以,就稳态而言,直流电流不能通过电容器,相当于开路。如果把电容器接在交流或脉动直流电路中,由于不停地充电放电,便使电路中始终有电流。可见,变动电流(交流)能够通过电容器。所以,电容器被广泛应用于各种耦合、旁路、滤波、调谐以及脉冲电路中,具有通交流隔直流的作用。

2. 电容器的分类

电容器可分为固定电容器、可变电容器两大类。

1) 固定电容器

固定电容器可以采用各种介质材料，习惯上，电容器都是按所选用介质材料的不同而分类的，如：

① 有机介质。包括纸介质电容器、纸膜复合介质电容器和薄膜复合介质电容器。

② 无机介质。包括云母电容器、玻璃釉电容器和陶瓷电容器。

③ 气体介质。包括空气电容器、真空电容器和充气式电容器。

④ 电介质。包括铝电解电容器、钽电解电容器和铌电解电容器。

常用电容器的主要特点如表 1.4.4 所列。

表 1.4.4　常用电容器的主要特点

名　称	型　号	电容量范围	额定工作电压/V	主要特点
纸介电容器	CZ	1000 pF～0.1 μF	160～400	价格低，损耗较大，体积也较大
云母电容器	CY	4.7 pF～30000 pF	250～7000	耐高压、高温，性能稳定，体积小，漏电小，电容量小
油浸纸质电容器	CZM	0.1 μF～16 μF	250～1600	电容量大，耐高压，体积大
陶瓷电容器	CC(高频瓷) CT(低频瓷)	2 pF～0.047 μF	160～500	耐压高，体积小，性能稳定，漏电小，电容量小
涤纶电容器	CL	1000 pF～0.5 μF	63～630	体积小，漏电小，质量轻
金属膜电容器	CJ	0.01 μF～100 μF	400 以下	体积小，电容量较大，击空后有自愈能力
铝电解电容器	CD	1 μF～20000 μF	3～450	电容量大，有极性，漏电大，损耗大

这些电容器中，容量最大的是电解电容器。这也是电解电容的最大优点，能在很小的体积里具有很大的电容量。所以，一般大容量场合选用电解电容。其缺点是绝缘电阻低、损耗大、稳定性较差，耐高温性能也差。

电解电容是具有极性的电容器，在使用中要特别注意它的正负极(电容器引出线端标注有符号)，否则极易招致毁坏。

除了上述铝质电解电容器以外，还有高质量的用钽、铌等材料制成的电解电容器。它们的体积可以做得更小(即容量容易做得更大)，而且稳定性、耐高温等都优于铝电解电容。但它们的价格相对较贵。

一般 1 μF 以上的电容均为电解电容，而 1 μF 以下的电容多为瓷片电容，或者是独石电容、涤纶薄膜电容和小容量的云母电容等。

2）可变式电容器

可变电容器常用的有空气介质和固体薄膜介质两种。空气介质的稳定性高，损耗小，精确度高。固体薄膜介质的电容器制造简单，体积小，但稳定性和精确度都低，损耗大。

可变电容器容量的改变是通过改变极片间相对位置的方法来实现的。固定不动的一组极片称为定片，可动的一组极片称为动片。按照动片运动方式的不同，分为直线往复运动式（很少使用）和旋转运动式两种。

可变电容器的主要特征之一是它的容量变化特性。它决定了调谐电路的频率变化规律。根据这个特性，旋转式可变电容器可分为线性电容式、线性波长式、线性频率式和容量对数式。

此外，可变电容器还有单联和多联，联数太多会导致制造困难，所以一般不超过五联。

3. 电容器型号的命名方法

根据国家规定，电容器的型号由主称（以字母 C 表示）、介质材料、元件分类和元件序号 4 部分组成，如图 1.4.3 所示。

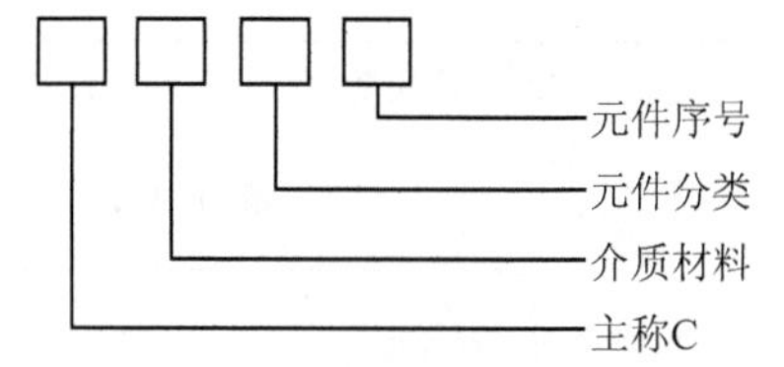

图 1.4.3　电容器的型号表示

4. 电容器的容量表示法

1）直接表示法

直接表示方法是用表示数量的字母 m(10^{-3})，μ(10^{-6})，n(10^{-9})和 p(10^{-12})加上数字组合表示的方法。例如，4n7 表示 4.7×10^{-9}F＝4 700 pF；33n 表示 33×10^{-9}F＝0.033 μF；4p7 表示 4.7 pF 等。有时用无单位的数字表示容量，当数字大于 1 时，其单位为 pF；若数字小于 1 时，其单位为 μF。例如，3 300 表示 3 300 pF；0.022 表示为 0.022 μF。

2）数码表示法

一般用三位数字来表示容量的大小，单位为 pF。前两位为有效数字，后一位表示位率，即乘以 10^i，i 为第三位数字。若第三位为 9，则乘以 10^{-1}。如 223 表示 22×10^3＝22 000 pF＝0.022 μF；又如 479 表示 47×10^{-1}pF＝4.7 pF。这种表示方法现在比较常用。

5. 电容器的标称值

电容器的标称值与容许误差等级分别如表 1.4.5 和表 1.4.6 所列。

表 1.4.5 固定式电容器的容量标称系列值

类　型	允许偏差	容量标称值[1]	
纸介、金属化纸介、低频极性有机薄膜介质电容器	±5% ±10% ±20%	100 pF～1 μF	1.0 1.5 2.2 3.3 4.7 6.8
		1 μF～100 μF	1 2 4 6 8 10 15 20 30 50 60 80 100
无极性高频有机薄膜介质、瓷介、云母介质等无机介质电容器	±5%	1.0 1.1 1.2 1.3 1.5 1.6 1.8 2.0 2.2 2.4 2.7 3.0 3.3 3.6 3.9 4.3 4.7 5.1 5.6 6.2 6.8 7.5 8.2 9.1	
	±10%	1.0 1.2 1.5 1.8 2.2 2.7 3.3 3.9 4.7 5.6 6.8 8.2	
	±20%	1.0 1.5 2.2 3.3 4.7 6.8	
铝、钽等电解电容器	±10%～±20% −20%～+50% −10%～+100%	1.0 1.5 2.2 3.3 4.7 6.8	

注：[1]凡没有标明单位的标称值的单位均为 μF。

表 1.4.6 常用固定电容器允许误差的等级

允许误差	±2%	±5%	±10%	±20%	+20% −30%	+50% −20%	+100% −10%
级　别	02	Ⅰ	Ⅱ	Ⅲ	Ⅳ	Ⅴ	Ⅵ

6. 电容器性能指标

① 标称容量

② 精度等级

③ 额定工作电压

④ 绝缘电阻

⑤ 能量损耗

损耗大的电容器不适合用在高频电路中工作。

常用固定式电容器的直流工作耐压值系列为：6.3 V，10 V，16 V，25 V，40 V，63 V，100 V，160 V，250 V 和 400 V。

7. 电容器的选用

用万用表的欧姆挡可以简单测量电解电容的优劣，粗略判别其漏电、容量衰减或失效情况，以便合理选用电容器。

① 合理选择电容器型号。一般在低频耦合、旁路等场合，选择金属化纸介电容；在高频电路和高压电路中，选择云母电容和瓷介电容；在电源滤波或退耦电路中，选

择电解电容。

② 合理选择电容器精度等级，尽可能降低成本。

③ 合理选择电容器耐压值。加在一个电容器的两端的电压若超过它的额定电压，电容器就会被击穿损坏，一般电容器的工作电压应低于额定电压的 50%～70%。

④ 合理选择电容器温度范围，以保证电容器稳定工作。

⑤ 合理选择电容器容量。等效电感大的电容器(电解电容器)不适合用于耦合、旁路高频信号；等效电阻大的电容器不适合用于 Q 值要求高的振荡电路中。为了满足从低频到高频滤波旁路的要求，常常采用将一个大容量的电解电容和一个小容量的适合于高频的电容器并联使用。

4.1.4　电感器

1. 电感器分类

电感器在模拟电子电路中虽然使用得不是很多，但它们在电路中同样重要。电感和电容器一样，也是一种储能元件，它能把电能转变为磁场能，并在磁场中储存能量，它经常和电容器一起工作，构成 LC 滤波器和 LC 振荡器等。另外，人们还利用电感的特性，制造了阻流圈、变压器和继电器等。电感器的特性恰恰与电容器的特性相反，它具有阻止交流电和通过直流电的特性。

根据电感器的电感量是否可调，分为固定、可调和微调电感器；根据结构可分为带磁芯、铁芯与磁芯间有间隙的电感器等。此外，还有一些小型电感器，如色码电感器、平面电感器和集成电感器等。

2. 电感器主要性能指标

电感器包括以下主要性能指标：

① 电感量。

② 品质因数 Q。

③ 额定电流。

3. 电感器选用

电感器的选用可遵循如下原则：

① 电感器的工作频率要满足电路要求。

② 电感器的电感量和额定电流要满足电路要求。

③ 电感器的尺寸大小要符合电路板的要求。

④ 尽量选用分布电容小的电感器。

⑤ 对于不同性质的电路选择不同类型的电感器。

⑥ 对于有屏蔽罩的电感器，使用时应将屏蔽罩接地，达到隔离电场的作用。

4. 变压器和继电器

变压器是由铁芯和绕在绝缘骨架上的铜线线圈构成的。绝缘铜线绕在塑料骨架上,每个骨架需绕制输入和输出两组线圈,线圈中间用绝缘纸隔离。绕好后将许多铁芯薄片插在塑料骨架的中间,使线圈的电感量显著增大。变压器利用电磁感应原理从它的一个绕组向另个绕组传输电能量。变压器在电路中具有重要的功能:耦合交流信号而阻隔直流信号,并可以改变输入与输出的电压比。利用变压器使电路两端的阻抗得到良好匹配,以获得最大限度的传送信号功率。电力变压器就是把高压电变成民用市电,许多电器都是使用低压直流电源工作的,需要用电源变压器把 220 V 交流市电变换成低压交流电,再通过二极管整流、电容器滤波,形成直流电供电器工作。

继电器是电子机械开关,它是用漆包铜线在一个圆铁芯上绕几百圈至几千圈。当线圈中流过电流时,圆铁芯产生了磁场,把圆铁芯上边的带有接触片的铁板吸住,使之断开第一个触点而接通第二个开关触点。当线圈断电时,铁芯失去磁性,由于接触铜片的弹性作用,使铁板离开铁芯,恢复与第一个触点的接通。因此,可以用很小的电流去控制其他电路的开关。

4.2 常用的电子器件

4.2.1 半导体的型号表示

半导体二、三极管的型号由五部分组成,各部分表示的意义是:

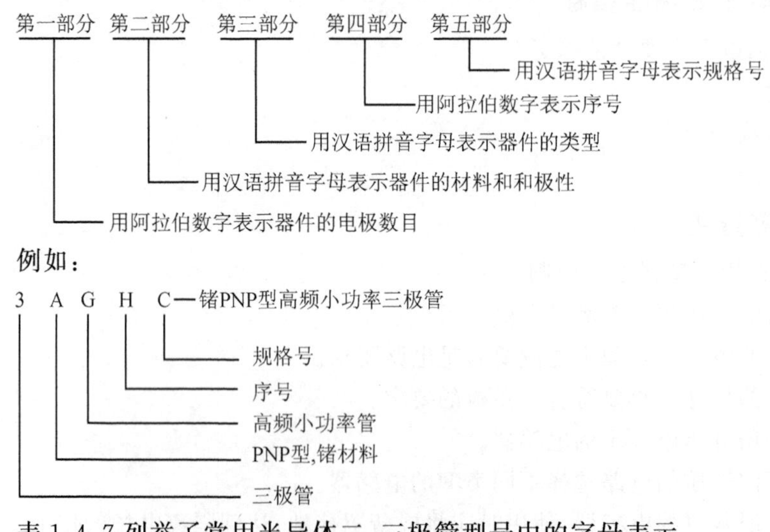

表 1.4.7 列举了常用半导体二、三极管型号中的字母表示。

表 1.4.7　半导体的型号表示

第一部分		第二部分		第三部分				第四部分	第五部分
用数字表示器件的电极数目		用汉语拼音字母表示器件的材料和极性		用汉语拼音字母表示器件的类型				用数字表示器件序号	用汉语拼音字母表示规格号
符号	意　义	符号	意　义	符号	意　义	符号	意　义		
2	二极管	A	N 型，锗材料	P	普通管	D	低频大功率管	反映了直流参数、交流参数和极限参数等的差别	反映了随反向击穿电压变化的程度。如规模号为：A，B，C，D……其中 A 承受的反向击穿电压最低，B 次之……
				V	微波管	A	高频大功率管		
		B	P 型，锗材料	W	稳压管	T	半导体闸流管（可控整流管）		
				C	参量管				
		C	N 型，硅材料	Z	整流管	Y	体效应器件		
		D	P 型，硅材料	L	整流堆	B	雪崩管		
				N	隧道管	J	阶跃恢复管		
3	三极管	A	PNP 型，锗材料	U	阻尼管	CS	场效应器件		
				K	光电器件	BT	半导体特殊器件		
		B	NPN 型，锗材料	X	开关管	FH	复合管		
		C	PNP 型，硅材料	G	低频小功率管（f_n<3 MHz P_0<1 W）	PIN	PIN 管		
		D	NPN 型，硅材料	G	高频小功率管（f_n≥3 MHz P_0<1 W）	JG	激光器件		
		E	化合物材料						

4.2.2　半导体二极管

二极管的最基本特性是具有单向导电性。利用单向导电性可以很方便地实现整流、检波、限幅以及续流等目的。二极管在使用中需要注意的参数如表 1.4.8 所列。特殊二极管不在此列。

表 1.4.8　二极管的型号和参数

类　型	型　号	参数名称					
		最大整流电流 I_{FM}/mA	最大正向电流 I_{FM}/mA	最大反向工作电压 U_{BM}/V	反向击穿电压 U_B/V	最高工作效率 f_M/MHz	反向恢复时间 t_r/ns
普通二极管	2AP1	16	20	40	150	150	
	2AP7	12	100	150		150	
	2AP11	25	10			40	
	2CP1	500	100			3 kHz	
	2CP10	100	25			50 kHz	
	2CP20	100	600			50 kHz	
开关二极管	2CK70A～E		10	A—20	A—30		≤3
				B—30	B—45		
	2CK72A～E			C—40	C—60		≤4
				D—50	D—75		
	2CK2A～E			E—60	E—90		≤5

4.2.3　半导体三极管

三极管的作用极广，归纳起来可以分为放大作用和开关作用两个方面。无论哪种作用，都是基于它的电流控制功能。

当发射结处于正偏，集电结处于反偏时三极管具有放大作用，此时 $I_C=\beta I_B$，$\Delta I_C=\Delta\beta I_B$。

当发射结处于正偏，集射之间加有一定的电压以后，就形成一定的 I_C；如发射结从正偏转成反偏(或 0 偏)后，虽然集电极回路不变，但是 I_C 也随之消失。这样，三极管的集射之间就相当于一个"开关"。当发射结正偏，"开关"导通，发射结反偏(或 0 偏)"开关"截止，这就是三极管的开关作用。

为正确使用三极管，需了解以下问题。

1. 三极管的参数

三极管部分型号和参数如表 1.4.9 所列。

表 1.4.9　三极管部分型号和参数

类　型	型　号	参数名称					
		电流放大系数 β 或 h_se	穿透电流 $I_{CEO}/\mu A$	集电极最大允许电流 I_{CM}/mA	最大允许耗散功率 P_{CM}/mW	集-射击穿电压 $U_{(BR)CEO}/V$	截止频率 f_r
低频小功率管	3AX51A	40～150	≤500	100	100	≥12	≥0.5 MHz
	3AX55A	30～150	≤1200	500	500	≥20	≥0.2 MHz
	3AX81A	30～250	≤1000	200	200	≥10	≥6 kHz
	3AX81B	40～200	≤700	200	200	≥15	≥6 kHz
	3CX200B	50～450	≤0.5	300	300	≥18	
	3DX200B	55～400	≤2	300	300	≥18	
高频小功率管	3AG54A	≥30	≤30	30	100	≥15	≥30 MHz
	3AG80A	≥8	≤50	10	50	≥15	≥300 MHz
	3AG87A	≥10	≤50	50	300	≥15	≥500 MHz
	3CG100B	≥25	≤0.1	30	100	≥25	≥100 MHz
	3CG110B	≥25	≤0.1	50	300	≥30	≥100 MHz
	3CG120B	≥25	≤0.2	100	500	≥15	≥200 MHz
	3DG81A	≥30	≤0.1	50	300	≥12	≥1000 MHz
	3DG110A	≥30	≤0.1	50	300	≥20	≥150 MHz
	3DG120A	≥30	≤0.01	100	500	≥30	≥150 MHz
开关管	3DK8A	≥20		200	500	≥15	≥80 MHz
	3DK10A	≥20		1500	1500	≥20	≥100 MHz
	3DK28A	≥25		50	300	≥25	≥150 MHz
大功率管	3DD11A	≥10	≤3000	30 A	300 W	≥30	
	3DD15A	≥30	≤2000	5 A	50 W	≥60	

2. 三极管的类型

三极管的种类很多,本节收集了一些常用的类型。图 1.4.4 是常用三极管的外形图。

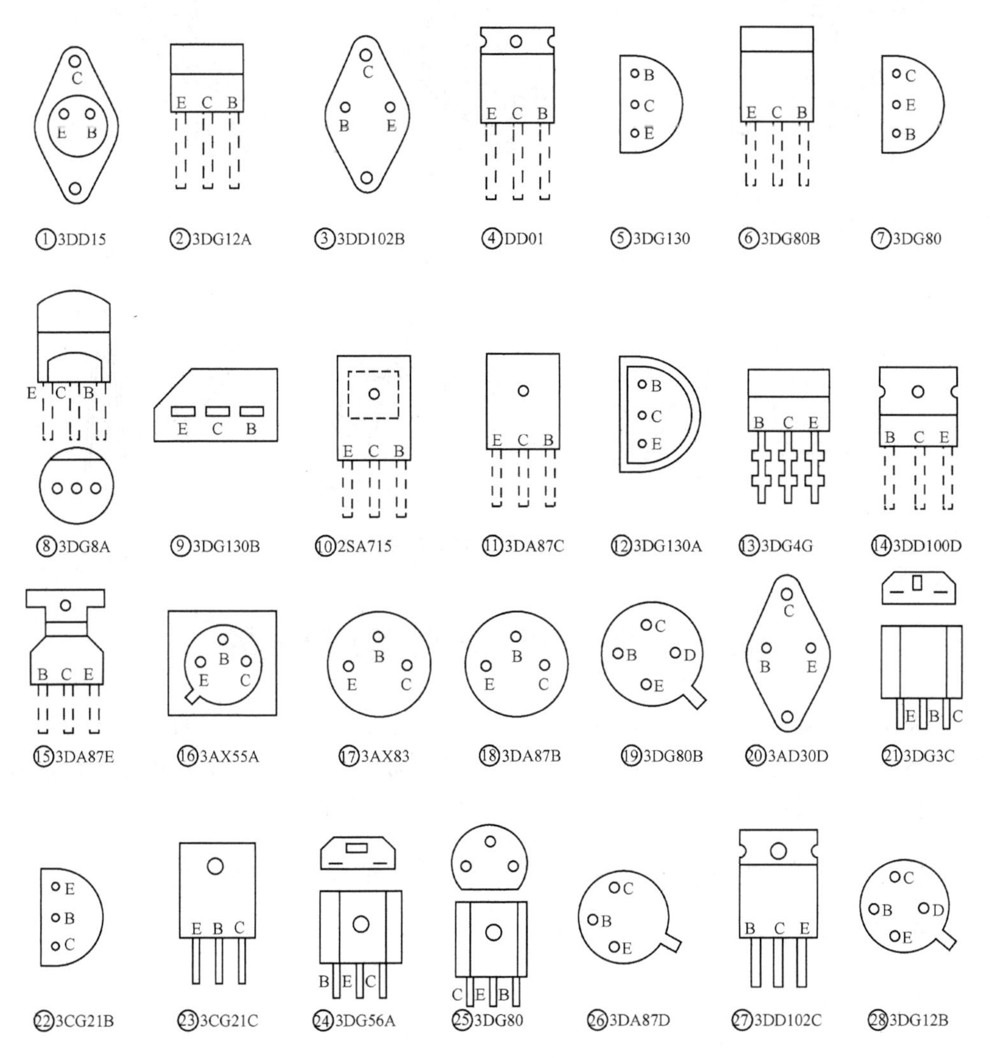

图 1.4.4　常用三极管的外形图

3. 三极管的引脚介绍

三极管的引脚识别在第 1 章“电子测量技术”中已介绍过。这里只介绍常用三极管引脚的经验识别。图 1.4.5 是常用三极管的引脚图。了解了常用三极管的引脚位置,再根据第 1 章“电子测量技术”中介绍的测量方法,就可以快速准确地确定三极管的引脚。

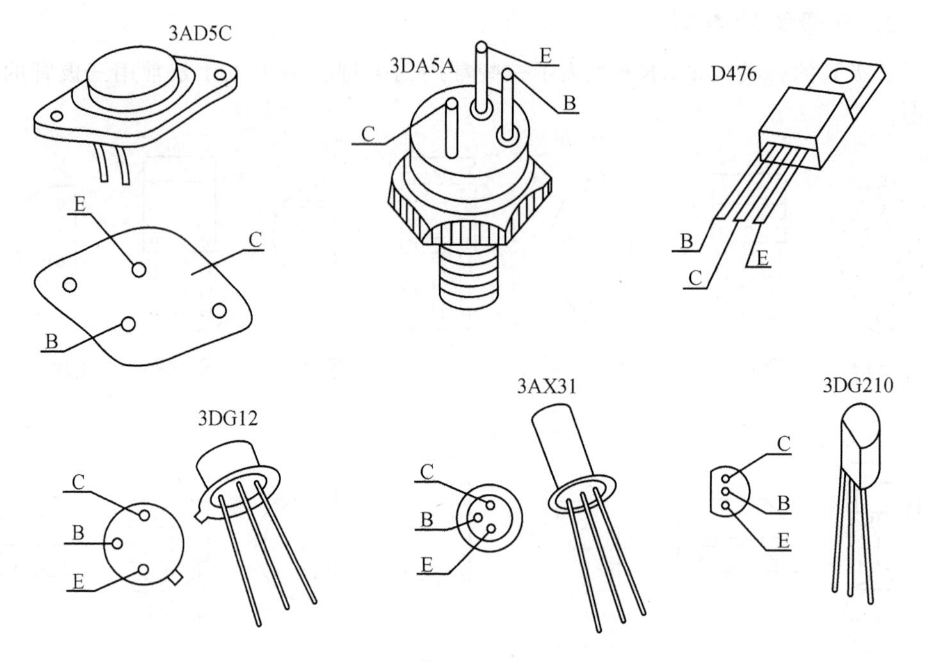

图 1.4.5　常用三极管的引脚图

4.3　常用的模拟集成电路

大功率的模拟集成电路称为模块，本篇暂不收编。用得比较多的小功率模拟集成电路主要有三类，即集成运算放大器；集成功率放大器；集成三端稳压器。根据教学内容，本篇对集成运算放大器和集成三端稳压器给予介绍。

4.3.1　集成电路国家标准型号命名规则

集成电路国家标准型号命令示例：

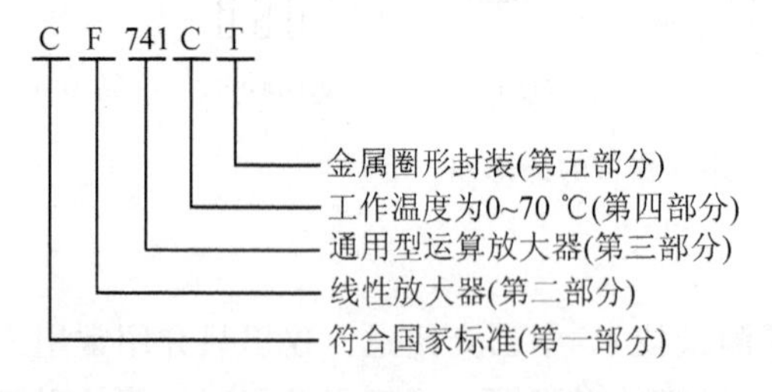

集成电路国家标准型号命名规则如表 1.4.10 所列。

表 1.4.10　集成电路国家标准型号命名规则

第一部分		第二部分		第三部分	第四部分		第五部分	
用字母表示器件符合国家标准		用字母表示器件类型		用阿拉伯数字表示器件的系列和品种代号	用字母表示器件的工作温度范围		用字母表示器件的封装	
符号	意　义	符号	意　义		符号	意　义	符号	意　义
C	中国制造	T	TTL		C	0～70 ℃	W	陶瓷扁平
		H	HTL		E	−40～85 ℃	B	塑料扁平
		E	ECL		R	−55～85 ℃	F	全密封扁平
		C	CMOS		M	−55～125 ℃	D	陶瓷直插
		F	线性放大器				P	塑料直插
		D	音响、电视电路				J	黑陶瓷直插
		W	稳压器				L	金属菱形
		J	接口电路				T	金属圆形
		B	非线性电路				H	黑瓷低熔点玻璃扁平

4.3.2　集成运算放大器

目前，广泛应用的电压型集成运算放大器是一种高放大倍数的直接耦合放大器。在该集成电路的输入与输出之间接入不同的反馈网络可实现不同用途的电路。例如，利用集成运算放大器可非常方便地完成信号放大、信号运算（加、减、乘、除、对数、反对数、平方和开方等）、信号处理（滤波、调制）以及波形的产生和变换。集成运算放大器的种类非常多，可适用于不同的场合。

1. 主要参数

① 电源电压范围$\pm U_{CC}$：允许加电源电压的范围。

② 最大输出电压$\pm U_{om}$：能使输出电压与输入电压保持不失真关系的最大输出电压。此值与实际所加的正负电源电压有关，实际所加的正负电源电压越大，$\pm U_{om}$也越大。

③ 电压增益 A_u：不加反馈时的电压放大倍数，一般为 100 dB 左右。

④ 差模输入电阻 r_{ID}：不加反馈时两个输入端的动态电阻，一般为几兆欧以上。

⑤ 输出电阻 r_o：不加反馈时输出端的对地等效电阻，一般为几十欧姆。

⑥ 输入失调电压 U_{Io}：为使输出电压为零而应在输入级所加的补偿电压值。该值越小越好，一般为毫伏级。

⑦ 共模抑制比 K_{CMR}：开环差模电压增益与开环共模电压增益之比，一般为 70 dB 以上。

此外，还有输入偏置电流、输出电阻、输入失调电流、失调电压强度系数、失调电流温度系数、差模输入电压范围、共模输入电压范围、最大输出电压和静态功耗等参数。

2. 分　类

目前，国产集成运算放大器(简称集成运放)种类很多，根据用途不同可分为：

① 通用型。性能指标适合一般性使用，其特点是电源电压适应范围大的输入电压等。

② 低功耗型。静态功耗小于或等于 2 mW。

③ 高精度型。失调电压温度系数在 1 μV/℃左右，能保证组成的电路对微弱信号检测的准确性。

④ 高阻型。输入电阻可达 10^{12} Ω。

此外，还有宽带型和高压型等。使用时须查阅集成运放手册，详细了解它们的各种参数。

3. 封装形式和引脚排列

集成运算放大器通常有圆壳式、双列直插式和双列贴片式三种封装形式。有的集成运算放大器有双列直插式和双列贴片式两种封装形式。

不同型号的集成运算放大器的引脚排列也不尽相同。

4.3.3　集成三端稳压器

常用的集成三端稳压器是 7800 系列和 7900 系列。

1. 集成三端稳压器的外形

集成三端稳压器的外形如图 1.4.6 所示。

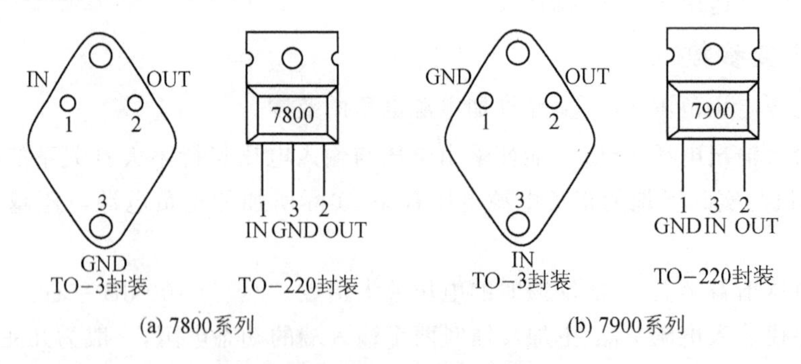

图 1.4.6　集成三端稳压器的外形

2. 集成三端稳压器外引脚介绍

集成三端稳压器外引脚介绍如表 1.4.11 所列。

表 1.4.11　W78 系列和 W79 系列集成三端稳压器外引脚排列

封装形式	金属封装			塑料封装		
型　号	输　入	公共端	输　出	输　入	公共端	输　出
W78	1	3	2	1	2	3
W78M	1	3	2	1	2	3
W78L	1	3	2	3	2	1
W79	3	1	2	2	1	3
W79M	3	1	2	2	1	3
W79L	3	1	2	2	1	3

4.4　常用的数字集成电路

4.4.1　选用数字集成电路器件的一般原则

1. 逻辑功能

只要能完成逻辑功能，无论选用哪一种器件都是可以的。但是，考虑到系统构成后的一些具体指标，在选择器件种类时，还必须根据数字集成电路器件所处的工作条件和实际参数来考虑系统中各部分的配合。

2. 电源条件

当要求组成的系统能在以电池为电源的条件下工作时，应选择 CMOS 电路器件。因为 CMOS 电路不仅功耗最低、可以延长电池的使用时间，而且其电源电压范围宽，适应性强，当电池电压稍有跌落也不致影响电路的逻辑功能。

当系统的电源电压高于 5 V(5～18 V 之间)时，适宜选用 CMOS 器件。若要用 TTL 器件，必须增加电平转换电路。

当用 5 V 电源时，CMOS 电路 CC4000B 系列器件可直接驱动一个 74LS 系列 TTL 电路或两个 74LS 系列 TTL 电路，两种器件可混合使用。

3. 系统的工作速度

系统的工作速度是指系统中同步时钟脉冲或有关控制信号的重复频率的高低。产品手册中的“最高输入时钟频率 f_{max}”即反映了这个限度。

① CMOS 电路器件的功耗会随工作频率升高、状态变换频繁而增加，而 TTL 电路器件功耗虽大，但与工作频率基本无关，因此工作频率在 1 MHz 以上，选用 TTL 电路器件。

② 当系统的工作频率较低时，选用 CMOS 电路器件。

③ 若对功耗和速度都无严格要求时，则 TTL 电路和 CMOS 电路器件均可选用。

④ 在选用寄存器、计数器和移位寄存器等时序逻辑电路时，由于它们都由 D 触发或 JK 触发器等基本单元构成。因此它们的最高工作频率一般不超过同一系列触发器的指标。

总之，必须保证系统的工作速度不得大于所使用系列的触发器的最高输入时钟频率 f_{max}。

4. 传输延迟时间

传输延迟时间是反映数字集成电路器件的输出端对输入信号或时钟脉冲响应快慢程度的参数。对组合逻辑电路来说，可以因门电路器件的传输延迟时间而使电路产生“竞争—冒险”现象，致使系统发生逻辑混乱。因此，在构成数字系统时应充分注意器件的传输延迟时间这一参数，以此作为估计各器件输出延时的依据，从而确定系统中各部分之间的时间配合。

5. 数据建立和保持时间

数据建立时间是指数据或控制信号先于时钟脉冲有效边沿到达前就稳定的最短时间；数据保持时间是指时钟脉冲有效边沿到达后，数据或控制端电平应继续保持不变的最短时间。在实际的数字系统中，因集成电路内部不可避免地存在着传输延迟，所以对数据建立和保持时间应当保留较充分的余量，必须选用能保证这两个指标的器件，否则，在系统调试过程中很容易产生误动作。

6. 时钟脉冲宽度和置位、复位脉冲宽度

为了使系统工作稳定，系统中的时钟脉冲或置位、复位脉冲应保持适当的宽度。

除以上所述各原则外，选用器件时还要考虑逻辑电平、抗干扰能力、扇出系数和价格等诸多因素。

4.4.2　数字集成电路的使用规则

1. TTL 集成电路的使用规则

① TTL 集成电路对电源要求较为严格，只允许电源在 4.75～5.5 V 范围之内，因此 TTL 集成电路应使用性能好的稳压电源。

② 使用中要防止 TTL 集成电路的输出端直接接地或直接接电源(＋5 V)，否则将损坏 TTL 集成电路。

③ TTL 集成电路的输出端不允许并联使用(OC 和 TSL 电路例外)。

④ 多余输入端的处理办法：

- 对于与门、与非门，可将不用的输入端用大于(或等于)1 kΩ 的电阻接到 U_{CC}；
- 对于或门、或非门，可将不用的输入端接地；
- 触发器的不使用端不得悬空，应按逻辑功能接入相应的电平。

2. CMOS 集成电路的使用规则

CMOS 集成电路是一种高输入阻抗、微功耗的器件，在实际使用中要十分注意，

否则会造成器件损坏。

1）输入端保护：

① 不使用的输入端不能悬空，应根据逻辑功能将其接 U_{DD} 或 U_{SS}，否则很容易受外界噪声干扰形成误动作，甚至造成器件损坏。在包装、运输和储藏时，输入端也不可悬空，一般可用铝箔包装，将全部引线短接。

② 多余的输入端不宜并联使用，因为并联使用会增加输入端的电容量，降低工作速度。但是在工作速度要求不高，前级门电路带负载能力许可的情况下，可将输入端并联使用。并联使用时，会降低集成门的低电平和高电平噪声容限。

③ CMOS 集成电路在未接电源 U_{DD} 之前，不允许输入信号。

④ 在时序电路中，输入时钟脉冲的上升时间和下降时间不宜太长，通常限制在 5～10 μs。如果时钟脉冲上升时间和下降时间太长，可能出现虚假触发，从而导致器件失去正常功能。

2）输出端保护

① CMOS 集成电路的输出端不允许直接接 U_{DD} 或 U_{SS}，否则将损坏器件。

② 一般情况下不允许输出端并联，因为不同的器件参数不一致，有可能导致 NMOS 和 PMOS 同时导通，形成大电流。但为了增强驱动能力，同一芯片上的 CMOS 集成电路输出端允许并联。

3）电源电压

CMOS 集成电路的电源电压可在较大范围内变化，但 U_{DD} 不允许超过 U_{DDmax}，也不允许低于 U_{DDmin}。CMOS 集成电路在使用时，绝对不允许将 U_{DD} 或 U_{SS} 接反，否则将导致器件损坏。

4.4.3　常用数字集成电路的引脚排列

常用的数字集成电路的引脚排列如图 1.4.7 所示。

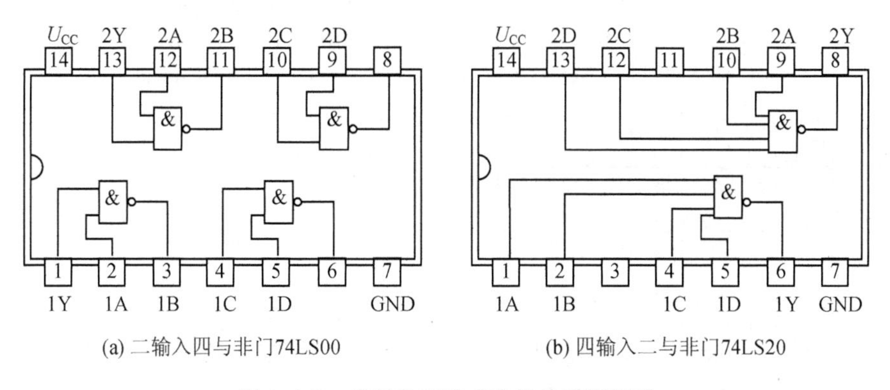

(a) 二输入四与非门74LS00　　(b) 四输入二与非门74LS20

图 1.4.7　常用数字集成电路的引脚排列

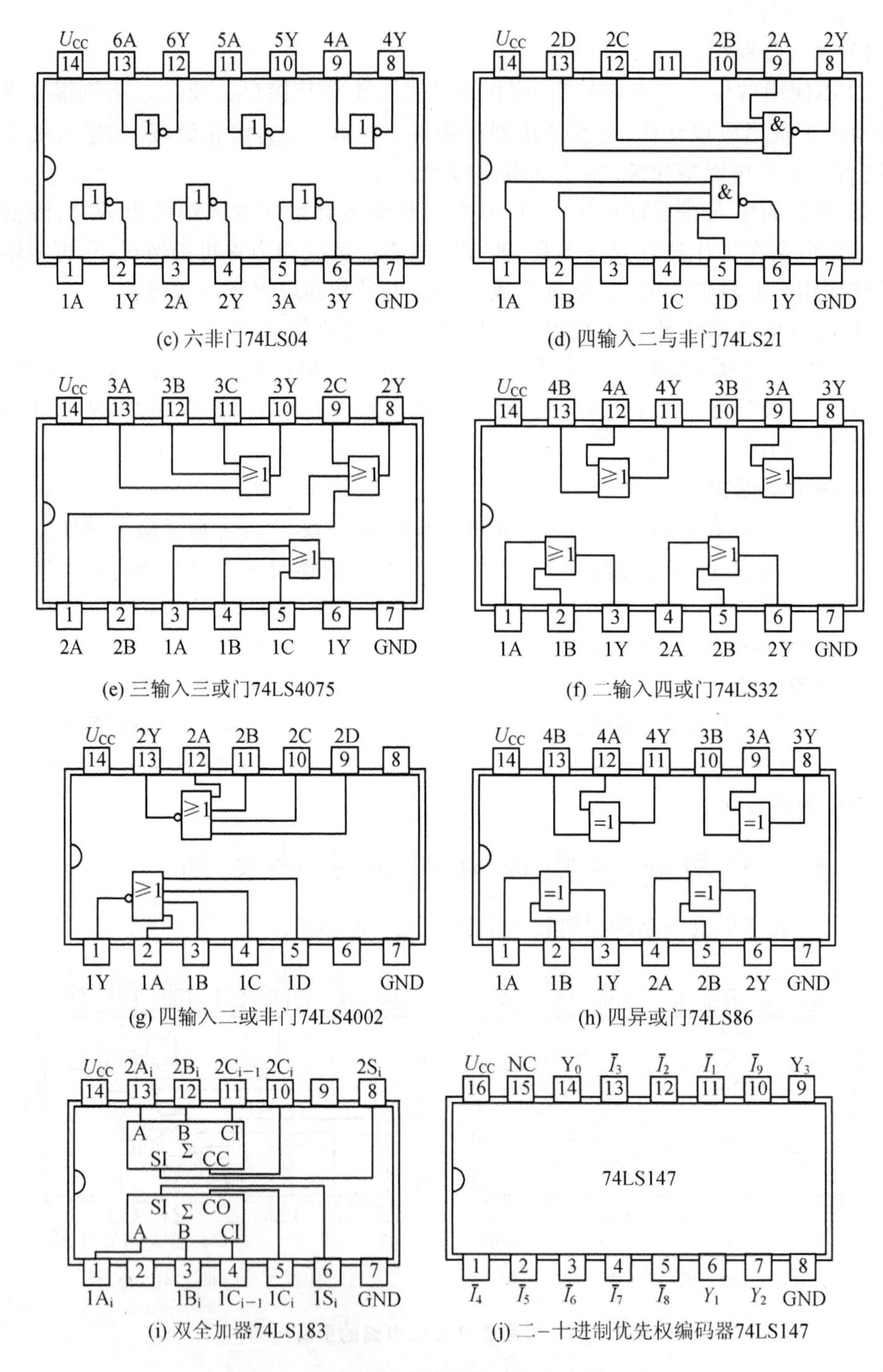

(c) 六非门74LS04

(d) 四输入二与非门74LS21

(e) 三输入三或门74LS4075

(f) 二输入四或门74LS32

(g) 四输入二或非门74LS4002

(h) 四异或门74LS86

(i) 双全加器74LS183

(j) 二–十进制优先权编码器74LS147

图 1.4.7　常用数字集成电路的引脚排列(续)

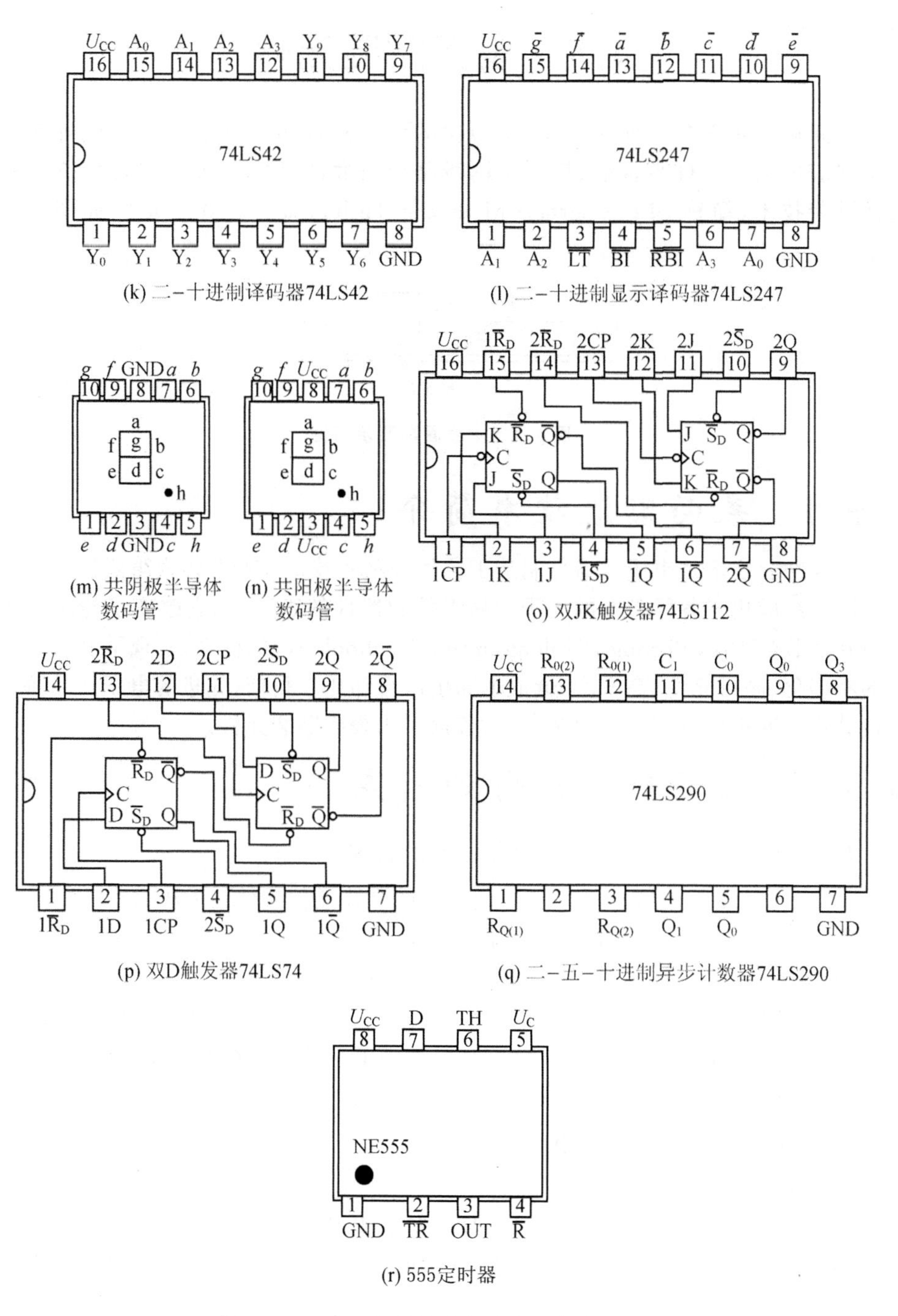

(k) 二-十进制译码器74LS42

(l) 二-十进制显示译码器74LS247

(m) 共阴极半导体数码管

(n) 共阳极半导体数码管

(o) 双JK触发器74LS112

(p) 双D触发器74LS74

(q) 二-五-十进制异步计数器74LS290

(r) 555定时器

图 1.4.7 常用数字集成电路的引脚排列(续)

4.5　表面贴装元件

表面贴装元件是一种片型化、微型化的无引线或短引线的元件。用自动组装设备将表面贴装元件直接贴、焊到印刷线路板表面的规定位置上的安装技术称为表面贴装技术，简称 SMT(Surface Mounting Technology)。其示意图如图 1.4.8 所示。

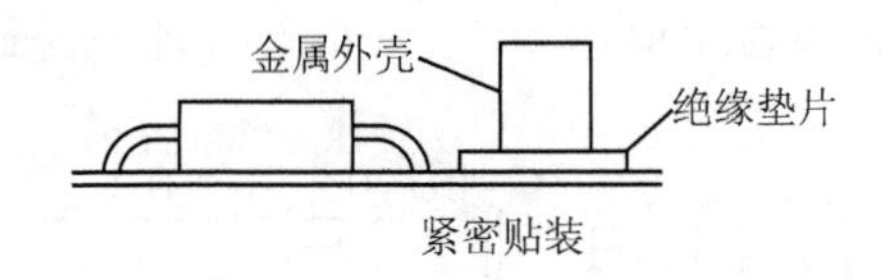

图 1.4.8　表面贴装示意图

4.5.1　表面贴装技术简介

表面贴装技术是电子元器件制造工艺的一项新技术，SMT 作为第四代电子装联技术已广泛应用于各行各业的电子产品组件和器件的组装中，它改变了传统电子电路通孔插装(THT，Through Holemounting Technology)的概念，实现了电子产品组装的小型化、高可靠性、高密度、低成本和生产自动化。目前，先进的电子产品特别是在计算机及通讯类电子产品组装中，已普遍采用表面贴装元件。

4.5.2　表面贴装元件的特点

1. 表面贴装元件是电子产品发展的需要

① 电子产品追求小型化，然而以前使用的穿孔插件元件已无法缩小。

② 电子产品功能更完整，所采用的集成电路(IC，Integrated Circuit)已无穿孔元件，特别是大规模、高集成 IC，不得不采用表面贴片元件。

③ 产品批量化，生产自动化，以低成本、高产量和优质产品适应市场需求。

④ 电子元件的发展，集成电路的开发，带来了半导体材料的多元应用。

⑤ 为追赶国际水平，电子科技革命势在必行。

2. 表面贴装元件的优点

表面贴装元件有很多的优点：

① 组装密度高、电子产品体积小、质量轻。贴片元件的体积和质量只有传统插装元件的 1/10 左右，采用表面贴装元件后，电子产品体积缩小 40%～60%，质量减轻 60%～80%。

② 可靠性高，抗振能力强，焊点缺陷率低。

③ 高频特性好，减少了电磁和射频干扰。

④ 易于实现自动化，提高生产效率，降低成本达 30%～50%，节省材料、能源、设

备、人力和时间等。

4.5.3　表面贴装元器件介绍

1. 表面贴装元器件的种类

① 表面组装元件(Surface Mounted Components,简称 SMC),主要有矩形片式元件、圆柱形片式元件、复合片式元件和异形片式元件。

② 表面组装器件(Surface Mounted Devices,简称 SMD),主要有片式晶体管和集成电路等。

2. 表面贴装元件的介绍

1) 电阻器、电位器

片式电阻器正向着大功率、高精度、小尺寸、网络化方向发展,目前其主流尺寸为 1005,更小的 0603(即 0.6 mm×0.3 mm)也已占到一定的份额。

2) 电容器

① 叠层陶瓷片式电容器。它的优点是小尺寸、大容量、高耐压、高频等,主流产品的容量可达 μF 级。在高频段某些应用中可以替代薄膜电容器。

② 片式钽电解电容器。这种元件当前比较紧俏,其外形尺寸已缩小到 1.6 mm ×0.8 mm,容量达到 470 μF,耐压 50 V。

③ 片式铝电解电容器。这种电容器性能优良,耐高压,耐高温,电容量大,等效串联电阻低。

④ 片式薄膜电容器。这种电容器具有电容量大、阻抗低、寄生电感小、损耗低等诸多优点。

⑤ 片式可调电容器。电容调节范围 2.5～45 pF,设计独特,只有陶瓷和金属两种,耐焊接热性能好。

3) 电感器/磁珠

(1) 叠层型片式电感器

以低温共烧陶瓷为介质的叠层型片式电感器在 2 GHz 仍能保持良好特性。

(2) 绕线型片式电感器

由于移动通信的频率提高到 2 GHz,可在高频率下保持稳定的电感量和高 Q 值。

(3) 薄膜片式电感器

有在微波频段保持高 Q 值、高精度、高稳定性和小体积的特性。

(4) 叠层型片式磁珠及磁珠阵列

为满足有排线的电路要求,叠层型片式磁珠阵列可减少占据的 PCB 面积。

4) 变压器/扼流圈

(1) SMD 磁性变压器

用高性能功率铁氧体、高导磁率铁氧体制作功率变压器,使之片式化。

(2) 叠层片式压电陶瓷变压器

与传统的磁芯绕线电磁变压器相比，它具有功耗低、转换效率高等诸多优点。

(3) 片式扼流圈

共模和差模扼流圈都是在信号线和电源线中抑制高频噪声的重要电子元件。

3. 表面贴装元器件的缺点

① 表面贴装元器件的品种、规格不齐全，无统一标准。

② 表面贴装元器件的某些价格高于插装元器件。

③ 采用表面贴装元器件的 PCB(印刷电路板，Printed Circuit Board)单位功率密度大，散热问题复杂。

4.6　电子元器件手册的查阅方法

4.6.1　查阅电子元器件手册的意义

电子元器件手册是正确使用电子元器件的依据。要想学习和应用电子电路，必须要学会查阅电子元器件手册，通过它了解其性能、用途、参数和使用资料。因为电子元器件的种类很多，其结构、用途和参数指标也不同。在使用元器件时，若不了解它们的特性、参数和使用方法，就达不到预期的效果，甚至有时还会因元器件的部分或某一项参数不满足电路要求而损坏元器件或整个电路。

4.6.2　电子元器件手册的类型

电子元器件手册的种类繁多。有大型手册，如《中国集成电路大全》；有小型手册，如《简单电子元器件手册》；有通用手册，如《常用电子电器元器件手册》等；也有专用手册，如《电视机集成电路大全》等；还有代换手册，如《世界最新晶体管代换手册》等。在一些电子类技术图书中常以附录形式给出一些介绍器件参数的资料，它也能起到与手册相同的作用。常见的元器件型号对照表等资料，也可作为电子元器件手册的扩充。

4.6.3　电子元器件手册的基本内容

电子元器件手册一般包括以下五方面的内容：

1. 元器件型号命名方法

手册上附有标准的元器件型号命名方法，介绍器件的型号分几部分组成，在各部分中数字或字母所表示的意义。

2. 电参数符号说明

手册中一般都给出了元器件通用的参数符号及表示意义。

3. 元器件的主要用途

手册中介绍了元器件的各种用途，为选用元器件提供了可靠的依据。

4. 主要参数和外形

手册上列出了元器件的参数及这些参数的测试条件。有的手册还给出了元器件的外形、尺寸和引线排列顺序，供识别元器件设计印刷电路板时参考。

5. 内部电路和应用参考电路

集成电路手册上大都附有所介绍的集成电路内部电路或内部逻辑图（数字电路），并附有较为典型的应用参考电路，供分析电路原理、设计实用电路时参考。

4.6.4　电子元器件手册的查阅方法

1. 手册的基本使用方法

在实际工作中一般从以下两方面使用电子元器件手册。

① 已知器件的型号查找其参数和使用资料。在电子设备的维修和实验过程中，对使用在电路与设备中的电子元器件，为了确保其安全运行，需根据元器件上标明的型号查阅手册，了解此元器件的引脚排列、额定参数、极限参数和逻辑功能等。倘若元器件发生损坏，手头又无相同的元器件调换，则可通过查阅手册，找出相应的元器件予以替代。

② 根据使用要求查选元器件。在研制某个技术项目时，需要根据电路和设备要求选用电子元器件，这时往往是先估算出电路参数，然后查阅手册，选择符合要求的相应元器件。同时还需注意元器件的外形、尺寸和引脚排列等，这对设计印刷电路板和考虑元器件的安装都是不可缺少的。

2. 查阅手册的基本过程

电子元器件手册的种类很多，即使是同一类手册，内容也有所差别。因此首先要搞清所查产品是属于哪一大类的，然后再寻找相应的手册。有了所要的手册后，先翻阅该手册的目录索引，看其中是否包括所要寻找的元器件，若没有则需再寻找其他手册；若有则首先阅读该手册的使用说明、参数符号和型号命名法等，然后按目录检索到所在页数，就能查阅到所需的元器件了。若有的元器件由于是老产品或国外元器件而在目录中找不到时，就需先翻阅对照表，然后才能检索到被查元器件所在页数。

思考题

1. 某四环电阻，其四道色环分别是蓝、橙、红、银，则其电阻值是什么？

2. 通过电子元器件手册了解什么？

3. 表面贴装元件有什么优缺点？

4. 贴片元件的体积和质量只有传统插装元件的多少？采用表面贴装元件后，电子产品体积缩小多少？质量减轻多少？

5. 原则上工作频率在 1 MHz 以上，选用什么电路器件？工作频率在 1 MHz 以下，选用什么电路器件？

6. 数字电子系统中的时钟脉冲或置位、复位脉冲的宽度太窄，有什么问题？太宽，又会出现什么问题？

7. 集成运算放大器的输入失调电压指什么电压？是大好还是小好？

8. 等效电感大的电容器（电解电容器）不适合用于什么情况？等效电阻大的电容器不适合用于什么情况？

第5章　电子电路制作知识

5.1　使用面包板插接电路

1. 通用面包板

数字电子电路基本是在面包板上搭试的。本篇第3章常用电子实验设备中的数字逻辑电路学习机采用了四块面包板，因此弄清面包板的结构很有必要。

图1.5.1是SJB－118型面包板的结构图。面包板中央有一凹槽，凹槽两边各有59列小孔，每一列的5个小孔在电气上相互连通，相当于一个结点：列与列之间在电气上互不相通。每一个小孔内允许插入一个元件引脚或一条导线。面包板的上下两边各有一排50个小孔，每排小孔分为若干组，每5个一组是相通的，各组之间是否完全相通，要用万用表量测后方可知道。上、下这两排插孔一般可以用作正、负电源线。

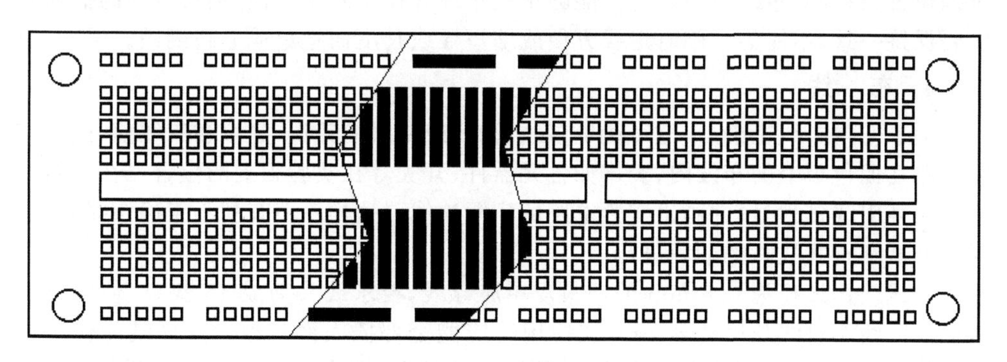

图1.5.1　SJB－118型面包板结构图

使用面包板的优点在于，容易修改线路、更换器件，也可以多次使用，特别适用于做实验。但多次使用以后，面包板中弹簧片将会变松，弹性变差，容易造成接触不良。所以在接插电路之前，应该看一看，是否插孔已经变大，如有变大的插孔，实验时应尽量避开。为延长面包板的使用寿命，应该避免用太粗的导线硬往插孔里挤。特别是某些引脚较粗的元件，应该加焊合适线径的引脚后，再在面包板上使用。

2. 布线用工具

布线用的工具主要有镊子、剪刀和剥线钳。

镊子是用来夹住导线或元器件的引脚送入到指定的插孔的。应避免用手直接拿住导线往插孔里插，这样易造成导线弯曲，影响布线速度。

镊子还可以用来捋直弯曲的导线或元器件的引脚。

剪刀是用来剪断导线的。剥线钳用来剥离导线上的绝缘皮。如果没有剥线钳用剪刀也可以剥线。具体方法是：左手拿住导线，并留出需要剥离绝缘皮的长度，右手握着剪刀，轻轻地在绝缘皮上划一圈。剪刀用力大小应正好使得绝缘皮划断而内部导线不受损伤为宜，然后把剪刀轻轻夹在绝缘皮的断开处，用力朝右拉，就可以把绝缘皮剥离。注意，此时剪刀也不能在剪切方向上用力，否则将损伤甚至剪断导线。

3. 集成电路的插接

实验板上使用双列直插结构的集成电路，两排引脚分别插在面包板中间凹槽上下两侧的小孔中。在插拔集成电路时要非常小心：插入时，要使所有集成电路的引脚对准小孔，均匀用力插入；拔出时，建议用专门的集成电路起拔器，向正上方均匀用力地拔出，以免因受力不均匀而使引脚弯曲或断裂。如果没有专门的工具，也可以将镊子插入面包板的中间槽中，在集成电路的两头来回轻轻地往上撬。注意不能在一头一次用力撬上来，否则集成电路的引脚将折弯。为了防止在插拔过程中使集成电路受损，可以把集成电路预先插在具有相同引脚数的插座上，把连有插座的集成电路作为一个整体在面包板上使用，插拔就较为方便了。

对多次使用过的集成电路引脚，必须修理整齐。引脚不能弯曲，所有的引脚应稍向外偏，这样才能使引脚与插孔接触良好。要根据电路图确定元器件在面包板上的排列位置，目的使布线方便。为了能够正确布线并便于查找，所有集成电路的插入方向要保持一致，不能为了临时走线方便或缩短导线长度而把集成电路倒插。

4. 布　线

为了使得布线正确，不至于产生多线、漏线或错线的错误，建议在布线前，画出实验电路在面包板上的布线图，安排如各元器件、开关等在实验板上的位置。在电路图上注明外引线排列号，并画出实验电路的实际连线。这样不但有利于正确布线，也能保证调试和查找故障的顺利进行。

导线使用线径为 0.6 mm 的塑料皮单股导线，要求线头剪成 45°斜口，使能方便地插入。线头剥线长度约 8 mm，在使用时应能全部插入面包板。这样既能保证接触良好，又避免裸线部分露在外面，与其他导线短路。明显受伤的导线不要往面包板孔里插，以免线头断在插孔内。

布线是完成实验任务的重要环节，要求走线整齐、清楚，切忌混乱。布线次序一般是先布电源线和地线，再布固定电平的规则线（如：某些按逻辑要求接地或接电源的引出端的连线，时钟端引线和状态预置线等），最后按照信号流程逐级连接各种信号线。切忌无次序连接，以免漏线。必要时还可以连接一部分电路，测试一部分电路，逐级进行。

导线应布在集成电路块周围，切忌在集成电路上方悬空跨过。应避免导线之间的互相交叉重叠，并注意不要过多地遮盖其他插孔。所有走线要求紧贴面包板表面，以免碰撞弹出面包板，造成接触不良。在合理布线的前提下，导线尽可能短些，尽可能做到横平竖直。使用过的弯曲导线需要夹直后再用。清楚和规则的布线，有利于实现电路功能，并为检查和排除电路故障提供方便。任何草率凌乱的接线，会给调试

电路功能和检查与排除电路故障带来极大的困难。

为查找方便，连线尽可能用不同颜色。例如：正电源统一用红色绝缘皮导线，地线用黑色，时钟用黄色等，也可根据条件选用其他颜色的导线。

为避免干扰的引入，用单线连接时，导线长度一般不要超过 25 cm。

5.2　印制电路板的设计与制作

在实际生产和技术改造等环节中常需要根据自己的情况设计和制作印制电路板。通过 Protel 软件可能绘制印制电路板（PCB）图。为了更好地完成实践环节，提高能力，在这里介绍修改和调整软件绘制的 PCB 图以及手工绘制 PCB 图的基本知识，并介绍印制电路板的一般制作方法。

5.2.1　PCB 板图绘制的基本要求

1. 合理安排和布置元器件

① 搞清楚所用元器件的引线方式和安装尺寸，并确定元器件在 PCB 板上的装配方式（立式和卧式等）。

② 各元器件之间的连接导线不能交叉。如果实在不能避免，可采用在 PCB 板另一面跨接引线的办法，但应尽量避免此种情况。

③ 元器件布置要均匀，密度要尽可能一致。元器件摆放要横平竖直，不允许斜排以及交叉重排。

④ 要考虑发热元件的散热以及它对周围元器件的影响，对于大功率器件要预留散热　板的安装位置。怕热的元器件要远离发热元件。

⑤ 比较重的元器件，例如电源变压器等，应尽可能地安装在靠近 PCB 板固定端的边缘外，以防 PCB 板受力变形。

⑥ 高频电路要考虑相互靠近的器件、引线间的干扰和影响。

设计 PCB 板时不是简单地将元器件之间用印制导线连接就成了，而是应有一定技术要　求和技巧，需要经过一定实践，才能逐步掌握。

2. 确定合适的印制导线宽度

由于覆铜板的铜箔厚度有限（一般为 35～70 μm），印制导线设计的宽度不足时，会产生热量和一定压降，因此确定合适的宽度是很重要的。常用的印制导线宽度、允许通过的电流以及导线的电阻如表 1.5.1 所列。

印制导线之间的距离直接影响着电路的电气性能，如绝缘强度和分布电容等。当在不同频率工作时，间距相同的印制导线绝缘强度是不同的。频率越高，相对绝缘强度就会下降；导线间距越小，分布电容就越大，在高频状态下对电路的影响就越大。因此，导线间的距离不应小于 0.5 mm。当线间电压超过 300 V 时，导线间距应大于 1.5 mm。

表 1.5.1　常用的印制导线的相关数据

印制导线宽度/mm	允许通过电流/A	导线电阻/(Ω·m^{-1})
0.5	0.8	0.7
1.0	1.0	0.41
1.5	1.5	0.31
2.0	1.9	0.25

3. 选择合适的焊盘

焊盘是一个与印制导线连接的圆环，元器件的引线通过与它焊接，来和印制导线相连接。焊盘外径一般为孔径的 2～3 倍。在设计 PCB 板时，应根据元器件引线的粗细和实际情况，选择合适的焊盘和穿线孔直径。

5.2.2　PCB 板的制作

1. 手工蚀刻法的工艺过程

1）复印布线图

先将覆铜板裁剪成需要的尺寸，清理表面(用三氯化铁溶液清洗或用细砂纸打磨)。手工绘制或用计算机绘制的印制电路板布线图用复写纸描绘在覆铜板的铜箔面上。

2）打　孔

用小台钻打出焊盘孔，孔的位置要在焊盘中心。一般使用 ϕ0.8～1 mm 的钻头，钻头要锋利，下钻要慢，以免将铜箔挤出毛刺或使钻头折断。

3）涂覆防腐蚀层

为使覆铜板上需要保留的部分不被腐蚀，需要涂覆防腐层进行保护。主要有以下方法，可以根据条件选择使用。

① 使用调和漆描图形和焊盘。先用毛笔蘸稀稠合适的带有颜色的调和漆描绘焊盘(圆点)，再仔细描绘线条，尽量做到横平竖直，不要造成线间短路。描好后，放置数小时，待到调和漆半干时用直尺和小刀修图，同时再修补断线和缺损图形。

② 贴覆不干胶带保护线条和焊盘。采用粘度大的不干胶带，裁成 1∶1 的图形和焊盘粘贴在铜箔上，保护图形。此方法是用胶带代替涂漆，比涂漆的方法快速，整洁。

4）蚀　刻

采用搪瓷盘或塑料盘作容器，将覆铜板放进浓度为 30%～40%的三氯化铁溶液中进行腐蚀。如果速度过慢可以适当加温，但不应超过 50 ℃，或再加进固体三氯化铁。腐蚀好以后，用竹镊子夹出，并用清水冲洗干净。

5）去除保护层

用较稀的稀料将油漆洗掉，注意不要用刀刮，以免刮掉铜皮。用胶带粘贴的印制电路板，用小刀直接将胶条揭掉。

6）涂助焊剂

印制电路板洗净晾干后用配好的助焊剂（松香加酒精）涂在板面上，以防止保留的铜箔被氧化，焊接元件时还可以加快焊接速度。

2. 热转印绘图制板法

热转印法是用热转印机和热转印纸在覆铜板上印制布线图。印制电路板印好后，可以用蚀刻机蚀刻，也可以直接放入三氯化铁溶液中腐蚀，省去了描图、贴不干胶带工序，提高了制板的速度。印制电路板腐蚀完后的加工步骤和前述方法中的第 4 步和第 6 步相同，其中第 5 步改为用细砂纸打磨或用去污粉擦拭干净。

3. 雕刻机制 PCB 板

应用软件绘制印制电路板图后，采用印制电路板钻孔雕刻机的串口与 PC 机连接，可以自动控制印制电路板的雕刻工作。

5.3　电子电路焊接基本知识

元器件的合理布置，电路的可靠连接以及合理布线是电路正常工作的前提。电路中元器件的连接通常有焊接、插接和绕接等几种方法。绕接要用到专用工具，不适用于教学实验中。实验中经常采用焊接和插接。插接的优点是装拆都很方便，缺点是容易接触不良，不耐振动；焊接的优点是接触可靠，固定较牢，电路可长期使用。因此，电子产品一般采用焊接的方法。插接的优点是方便、灵活，无须设计和制作专用电路板，特别是需要经常修改电路时尤为突出，因此实验工作也经常在面包上用插接的方法来完成。插接已在本章 5.1 节中介绍过，这里只介绍焊接。元器件的焊接高度如图 1.5.2 所示。

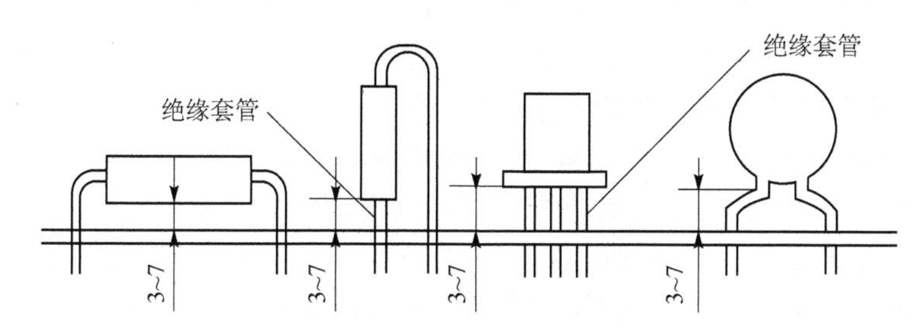

图 1.5.2　元器件的焊接高度

1. 焊接目的

电子实验中所说的焊接是指锡焊。焊接的目的除了保证电路中的电气可靠连通以外，还要使得元器件牢固地固定在电路板上。因此，焊接工作不能草率，否则容易出现虚焊造成接触不良，或者焊接面容易断裂。草率地焊接还会造成电路电极铜箔脱落甚至破坏元器件外部封装或内部极间的绝缘，影响元器件的质量。所以，必须掌握操作方法，熟知各项焊接要领，才能保证质量。

2. 焊接用材料和工具

1) 焊 料

一般的焊接都要施加专用的焊料，才能使两个被焊体牢固地溶合在一起。普通锡焊采用以锡铅为主要材料的合金焊料（焊锡丝）。它们有多种不同的配方，如电路板锡焊通常采用低温焊锡丝，这是一种空心锡丝，外径有 2.5 mm、2 mm、1.5 mm、1 mm 等，芯内储有松香焊剂，熔点温度约 140 ℃，其中含锡 51%，铅 31%，还含有镉 18%以降低熔点温度。

2) 焊 剂

被焊件元器件电极的表面一般都有镀层，如镀金、银、锡、镉、镍等。由于过久的储存、不良的包装以及周围有害气体的污染，都会引起氧化。受氧化了的电极镀层，很难搪上焊锡，即焊接活性很差，或者俗称的“不沾锡”，因此焊接前应清除氧化层。

焊剂，也称助焊剂，它的主要作用是清洗被焊面的氧化物，增强焊接活性。焊剂一般有强酸性焊剂（腐蚀性大）、弱酸性焊剂（腐蚀性小）、中性焊剂（剂量平衡时呈非酸非碱性）和以松香为主的焊剂等。因为酸性或碱性焊剂在焊接后易留下残渣腐蚀元器件，因此实验室一般应用最广的焊剂是松香，松香在达到焊接温度时（约 150 ℃）产生的松香酸可起到温和的除氧化效用。松香是树脂的制成品，呈半透明块状物，以淡黄色为佳，其烟少。

3) 电烙铁

电烙铁是锡焊的基本工具，起加热作用。一般电子实验所用的烙铁功率在 20～30 W，它们能够胜任一般小型电子元件的焊接工作，在使用不很频繁的情况下，温度也不会太高。

根据不同装配物体的焊接需要，烙铁头可以选用轴式和弯轴式，其中轴式头便于垂直操作。烙铁头的头端是焊接工作面，根据需要可以挫成不同的形状，如马蹄形和尖形等。焊接小型元件和电路板铜箔的烙铁头，直径一般是 4～5 mm。钝铜烙铁头的工作面在使用过程中，由于受温度、焊料和焊剂的影响，很容易形成凹坑而变形，或在烙铁头加温部分生成较多的氧化膜。这些逐渐增厚的氧化膜一方面影响热量传递，使之加热温度不高，呈现所谓“烧死”形象，另一方面受振后，氧化膜极易碎落在焊接的工作面上，造成焊接点周围不清洁，严重时也影响电路工作，因此要经常将烙铁头配换或用钢锉修整。

4) 其他辅助工具

焊接过程通常还需要一些辅助工具，如镊子和烙铁架等。

烙铁架是在焊接间隙用来摆放烙铁的，使得烙铁不至于烫坏桌面和其他物体。

镊子在焊接过程中有两个作用。焊接时，用镊子夹住元器件引脚，一方面可以代替人手固定元件，不至于热量传到手上烫坏手指，另一方面，在被焊面与元器件之间有一个镊子夹住引脚，使得热量顺引脚向上传递过程中，遇到一块较大散热面，加速散热，不至于烫坏元器件。

3. 焊接步骤

焊接过程一般有三个步骤，即处理焊接面、搪锡和焊接。

1）处理焊接面

焊接面往往因为各种原因很不清洁，例如具有油类附着物、生成了较厚的氧化层等，它们严重影响了焊接活性，为此需要事先进行清洁处理。这项工作进行得好坏，直接影响焊接质量。而有些明显的沾污和铜锈层仅做简单的清洁（沾一些松香）往往是不够的，通常可用化学或物理的方法进行去污，如用刀片或砂纸刮一层，使之露出光洁的铜为止。用刀片刮时注意不要损伤元器件引脚。

2）搪　锡

处理好焊接面后，再在焊接面上搪一层焊锡。具体方法是加热好的烙铁头上先沾一些锡，然后将松香通过烙铁加热去洗被焊面，在此过程中，烙铁头上的焊锡自然会流到焊接面上，形成一层镀锡层。

3）焊　接

待双方被焊面都搪上锡后，将它们固定放在一起，再用烙铁去加热，这样两边原来搪上的锡将会自动融合起来，移去烙铁，待其冷却后，焊接即告完成。

4. 注意事项

① 焊点达到焊接温度后，焊料就从中心区向四周及缝隙处自然漫流润湿，因此焊接过程中，烙铁头不必移动或磨蹭助焊，因为移动和磨蹭烙铁头反而容易使接触温度不稳定，造成焊料面积扩散或堆积，使焊点面积外观不雅。

② 如果某种原因，烙铁头温度过低，如锡焊面过大，烙铁头烧死，使焊料达不到完全熔化的温度，焊点就呈沙粒状（或豆渣状），容易出现虚焊。此时应采取措施，如更换烙铁，清理烙铁头等。

③ 焊料不可过多。锡焊是靠焊料高温熔化后溶合在一起，而不是靠过多的焊料简单地堆积而成。过多的焊料使散热加快，烙铁头温度降低，是造成沙粒状焊点的原因之一，这样的焊点往往出现虚焊。

④ 焊剂的用量必须限制在一定的范围。剂量不足，会使焊接质量低劣，而过量地使用，则会在焊接处产生隐患。如

- 焊剂过多产生的蒸气会导致焊点多针孔；
- 过量的焊剂使焊接表面不清洁；
- 由于焊剂渗入元件体内，使可变性元件接触不良；
- 由于焊剂过多的蒸气渗入半密封性元件体内，元件的绝缘性能变差；

• 过量的焊剂产生较多的焊剂残留物，使金属腐蚀。

⑤ 焊接完毕，烙铁头离开焊接点后，焊接区温度需要逐渐降落到室温，这个过程约需 4～6 s。因此，在降温时，也就是焊料凝固过程中，被焊区各零件及导线要保持静止，待其自然凝固。在凝固期不能振动，否则易凝成砂粒状和裂缝。有砂粒状和裂缝的焊点，受空气侵蚀，非常容易氧化，不能持久保持电接触良好。

⑥ 因为烙铁头温度较高，要特别注意安全。烙铁与烙铁架要摆放在人不易碰着的位置；不要让电线可能碰上烙铁，否则烧坏绝缘皮造成电线短路或者人身触电；烙铁头上多余焊锡在甩落时，要特别注意人、电路板和其他一些可能被烫着的物体。

5.4　工业生产线焊接技术简介

随着电子产品的多样化，印制电路板锡焊技术不断发展，以满足产品的工艺、质量和高产、快速的要求。目前使用比较多的有：浸焊、波峰焊和再流焊。

1. 浸　焊

浸焊是将安装好元器件的印制电路板浸入熔化状态的焊料液中，一次完成印制电路板的焊接。焊点之外的不需连接的部分通过在印制电路板上涂阻焊剂来实现。

2. 波峰焊

由机械或电磁泵控制熔化的焊料产生波峰，印制电路板以一定速度和倾斜度通过波峰，完成焊接。这种焊接方法对于助焊剂和焊锡温度、传送速度、波峰形状和冷却方式等均有较高的技术要求。

3. 表面安装工艺与焊接

为实现电子电路和系统的微型化、集成化，很多产品都采用了表面安装工艺。表面安装工艺是采用特制的表面安装元器件（片状元器件）、专门设计的印制电路板和专用的安装材料。表面安装工艺的焊接采用波峰焊或再流焊。所谓再流焊又称回流焊，它是先将焊料加工成一定粒度的粉末，加上适当的液态粘合剂，成为有一定流动性的糊状焊膏，用糊状焊膏将元器件粘贴在印制电路板上，再采用红外线等加热方法使焊膏中的焊料熔化完成焊接。大批量的生产，需要快速高产，须靠专用设备。手工操作的主要设备有焊膏印刷机、真空吸笔和再流焊机等。

思考题

1. 面包板中央有一凹槽，这个凹槽有什么用？槽宽尺寸有什么要求？
2. 布线用的工具主要有镊子、剪刀、剥线钳。在布线中如何使用这些工具？
3. 如何防止在插拔过程中集成电路芯片受损？
4. 为避免干扰的引入，用单线连接时，导线长度一般不要超过多少厘米？
5. 布线按什么次序进行？

6. PCB 板图绘制的基本要求有哪些？请简述之。

7. 焊接用什么材料和工具？

8. 焊接步骤有哪些？请简述之。

9. 在焊接过程中，应注意哪些问题？

10. 焊剂的用量必须限制在一定的范围。剂量不足会产生什么问题？过量的使用在焊接处会产生什么隐患？

11. 工业生产线有几种焊接方法？各自的优缺点是什么？

12. 波峰焊的原理是什么？请简述之。

13. 有一个学生想做一个小的电子产品，你说他应该怎么做？简述步骤。

14. 使用电烙铁，应该注意哪些问题？最重要的是什么？

15. 通过本章电子电路制作知识的学习，你学到了什么？

第6章　Multisim 8 实验仿真软件

6.1　Multisim 8 软件简介

从20世纪80年代开始，随着计算机技术的飞速发展，电子电路的分析与设计方法发生了重大变革，一大批各具特色的优秀EDA(Electronics Design Automation，电子设计自动化)软件的出现，改变了以定量估算和电路实验为基础的电路设计方法。Multisim软件就是其中之一。

6.1.1　Multisim 软件的起源

从事电子产品设计和开发等工作的人员，经常需要对所设计的电路进行实物模拟和调试。其目的在于，一方面是为了验证所设计的电路是否能达到设计要求的技术指标，另一方面通过改变电路中元器件的参数，使整个电路性能达到最佳值。而这种实物模拟和调试的方法，不但费时，而且其结果的准确性还要受到实验条件、实验环境和实物制作水平等因素的影响。为了克服这些困难，加拿大Interactive Image Technologies公司(以下简称IIT公司)于20世纪80年代末、90年代初推出了专门用于电子线路仿真的"虚拟电子工作台"EWB软件，并于1996年推出了EWB 5.0版本。为了满足新的电子线路的仿真与设计要求，IIT公司从EWB 6.0版本开始，将专用于电路级仿真与设计的模块更名为Multisim，在保留了EWB形象直观等优点的基础上，大大增强了软件的仿真测试和分析功能。

6.1.2　Multisim 系列软件的形成

在EWB仿真设计的模块改名为Multisim以后，Electronics Workbench Layout模块被更名为Ultiboard，这是以从荷兰收购来的Ultimate软件为核心开发的新的PCB软件。为了加强Ultiboard的布线能力，还开发了一个Ultiroute布线引擎。随后IIT公司又推出了一个专门用于通信电路分析与设计的模块——Commsim。Multisim、Ultiboard、Ultiroute及Commsim是现今EWB的基本组成部分，能完成从电路的仿真设计到电路板图生成的全过程。但它们彼此相互独立，可以分别使用。目前这4个EWB模块中最具特色的仍首推EWB仿真模块——Multisim；而Multisim本身也经过了多个版本的衍变。

1. 最早的Multisim软件功能特点

同早期的EWB 5.0版本的软件相比，最早的Multisim软件在功能和操作方法

上有较大改进：

① 增加了射频电路仿真功能。

② 极大地扩充了元器件数据库，特别是大量新增的与实际元器件对应的元器件模型，增强了仿真电路的实用件。

③ 新增了元器件编辑器，给用户提供了自行创建或修改所需元器件模型的工具。

④ 为了扩充电路的测试功能，增加了功率计、失真仪、频谱分析仪和网络分析仪等新的测试仪器，而且所有仪器都允许多台同时调用。

⑤ 改进了元器件之间的连接方式，允许连线任意走向。

2. Multisim 2001 的功能特点

2001 年，IIT 公司又推出了 Multisim 的新版本 Multisim 2001，对以前的版本进行了许多改进，主要表现在以下几点：

① 重新验证了元器件库中所有元器件的信息和模型。

② 允许用户自定义元器件的属性。

③ 提高数字电路仿真的速度。

④ 允许把子电路当作一个元器件使用，从而增大了电路的仿真规模。

⑤ 程序能根据电路图形的大小自动调整电路窗口尺寸，不再需要人为设置。

⑥ 开设了 EdaPARTS. com 网站，为用户提供元器件模型的扩充和技术支持。

3. Multisim 7 的功能特点

2003 年，IIT 公司又推出 Multisim 2001 的升级版本 Multisim 7，相比 Multisim 2001 有了如下改进：

① 重新设计了 windows 操作界面，进一步丰富了界面的操作功能。

② 优化了元器件调用模块，使元器件的查询与调用变得更加方便。

③ 进一步扩充了电路的测试功能，增加了高性能的实际仪器，并提供了测量探针。

4. Multisim 8 的功能特点

2005 年，IIT 公司又对 Multisim 7 进行了全面优化与升级，推出了最新的 Multisim 8 软件。Multisim 8 并不是对 Multisim 7 进行简单的补充和扩展，而是从功能到性能的全面升级。这种全面的升级使 Multisim 8 具备了许多新的特点：

① 仿真速度提高 67%以上。

② 变量支持。

③ 电气规则检查的范围设定。

④ 具有跨越多页分图的分类高级搜寻功能。

⑤ 新型虚拟 Tektronix 示波器。

⑥ 测量探针的动态数值显示。

⑦ 通过网页自动更新。

⑧ 用户自定义仿真界面的设定。

⑨ 打印或输出电子表格观测窗的内容。

⑩ 增加了 PLC 控制的仿真分析。

从 Multisim 系列软件的形成可看出，软件保持了最早版本 EWB 5.0 的基本风格，方便易用、人机界面友好；随着软件的发展，其功能不断增强（既可对单个电路的仿真分析，亦可对复杂电路系统的分析设计），仿真元器件库进一步扩充，测试仪器增多（如 Multisim 8 增加了虚拟 Tektronix 示波器），仿真速度更快。对于电子电路的学习和设计者来说，Multisim 为不可多得的仿真软件。

6.2　Multisim 8 的基本界面

6.2.1　Multisim 8 的主窗口

Multisim 8 的操作界面，按功能分为菜单栏、工具栏、状态栏和工作信息窗口。其中，菜单栏包括主菜单；工具栏包括系统工具栏、观察工具栏、图形注释工具栏、主工具栏、仿真运行开关、仪器工具栏、元器件工具栏；状态栏包括运行状态条；工作信息窗口包括电路窗口、电子表格检视窗、设计工具窗。Multisim 8 的操作界面如图 1.6.1所示。

① 主菜单：指令存放区。

② 系统工具栏：对目标文件的建立、保存等系统操作的功能按钮。

③ 主工具栏：对目标文件进行测试、仿真等操作的功能按钮。

④ 观察工具栏：对主窗口内的视图，进行放大、缩小等操作的功能按钮。Multisim 8 新增了将光标移入电路窗口内，用滚动鼠标滚轮代替缩放按钮，对视图进行缩放的功能。

⑤ 图形注释工具栏：在编辑文件时，插入图形、文字的工具，可以在所有文件编辑窗口使用，并具有宋体汉字输入功能。

⑥ 仿真运行开关：由仿真运行/停止和暂停按钮组成。

⑦ 元器件工具栏：包括所有元器件分类库的打开按钮。

⑧ 仪器工具栏：集中了各种虚拟仪器，向电路窗口中添加的图标按钮。

⑨ 电路窗口：软件的主工作窗口。

⑩ 设计工具窗：是展现目标文件整体结构和参数信息显示的工作窗，它由相互切换的三个视窗（Project View、Hierarchy、Visibility）组成。

电子表格检视窗：以电子表格方式显示电路设计内容的工作窗口。

运行状态条：显示仿真状态和时间等信息。

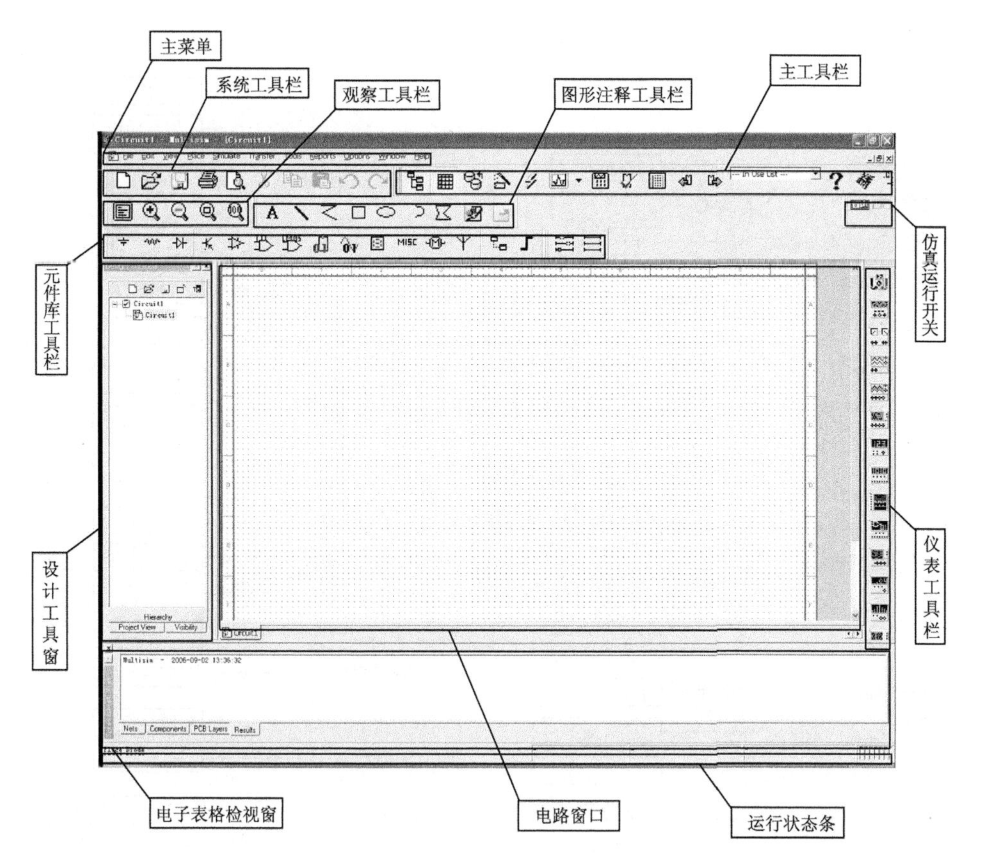

图 1.6.1　Multisim 8 的主窗口

6.2.2　Multisim 8 菜单栏

主菜单包含了该软件的所有功能指令，即工作界面上任何一个功能按钮所提供的功能，都可以在主菜单的级联菜单中找到。

① File(文件)菜单是对文件进行存取、输入输出等系统操作，其中在 Print Option 级联菜单内，不但包含对打印机的设定，还有对所要打印图形的内容和形式的设定，如图 1.6.2(a)所示。

② Edit (编辑)菜单是对文件内容进行增加、删除、修改等操作。其中 Order 是指当前 Layer(图层)的置前与置后，而此处是以 Layer(图层)来表示，加在电路图中的图形、注释等不同类型内容的显示顺序；Title Block 意为图纸的标题栏；通过 Font 操作，可以改变图形文件内所有可修改文字的字形；通过 Properties 操作，可以更改工作界面，如图 1.6.2(b)所示。

③ View(视图)菜单如图 1.6.3 所示。其中，Toolbars 子菜单包括了该软件的所有分类工具栏，可以通过菜单操作，在主界面上显示或隐藏任何一个工具栏。

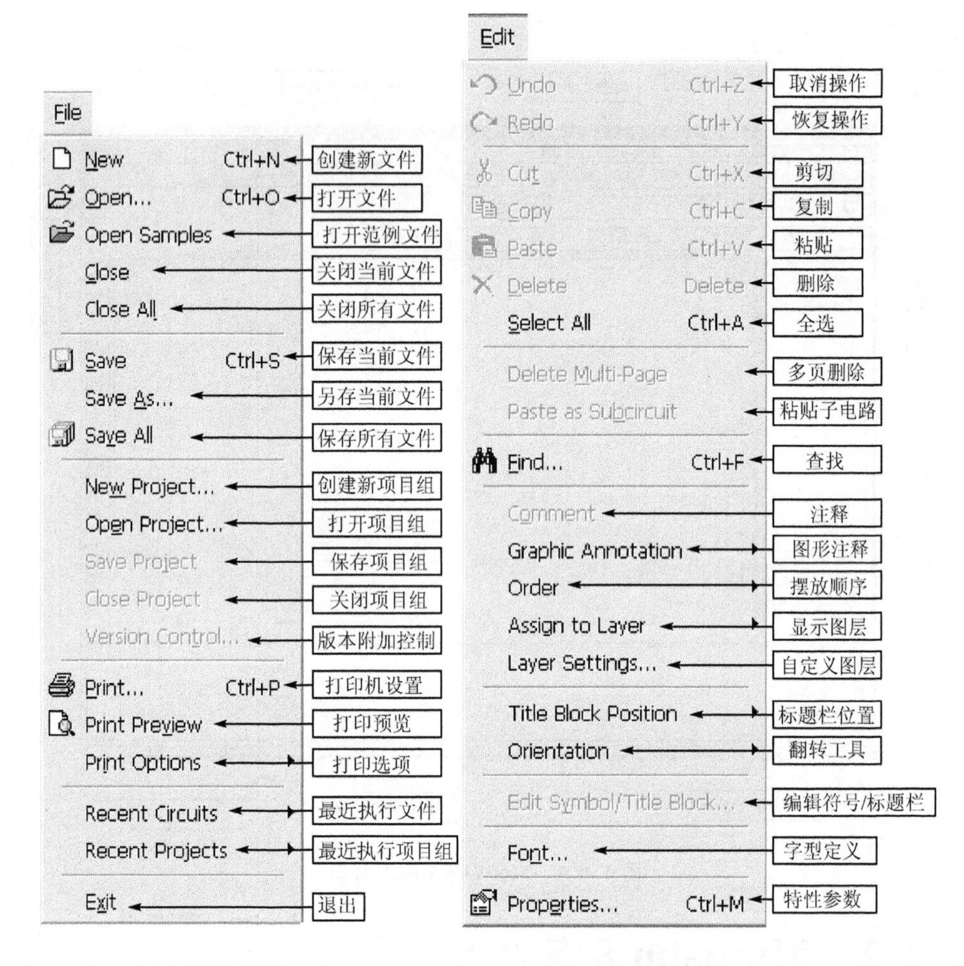

(a) File(文件)菜单　　　　(b) Edit(编辑)菜单

图 1.6.2　File(文件)菜单和 Edit(编辑)菜单

④ Simulate(仿真)菜单如图 1.6.4 所示。其中,Instruments 子菜单就是仪器工具栏的菜单形式;Analyses 子菜单包括了 18 种标准仿真方法,以及一种基于 Spice 命令的用户自定义仿真方法。

⑤ Tools(工具)菜单如图 1.6.5 所示。其中,Database 子菜单包括打开库管理器、添加元器件库、库元器件转换和合并元器件库四个功能。

⑥ Transfer(传送)菜单如图 1.6.6 所示。

⑦ Place(放置)菜单如图 1.6.7 所示。其中,Graphics 子菜单就是"图形注释"工具栏的菜单形式。

⑧ Options(配置)菜单如图 1.6.8 所示。

⑨ Reports(报表)菜单如图 1.6.9 所示。

图 1.6.3　View(视图)菜单

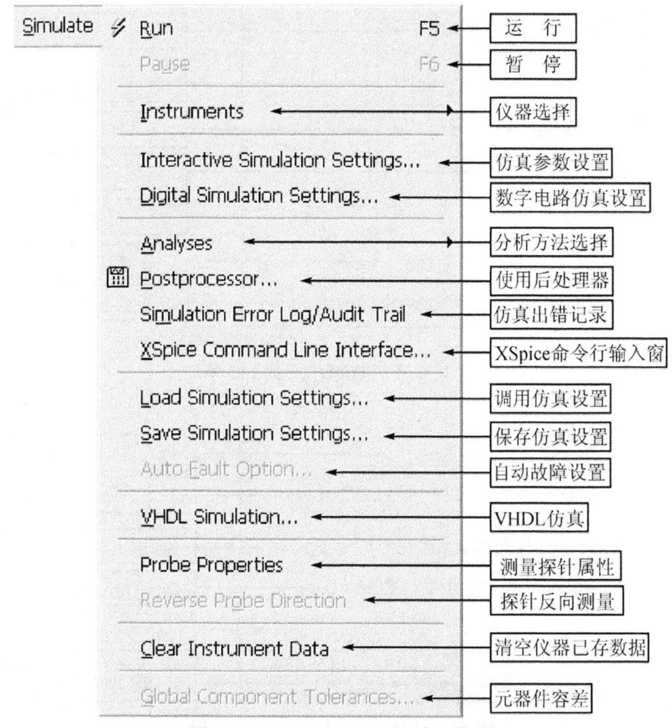

图 1.6.4　Simulate(仿真)菜单

图 1.6.5　Tools(工具)菜单

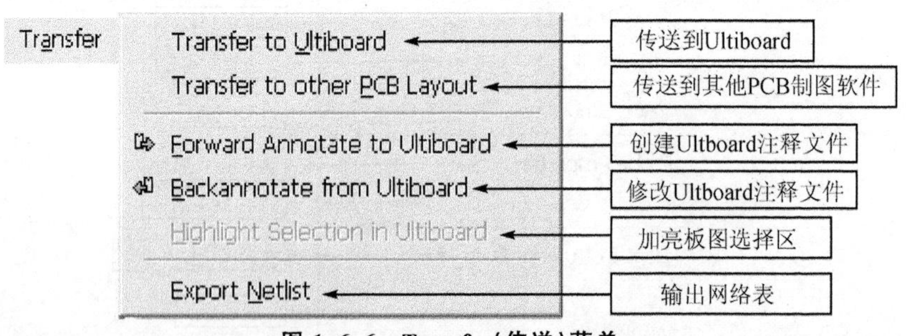

图 1.6.6　Transfer(传送)菜单

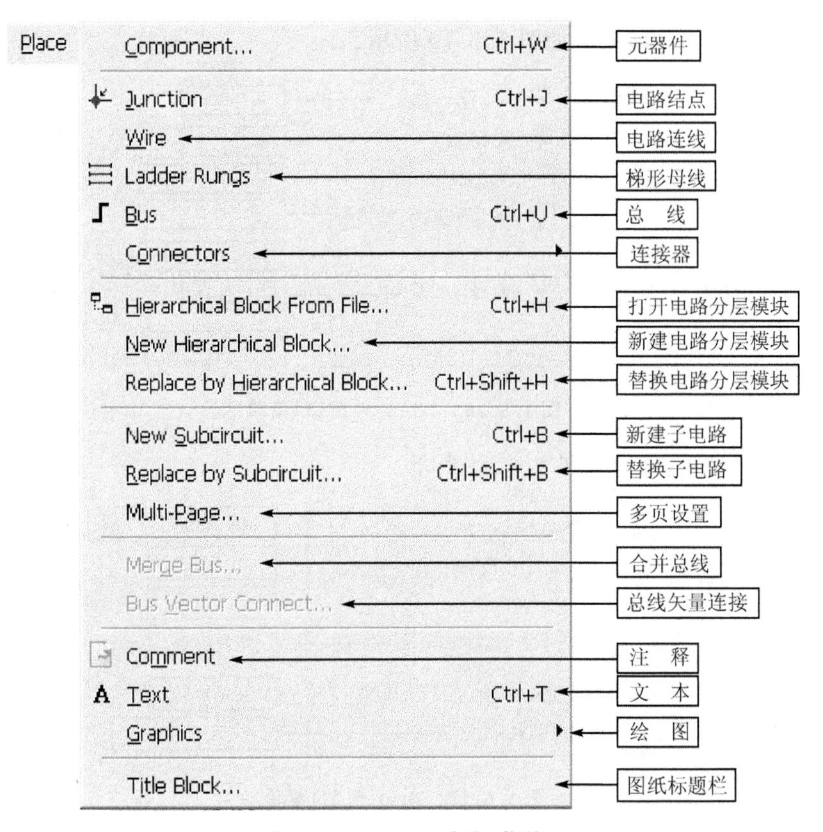

图 1.6.7　Place(放置)菜单

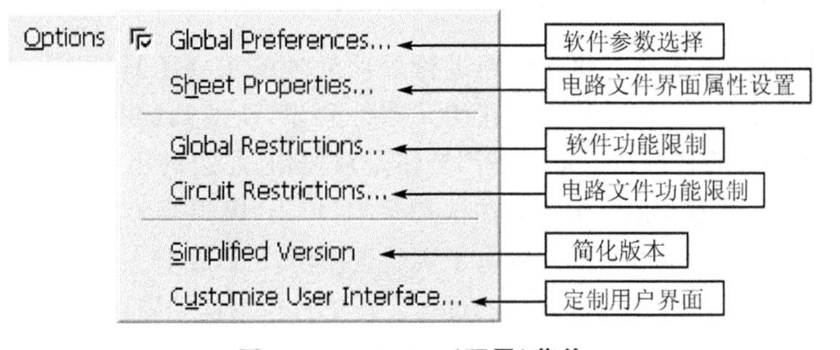

图 1.6.8　Options(配置)菜单

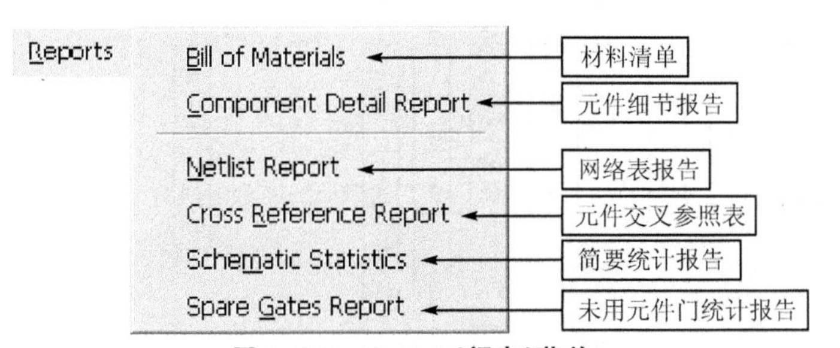

图 1.6.9　Reports(报表)菜单

⑩ Window(窗口)菜单如图 1.6.10 所示。

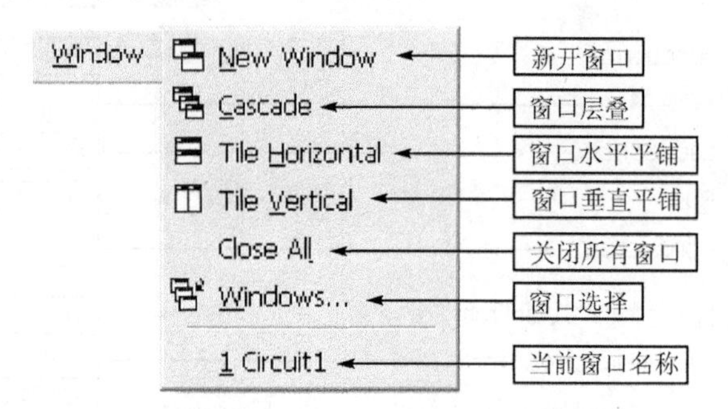

图 1.6.10　Window(窗口)菜单

⑪ Help(帮助)菜单如图 1.6.11 所示。

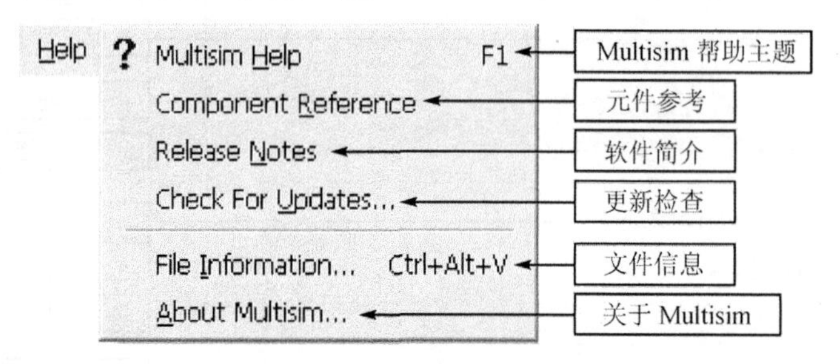

图 1.6.11　Help(帮助)菜单

6.2.3　Multisim 8 主工具栏

该工具栏除集中了对已建立电路进行后期处理的主要工具外，还包括了修改和维护元器件库所需的工具。其中，"在用元器件列表"所罗列的是当前电路窗口内在用电路所含元器件的名称；"记录/分析"按钮是双按钮，左边的用以打开仿真图形记录器，右边下三角按钮用来弹出仿真算法选择菜单；单击"虚拟实验板"按钮，则会打开一个工作窗口，窗口内显示出一块三维电子实验板模型，可以在其上插装三维元器件和导线模型，用以模拟电子线路插板调试的过程。该工具栏结构如图 1.6.12 所示。

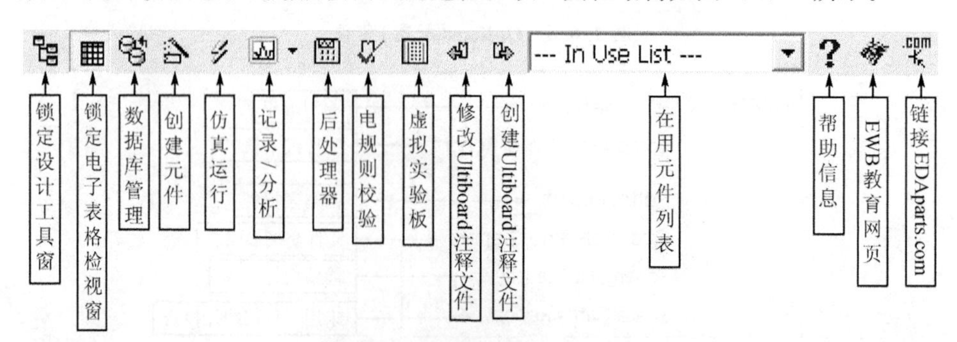

图 1.6.12　Multisim 8 主工具栏

6.2.4 Multisim 8 仪器工具栏

仪器工具栏列出了 Multisim 8 的所有测试仪器。通过单击所需仪器的工具栏按钮,将该仪器添加到电路窗口中,并在电路窗口中使用该仪器。Multisim 8 共集成了 19 种测量、分析仪器,“仪器”工具栏如图 1.6.13 所示。

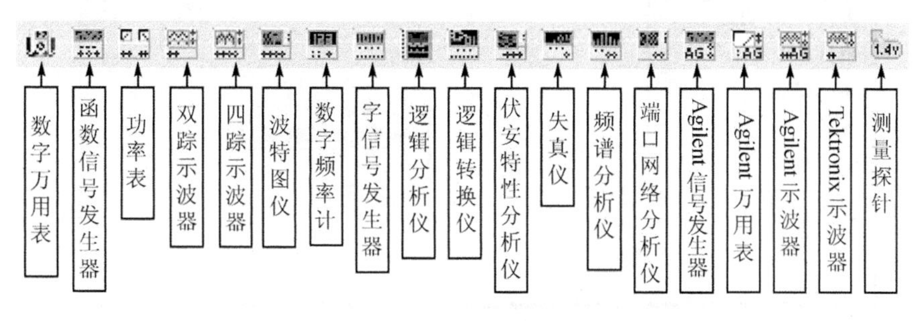

图 1.6.13 “仪器”工具栏

6.2.5 Multisim 8 元器件库工具栏

Multisim 8 的元器件库工具栏在原有 15 个分栏的基础上,新增了用于可编程序控制器(PLC)仿真的两个分栏,使工具栏分栏数达到了 17 个。“元器件库”工具栏如图 1.6.14 所示。这 17 个分栏按钮中,元器件分组库占 14 个,其他工具占 3 个。单击工具栏任何一个分组库的按钮,均会弹出一个多窗口的元器件库操作界面,元器件库操作界面如图 1.6.15 所示。在元器件库 Database(数据库)窗口下,元器件库被分为 Master Database(主数据库)、Corporate Database(公共数据库)、User Database(用户数据库)三类。每一类元器件库均按工具栏上的分组方式,分为 14 组,显示于 Group(分组)窗口下。每一个元器件组又分为若干元器件系列,显示于 Family(系列)窗口内。而 Component(元器件)窗口显示的内容,是在 Family(系列)窗口内被选中系列的元器件名称列表。

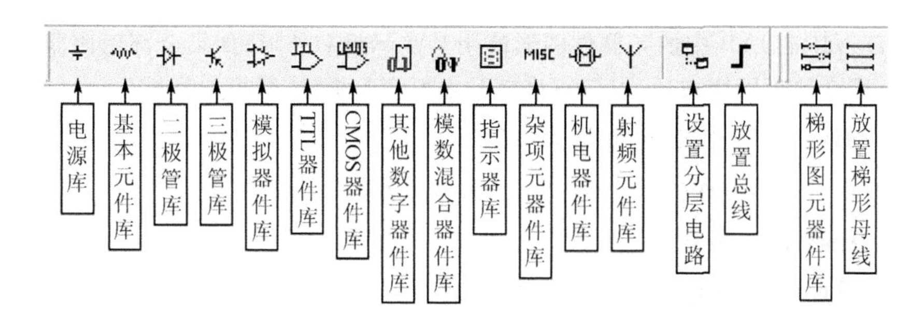

图 1.6.14 “元器件库”工具库

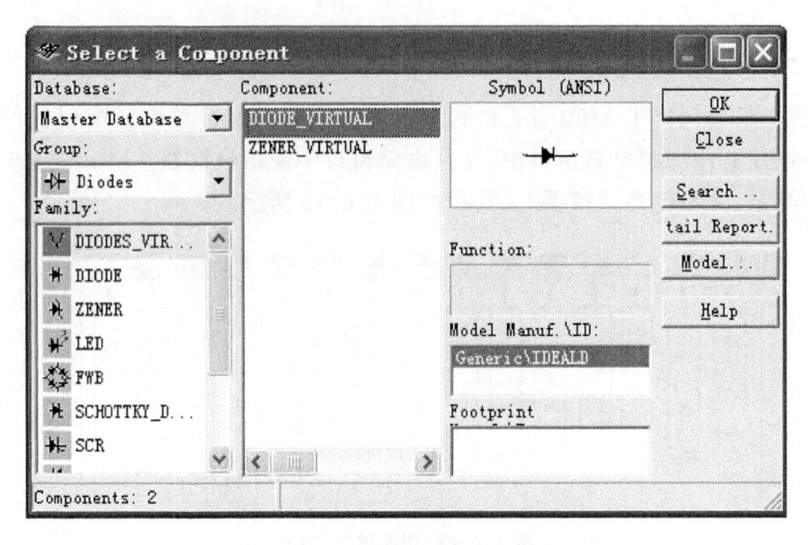

图 1.6.15 元器件库操作界面

1. Sources(电源库)

电源库的 Family(系列)窗口内容如表 1.6.1 所列。电源库中的元器件按电源的用途可分为三类：工作电源、信号电源和受控源。

表 1.6.1 电源库中的元器件列表

图 标	名 称	图 标	名 称
POWER_SOURCES	电 源	CONTROL_FUNCTION_BLOCKS	控制函数功能块
SIGNAL_VOLTAGE_SOURCES	信号电压源	CONTROLLED_VOLTAGE_SOURCES	受控电压源
SIGNAL_CURRENT_SOURCES	信号电流源	CONTROLLED_CURRENT_SOURCES	受控电流源

2. Basic(基本元器件库)

基本元器件库的 Family(系列)窗口内容如表 1.6.2 所列。
其中，3D_VIRTUAL 中的元器件图形使用其实际封装外形，如果全部用该器件编辑原理图，则在原理图完成后，可以直接打开虚拟实验板，进行模拟调试。

3. Mixed(模-数混合元器件库)

模数混合元器件库的 Family(系列)窗口内容如表 1.6.3 所列。

4. Diodes(二极管库)

二极管库的 Family(系列)窗口内容如表 1.6.4 所列。

表 1.6.2　基本元器件库中的元器件列表

图　标	名　称	图　标	名　称
BASIC_VIRTUAL	基本虚拟元件	VARIABLE_CAPACITOR	可变电容
RATED_VIRTUAL	额定虚拟元件	INDUCTOR	电　感
3D_VIRTUAL	3D 虚拟元件	INDUCTOR_SMT	贴装电感
RESISTOR	电　阻	VARIABLE_INDUCTOR	可变电感
RESISTOR_SMT	贴装电阻	SWITCH	开　关
RPACK	电阻组件	TRANSFORMER	变压器
POTENTIOMETER	电位器	NON_LINEAR_TRANSFORMER	非线性变压器
CAPACITOR	电　容	Z_LOAD	Z(复数)负载
CAP_ELECTROLIT	电解电容	RELAY	继电器
RELAY	贴装电容	CONNECTORS	连接器
CAP_ELECTROLIT_SMT	贴装电解电容	SOCKETS	插座

表 1.6.3　模-数混合元器件库中的元器件列表

图　标	名　称
MIXED_VIRTUAL	混合虚拟器件
TIMER	555 定时器
ADC_DAC	模拟/数字-数字/模拟转换器件
ANALOG_SWITCH	模拟开关器件
MULTIVIBRATORS	多频振荡器

表 1.6.4 二极管库中的元器件列表

图 标	名 称	图 标	名 称
DIODES_VIRTUAL	二极管虚拟器件	SCR	单向可控硅
DIODE	二极管	DIAC	双向二极管
ZENER	齐纳二极管	TRIAC	双向可控硅
LED	发光二极管	VARACTOR	变容二极管
FWB	二极管整流桥	PIN_DIODE	PIN 二极管
SCHOTTKY_DIODE	肖特基二极管		

5. Misc(杂项元器件库)

杂项元器件库的 Family(系列)窗口内容如表 1.6.5 所列。

表 1.6.5 杂项元器件库中的元器件列表

图 标	名 称	图 标	名 称
MISC_VIRTUAL	多功能虚拟器件	BUCK_BOOST_CONVERTER	开关电源降压_升压型变换器
TRANSDUCERS	传感器与转换器	LOSSY_TRANSMISSION_LINE	有损耗传输线
OPTOCOUPLER	光电耦合器件	LOSSLESS_LINE_TYPE1	无损耗线路 1
CRYSTAL	晶振	LOSSLESS_LINE_TYPE2	无损耗线路 2
VACUUM_TUBE	电子管	FILTERS	集成滤波芯片
FUSE	熔丝	MOSFET_DRIVER	大功率 MOS 器件驱动器
VOLTAGE_REGULATOR	稳压器件	POWER_SUPPLY_CONTROLLER	功率调节器
VOLTAGE_REFERENCE	基准电压产生器件	MISCPOWER	多功能电源芯片
VOLTAGE_SUPPRESSOR	电压抑制器	PWM_CONTROLLER	脉宽调制控制器
BUCK_CONVERTER	开关电源降压型变换器	NET	网格外形
BOOST_CONVERTER	开关电源升压变换器	MISC	多功能器件

6. Transistors(晶体管库)

晶体管库的 Family(系列)窗口内容如表 1.6.6 所列。

表 1.6.6 晶体管库中的元器件列表

图 标	名 称	图 标	名 称
TRANSISTORS_VIRTUAL	晶体三极管虚拟元件	MOS_3TDN	N 沟道耗尽型金属-氧化物-半导体场效应管
BJT_NPN	双极型 NPN 晶体管	MOS_3TEN	N 沟道增强型金属-氧化物-半导体场效应管
BJT_PNP	双极型 PNP 晶体管	MOS_3TEP	P 沟道增强型金属-氧化物-半导体场效应管
DARLINGTON_NPN	达林顿 NPN 晶体管	JFET_N	N 沟道结型场效应管
DARLINGTON_PNP	达林顿 PNP 晶体管	JFET_P	P 沟道结型场效应管
DARLINGTON_ARRAY	达林顿晶体管阵列	POWER_MOS_N	N 沟道 MOS 功率管
BJT_NRES	内电阻偏置 NPN 晶体管	POWER_MOS_P	P 沟道 MOS 功率管
BJT_PRES	内电阻偏置 PNP 晶体管	POWER_MOS_COMP	MOS 功率对管
BJT_ARRAY	双极型晶体管阵列	UJT	单结晶体管
IGBT	绝缘栅双极型晶体管	THERMAL_MODELS	温度模型

7. Mics Digital(其他数字元器件库)

其他数字元器件库的 Family(系列)窗口内容如表 1.6.7 所列。

表 1.6.7　其他数字元器件库中的元器件列表

图　标	名　称	图　标	名　称
TIL	数字逻辑器件	VHDL	VHDL 可编程逻辑器件
DSP	数字信号处理器件	VERILOG_HDL	VERILOG 可编程逻辑器件
FPGA	可编辑逻辑阵列	MEMORY	存储器
PLD	可编辑逻辑器件	LINE_DRIVER	线路驱动器
CPLD	复杂可编程逻辑器件	LINE_RECEIVER	线路接收器
MICROCONTROLLERS	微控制器	LINE_TRANSCEIVER	线路收发器
MICROPROCESSORS	微处理器		

8. Analog(模拟器件库)

模拟器件库的 Family(系列)窗口内容如表 1.6.8 所列。

表 1.6.8　模拟器件库中的元器件列表

图　标	名　称	图　标	名　称
ANALOG_VIRTUAL	虚拟的模拟元件	COMPARATOR	比较器
OPAMP	运算放大器	WIDEBAND_AMPS	多频段放大器
OPAMP_NORTON	诺顿型运算放大器	SPECIAL_FUNCTION	专用功能模块

9. TTL(TTL 器件库)

TTL 器件库的 Family(系列)窗口内容如表 1.6.9 所列。

表 1.6.9　TTL 器件库中的元器件列表

图　标	名　称
74STD	74 系列 TTL 标准数字集成电路
74S	74 系列 TTL 肖特基数字集成电路
74LS	74 系列 TTL 低功耗肖特基数字信成电路
74F	74 系列 TTL 快速数字集成电路

续表 1.6.9

图 标	名 称
74ALS	74 系列先进 TTL 低功耗肖特基数字集成电路
74AS	74 系列先进 TTL 肖特基数字集成电路

10. CMOS(CMOS 器件库)

CMOS 器件库的 Family(系列)窗口内容如表 1.6.10 所列。

表 1.6.10 CMOS 器件库中的元器件列表

图 标	名 称
CMOS_5V	4000 系列 5 V 的 CMOS 数字集成电路
74HC_2V	74 系列 2 V 的 HCMOS 数字集成电路
CMOS_10V	4000 系列 10 V 的 CMOS 数字集成电路
74HC_4V	74 系列 4 V 的 HCMOS 数字集成电路
CMOS_15V	4000 系列 15 V 的 CMOS 数字集成电路
74HC_6V	74 系列 6 V 的 HCMOS 数字集成电路
TinyLogic_2V	TinyLogic 系列 2 V 的 CMOS 数字集成电路
TinyLogic_3V	TinyLogic 系列 3 V 的 CMOS 数字集成电路
TinyLogic_4V	TinyLogic 系列 4 V 的 CMOS 数字集成电路
TinyLogic_5V	TinyLogic 系列 5 V 的 CMOS 数字集成电路
TinyLogic_6V	TinyLogic 系列 6 V 的 CMOS 数字集成电路

11. RF(射频元器件库)

射频元器件库的 Family(系列)窗口内容如表 1.6.11 所列。

表 1.6.11　射频元器件库中的元器件列表

图　标	名　称	图　标	名　称
RF_CAPACITOR	射频电容器	RF_MOS_3TDN	射频 MOSFET
RF_INDUCTOR	射频电感器	TUNNEL_DIODE	隧道二极管
RF_BJT_NPN	射频 NPN 晶体管	STRIP_LINE	传输线
RF_BJT_PNP	射频 PNP 晶体管		

12. Electro_Mechanical(机电元器件库)

机电元器件库的 Family(系列)窗口内容如表 1.6.12 所列。

表 1.6.12　机电元器件库中的元器件列表

图　标	名　称	图　标	名　称
SENSING_SWITCHES	检测开关	COILS_RELAYS	线圈与触点一体化的继电器
MOMENTARY_SWITCHES	瞬时开关	LINE_TRANSFORMER	线性变压器
SUPPLEMENTARY_CONTACTS	辅助触点	PROTECTION_DEVICES	保护装置
TIMED_CONTACTS	同步与延时触点	OUTPUT_DEVICES	输出装置

13. Ladder_Diagrams(梯形图库)

梯形图库的 Family(系列)窗口内容如表 1.6.13 所列。

表 1.6.13　梯形图库中的元器件列表

图　标	名　称	图　标	名　称
LADDER_IO_MODULES	梯形图外设输入接口	LADDER_TIMERS	梯形图定时器符号
LADDER_RELAY_COILS	梯形图信号输出符号	LADDER_OUTPUT_COILS	梯形图外设输出接口
LADDER_CONTACTS	梯形图信号接点符号	LADDER_OUTPUT_DEVICES	梯形图虚拟外设
LADDER_COUNTERS	梯形图计数器符号		

14. Indicators(指示器库)

指示器库的 Family(系列)窗口内容如表 1.6.14 所列。

表 1.6.14　指示器库中的元器件列表

图　标	名　称	图　标	名　称
VOLTMETER	电压表头	LAMP	白炽灯
AMMETER	电流表头	VIRTUAL_LAMP	虚拟白炽灯
PROBE	指示灯	HEX_DISPLAY	十六进制的多位数码显示器
BUZZER	蜂鸣器	BARGRAPH	条柱显示器

6.3　Multisim 8 创建仿真电路

6.3.1　创建电路文件

运行 Multisim 8，它会自动打开一个名为 Circuit1 的空白电路文件；或者单击系统工具栏的“新建文件”按钮，新建一个名为 Circuit1 的空白电路文件。然后，用户使用 File(文件)菜单中的 Save as(另存文件)功能，重命名该文件，并将其存入自己指定的文件夹。

6.3.2　创建仿真电路

1. 在电路窗口内放置元器件

选择主菜单中的 Place/Component，或者单击元器件库工具栏的任何一个按钮，均会弹出一个名为 Select a Component 对话框，Select a Component 对话框如图 1.6.16 所示。选择 Master Database/Sources/VCC 后，单击 OK 按钮，窗口关闭，出现活动图标，将此图标移至电路图中合适位置，单击确认，完成放置操作。与以上过程相似，打开不同的元器件库，执行需要元器件的取放操作。如果元器件的摆放方向不适合，可对该元器件进行右击激活，选择右键快捷菜单中的 Flip Horizontal、Flip Vertical、90 Clockwise 或 90 CounterCW 功能，可对元器件进行水平翻转、垂直翻转、顺时针 90°旋转、逆时针 90°旋转操作。直至所有元器件均按要求摆放，元器件放置工作完成。

2. 元器件连线

Multisim 8 提供了自动与手工两种连线方式。所谓自动连线就是用户按线路方向，依次单击要连线两个元器件引脚，由 Multisim 8 选择引脚间最好的路径自动完成连线操作，它可以避免连线通过元器件和连线重叠；手工连线由用户控制线路走向，操作时用鼠标拖动连线，按用户自己设计的路径，通过单击确定路径转向来完成

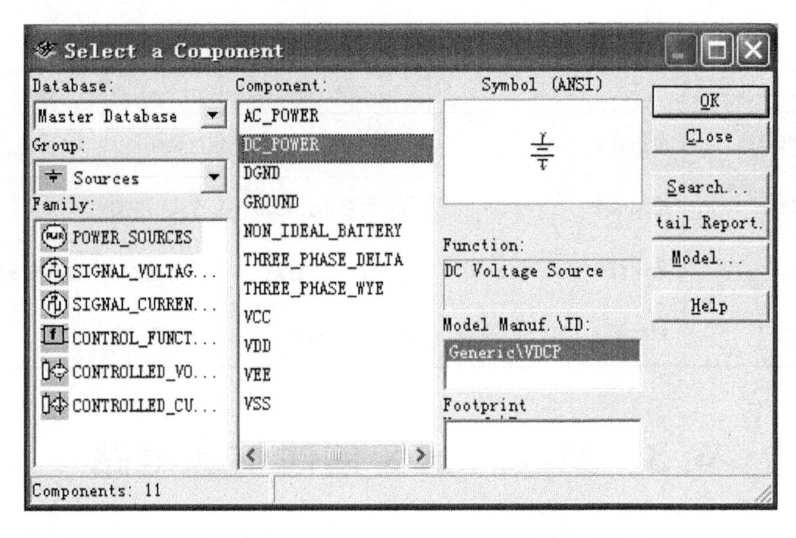

图 1.6.16　Select a Component 对话框

连线。可以将自动连线与手工连线结合使用，比如，开始用手工连线，然后让 Multisim 8 自动地完成连线。对于本电路，大多数连线用自动连线完成。连线完毕后，还可手动调整线路的布局。如图 1.6.17 所示为完成连线后的电路。

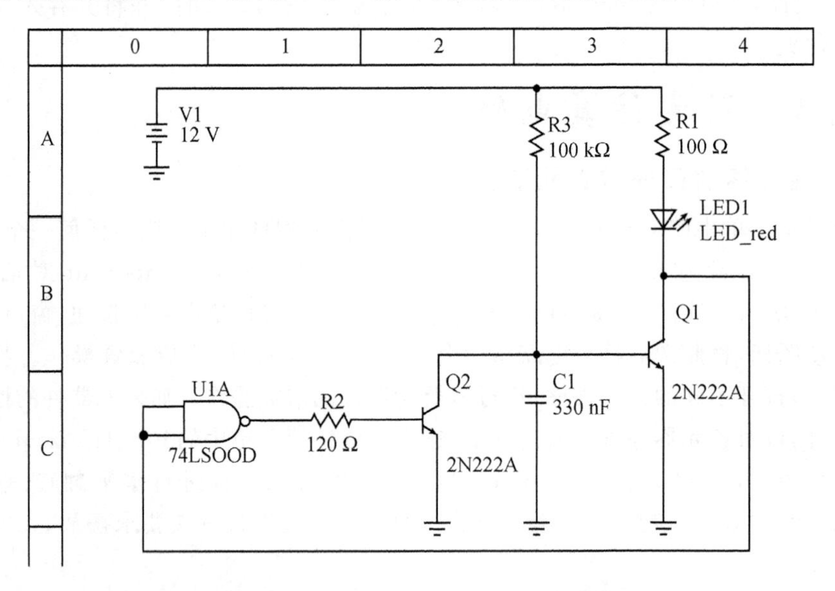

图 1.6.17　完成元器件连线后的电路图

3. 设置元器件参数

连线完成后，还需要设置元器件参数。如果电路使用的是元器件库中已有规格的元器件，则可直接使用默认参数；如果不是，则要对元器件参数重新设置。

如电路中使用的直流电源 V1(DC_POWER)的默认电压参数是 12 V,通过以下操作可将电压设为 5 V。首先,右击激活该元器件(或双击该元器件图标),弹出右键快捷菜单,选择其中的 Properties(元器件属性)选项,弹出 POWER_SOURCES 对话框如图 1.6.18 所示;然后,选择 Value 选项卡,将 Voltage 文本框内的数字改为 5;最后,单击“确定”按钮完成设置。按照上面的步骤,可对其他元器件的参数进行设置。

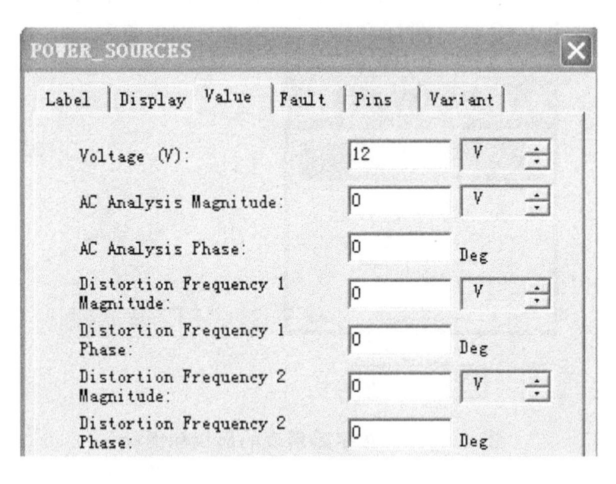

图 1.6.18　POWER_SOURCES 对话框

4. 定制并保存电路文件

① 设置图纸规格:在 Workspace 页中设定电路图的尺寸和格式。

② 设置图纸显示:在 Circuit 页中设定图纸和元器件的显示方式。

③ 设计图纸标题栏:选择 Place/Title Block,在 Multisim 8 自带的 7 种标题栏模板中,取一种放在图纸上;选择 Edit/Title Block Position,定位标题栏;双击标题栏进行内容编辑。完成上述定制操作后,将文件存盘。

6.4　Multisim 8 虚拟仪器的应用

Multisim 8 仿真环境中的虚拟仪器的应用包括添加仪器、设置仪器和使用仪器。

① 添加仪器:在主菜单的 View/Toolbars/Instruments 中选择“仪器”选项或单击“仪器”工具栏中的“仪器”按钮。选中所需仪器后,电路窗口中就会出现被激活的仪器图标,将该图标移至合适位置,单击“确认”按钮可放置仪器,并将仪器图标的外接端子与电路检测结点连接。

② 设置仪器:双击“设备”图标弹出仪器面板,单击仪器面板上的功能按钮,进行功能或测量参数的设置。

③ 使用仪器:仪器的连接和参数设置完成后,选择主菜单的 Simulate/Run,或

者单击仿真运行开关，在仪器面板上就显示出所要测量的数据和波形，并可以像操作实际仪器一样，在仪器面板上操作虚拟仪器。

6.4.1　数字万用表

数字万用表(Multimeter)如同实验室里使用的数字万用表一样，是一种多用途的常用仪器，它能完成交直流电压、电流和电阻的测量显示，也可以用分贝(dB)形式显示电压和电流，数字万用表的图标和面板如图 1.6.19 所示。

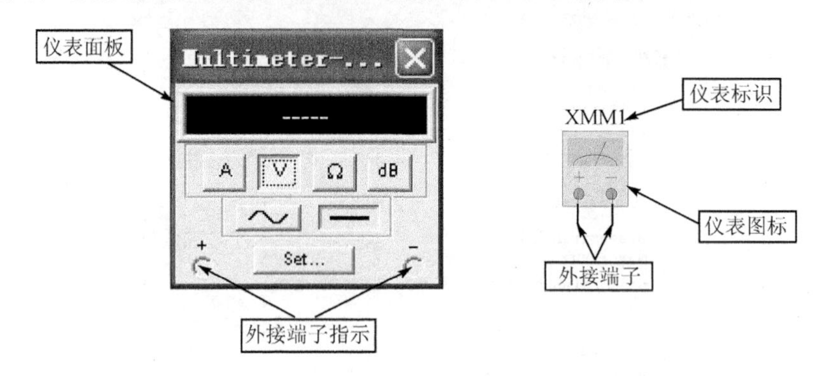

图 1.6.19　数字万用表的面板和图标

1. 连　接

图标上的＋、－两个端子用来连接所要测试的端点，与实际万用表一样，连接时必须遵循并联测电压、串入回路测电流的原则。

2. 面板操作

单击面板上的各按钮可进行相应的操作或设置：单击 A 按钮 A ，测量电流；单击 V 按钮，测量电压；单击 Ω 按钮，测量电阻：单击 dB 按钮，测量衰减分贝值(dB)；单击 ∼ 按钮测量交流，而其测量值是有效值(RMS)。单击 — 按钮，测量直流，如用以测量交流，则其测量值是其交流的平均值。单击 Set... 按钮可设置数字万用表内部的参数，万用表参数设置界面如图 1.6.20 所示。

① Electronic Setting 选项区域：Ammeter resistance(R)用于设置电流表内阻，其大小影响电流的测量精度；Voltmeter resistance(R)用于设置电压表内阻，其大小影响电压的测量精度；Ohmmeter current(I)是指用欧姆表测量时，流过欧姆表的电流；dB Relative Value(V)是指在输入电压上叠加的初值，用以防止输入电压为 0 时，无法计算分贝值的错误。

② Display Setting 选项区域：用以设定被测值自动显示单位的量程。

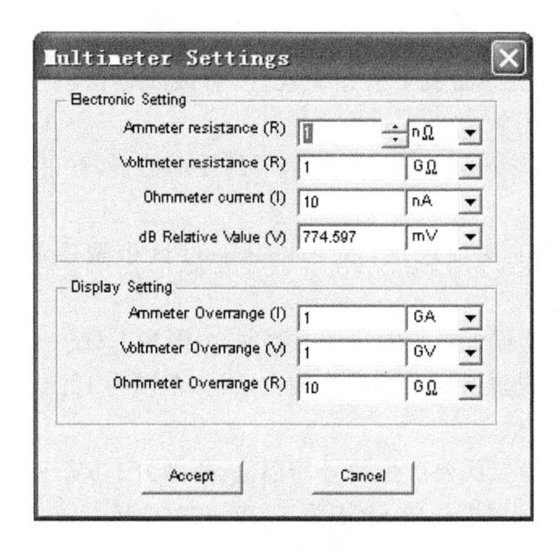

图 1.6.20　“数字万用表参数设置”对话框

6.4.2　函数信号发生器

函数信号发生器(Function Generator)可用来产生正弦波、方波和三角波信号，对于三角波和方波还可以设置其占空比(Duty Cycle)大小。对偏置电压(Offset)的设置可将正弦波、三角波和方波叠加到设置的偏置电压上输出。函数信号发生器的面板和图标如图 1.6.21 所示。

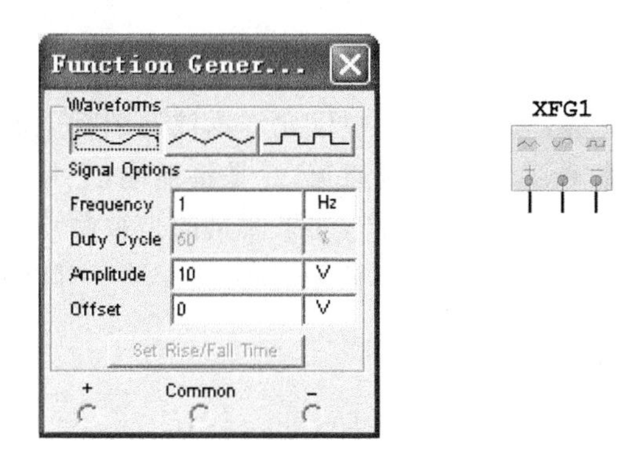

图 1.6.21　函数信号发生器的面板和图标

1. 连　接

连接＋和 Common 端子，输出信号为正极件信号；连接－和 Common 端子，输出信号为负极性信号；连接＋和－端子，输出信号为双极性信号；同时连接＋、Common 和－端子，并把 Common 端子与电路的公共地(Ground)符号相连，则输出两个幅度相等、极性相反的信号。

2. 面板操作

通过函数信号发生器面板上的相关设置，可改变输出电压信号的波形类型、大小、占空比或偏置电压等。

① waveforms 选项区域：选择输出信号的波形类型，有正弦波、三角波和方波 3 种周期性信号。

② Signal Options 选项区域：对 waveforms 区中选取的信号进行相关参数设置。

- Frequency：设置所要产生信号的频率，范围为 1 Hz～999 MHz。
- Duty Cycle：设置所要产生信号的占空比，范围为 1%～99%。此设置仅对三角波和方波有效。
- Amplitude：设置所要产生信号的幅值，范围为 1 μV～999 kV。
- Offset：设置偏置电压值，范围为 1 μV～999 kV。
- Set Rise/Fall Time 按钮：设置所要产生信号的上升时间与下降时间，而该按钮只有在方波时有效。单击该按钮后，出现参数输入对话框，其可选范围为 1 ns～500 ms，默认值为 10 ns。

6.4.3 示波器

示波器(Oscilloscope)是电子实验中使用最为频繁的仪器之一，可用来观察信号波形并可测量信号幅值、频率及周期等参数的仪器。示波器的面板和图标如图 1.6.22 所示。

1. 连　接

与所有虚拟仪器一样，Multisim 8 中仅允许示波器图标上的端子与电路测量点相连接。双踪示波器有 A、B 两个测量通道，G 是接地端，T 是外触发端。该虚拟示波器与实际示波器的连接方式稍有不同，如果测量的是被测点与电路公共“地”之间的波形，A、B 两通道分别只需一根线与被测点相连，G 端子可以不接“地”。

2. 面板操作

示波器面板功能及其操作如下：

1) Timebase 选项区域

用来设置 X 轴方向扫描线和扫描速率。

① Scale：选择 X 轴方向每一个刻度代表的时间。单击该栏后将出现刻度翻转列表，根据所测信号频率的高低，上下翻转可选择适当的值。

② X position：表示 X 轴方向扫描线的起始位置，修改其设置可使扫描线左右移动。

③ Y/T：表示 Y 轴方向显示 A、B 通道的输入信号，X 轴方向显示扫描线，并按设置时间进行扫描。当显示随时间变化的信号波形(如三角波、方波及正弦波等)时，

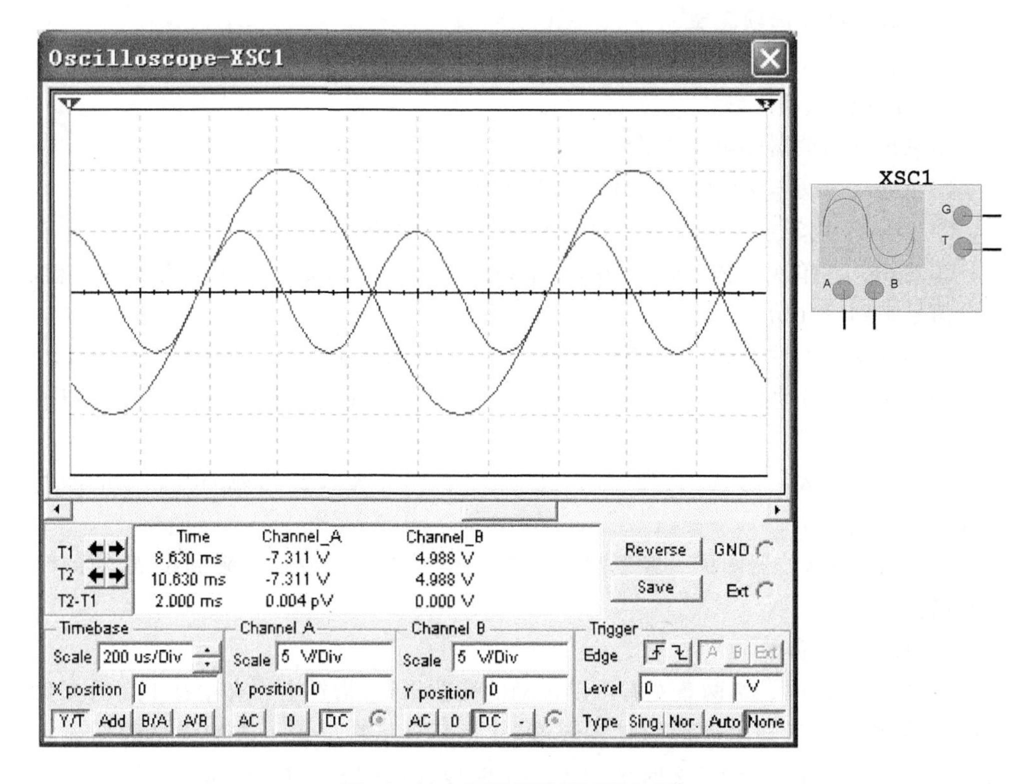

图 1.6.22　双踪示波器面板和图标

常采用此种方式。

④ B/A 或 A/B：表示将 A 通道信号作为 X 轴扫描信号，将 B 通道信号施加在 Y 轴上；而 A/B 与 B/A 相反。以上这两种方式可用于观察李萨育图形。

⑤ ADD：表示 X 轴按设置时间进行扫描，而 Y 轴方向显示 A、B 通道的输入信号之和。

2）Channel A 选项区域

用来设置 Y 轴方向 A 通道输入信号的刻度。

① Scale：表示 A 通道输入信号的每格电压值。单击该栏后将出现刻度翻转列表，根据所测信号电压的大小，上下翻转可选择适当的值。

② Y position：表示扫描线在显示屏幕中的上下位置。当其值大于零时，扫描线在屏幕中线上侧，反之在下侧。

③ AC：表示交流耦合，测量信号中的交流分量（相当于实际电路中加入了隔直电容）。

④ DC：表示直接耦合，测量信号的交直流。

⑤ 0：表示将输入端对地短路。

3）Channel B 选项区域

其设置与 Channel A 选项区域相同。

4）Trigger 选项区域

用来设置示波器的触发方式。

① Edge：表示边沿触发(上升沿或下降沿)。

② Level：用于选择触发电平的电压大小(阈值电压)。

③ Sing.：“单次扫描方式”按钮，按下该按钮后示波器处于单次扫描等待状态，触发信号来到后开始一次扫描。

④ Nor.：“常态扫描方式”按钮，这种扫描方式是没有触发信号时就没有扫描线。

⑤ Auto：“自动扫描方式”按钮，这种扫描方式不管有无触发信号时均有扫描线，一般情况下使用 Auto 方式。

⑥ A 或 B：表示用 A 通道或 B 通道的输入信号作为同步 X 轴时基扫描的触发信号。

⑦ Ext：用示波器图标上触发端 T 连接的信号作为触发信号来同步 X 轴的时基扫描。

5）测量波形参数

在屏幕上有 T1、T2 两条左右可以移动的读数指针，指针上方有注有 1、2 的三角形标志，用以读取所显示波形的具体数值，并将其显示在屏幕下方的测量数据显示区。数据区显示 T1 时刻、T2 时刻、T2—T1 时段读取的三组数据，每一组数据都包括时间值(Time)、信号 1 的幅值(Channel A)、信号 2 的幅值(Channel B)。用户可用鼠标左键拖动读数指针左右移动，或是单击数据区左侧 T1、T2 的箭头按钮移动指针线的方式读取数值。

通过以上操作，可以测量信号的周期、脉冲信号的宽度、上升时间及下降时间等参数。为了测量方便准确，单击 Pause 按钮，使波形“冻结”，然后再测量。

6）设置信号波形显示颜色

只要设置 A、B 通道连接线的颜色，则波形的显示颜色便与连接线的颜色相同。方法是快速双击连接导线，在弹出的对话框中设置连接线的颜色即可。

7）改变屏幕背景颜色

单击操作面板右下方的 Reverse 按钮，即可改变屏幕背景的颜色。如要将屏幕背景恢复为原色，再次单击 Reverse 按钮即可。

8）存储读数

对于读数指针测量的数据，单击操作面板右下方 Save 按钮即可将其存储。数据存储为 ASCII 码格式。

9）移动波形

在动态显示时，单击 Pause 按钮，均可通过改变 X position 设置，从而左右移动波形；利用指针拖动显示屏幕下沿的滚动条也可左右移动波形。

6.4.4　波特图仪

波特图仪(Bode Plotter)用来测量和显示一个电路、系统或放大器的幅频特性 $A(f)$和相频特性 $\varphi(f)$的一种仪器,类似于实验室的频率特性测试仪(或扫频仪),波特图仪的面板和图标如图 1.6.23 所示。

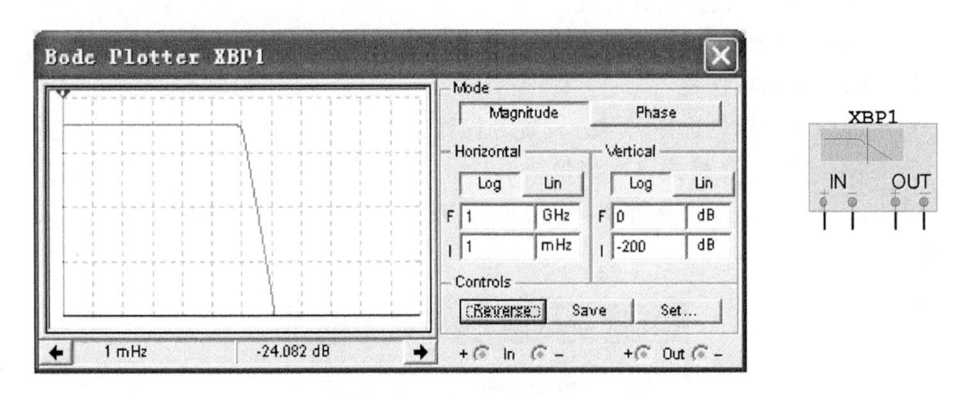

图 1.6.23　波特图仪面板和图标

1. 连　接

波特图仪的图标包括 4 个接线端子,左边 in 是输入端口,其+、-分别与电路输入端的正、负端子相接;右边 out 是输出端口,其+、-分别与电路输出端的正、负端子连接。由于波特图仪本身没有信号源,所以在使用波特图仪时,必须在电路的输入端口示意性地接入一个交流信号源(或函数信号发生器),且无须对其参数进行设置。例如:用波特图仪测量一个 RCL 滤波电路的频率特性,其连接如图 1.6.24 所示。通过对波特图仪面板中 Horizontal 区(水平坐标)可设置波特图仪频率的初始值 I(Initial) 和终了值 F(Final)。

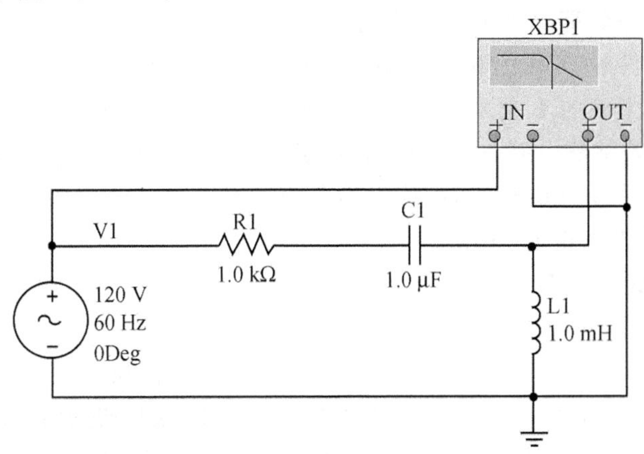

图 1.6.24　用波特图仪测量 RLC 电路的频率特性

2. 面板操作

波特图仪的面板及其操作如下所述。

1) Mode 选项区域

用于进行幅频特性或相频特性选择。

① Magnitude。选择幅频特性。

② Phase：选择相频特性。

2) Controls 选项区域

用于进行背景颜色选择、存储、设置等操作。

① Save：以 BOD 格式保存测量结果。

② Set：设置扫描的分辨率，单击该按钮后，屏幕出现的对话框如图 1.6.25 所示。

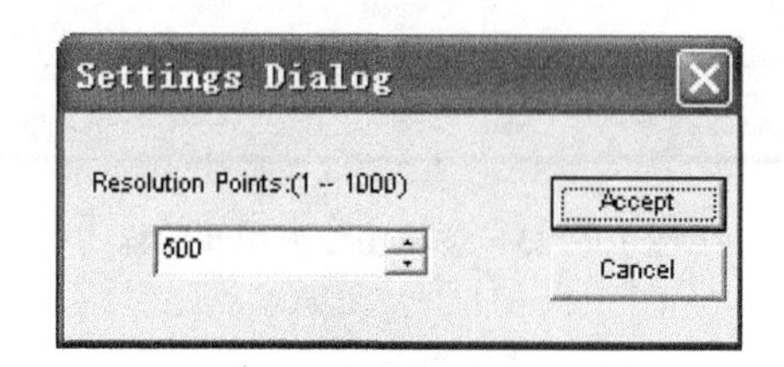

图 1.6.25 "分辨率设置"对话框

在 Resolution Points 文本框中选定扫描的分辨率，数值越大读数精度越高（但将增加运行时间），设定范围是 1～1000，默认值是 100。

3) Vertical 区

用于设定 Y 轴的刻度类型。

测量幅频特性时，若单击 Log（对数）按钮后，Y 轴刻度的单位是 dB（分贝），标尺刻度为 $20\ \log A(f)$dB，其大小 $A(f)=V_o(f)/V_i(f)$：当单击 Lin（线性）按钮后，Y 轴是线性刻度。一般情况下采用线性刻度。

测量相频特性时，Y 轴坐标表示相位，单位是度，刻度是线性的。

该选项区域下面的 F 文本框用以设置终了值，而 I 文本框则用以设置初始值。需要指出的是：若被测电路是无源网络（谐振电路除外），由于 $A(f)$的最大值为 1，Y 轴坐标的最终值设置为 0 dB，初始值设为负值。对于含有放大环节的网络（电路）值可大于 1，终了值设为正值（+dB）为宜。

4) Horizontal 选项区域

用于确定波特图仪显示的 X 轴频率范围。

选择 Log，则标尺用 Log 表示；若选用 Lin，即坐标标尺是线性的。当测量信号的频率范围较宽时，用 Log 标尺为宜，I 和 F 分别是 Initial（初始值）和 Final（终了值）的缩写。为了清楚显示某一频率范围的频率特性，可将 X 轴频率范围设定得小一些。

5）测量读数

利用鼠标拖动读数指针或单击面板下方的箭头按钮来移动读数指针，可测量某个频率点处的幅值或相位，其读数在面板下方显示。

6.5　单管共射放大电路仿真实验分析

本节以单管共射放大电路为例(如图 1.6.26 所示)，通过仿真分析其静态工作点、电压放大倍数、输入电阻和输出电阻，一方面可加深对放大电路性能的理解，动态直观理解不同参数对放大指标的影响，另一方面掌握用 Multisim 8 软件对模拟放大电路的基本仿真分析方法。

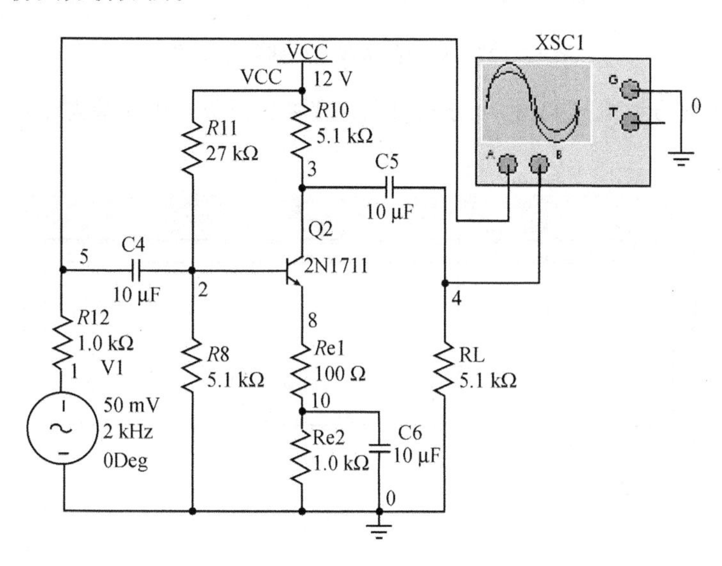

图 1.6.26　单管共射放大电路

1. 静态工作点分析

分析步骤：

① 创建电路。选择信号源、直流电压源、电阻和电容等创建单管共射放大电路如图 1.6.26 所示。

② 启动选择菜单 Simulate|Analysis|DC Operation Point 选项，在弹出对话框中的 Output Variables 页并选择 2、3、8 结点作为仿真分析结点。单击 Simulate 按钮，得到在图示参数下的静态工作点的分析结果，如图 1.6.27 所示。

从分析结果来看，放大电路(见图 1.6.26)的 $U_{ce}=V_3-V_8=6.76562\ \mathrm{V}-1.13781\ \mathrm{V}=5.62781\ \mathrm{V}$，而电源电压为 $V_{CC}=12\ \mathrm{V}$，可见该放大电路的静态工作点合适。

③ 输入输出波形：单击运行按钮，双击示波器 XSC1，调整扫描时间和示波器 A、B 通道显示比例，可得图 1.6.28 所示的输入/输出波形。调整 R_1、R_2 或 R_c、R_e

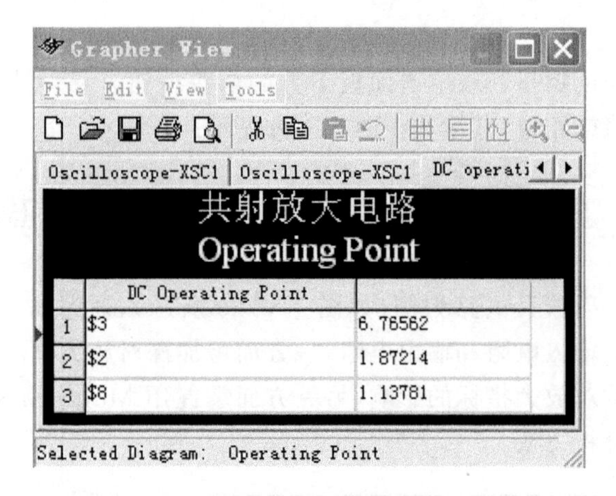

图 1.6.27　单管共射放大电路静态工作点

大小，或增大信号源电压幅值，可分别研究这些参数对放大电路静态工作点及波形失真的影响。

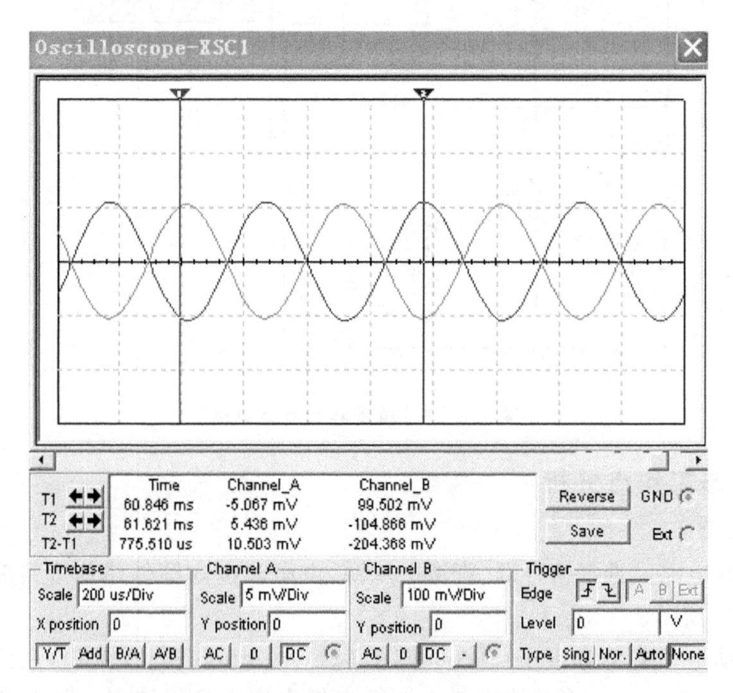

图 1.6.28　单管共射放大电路输入/输出波形

2. 电压放大倍数

1) 电压放大倍数测量

当信号源电压幅值为 5 mV 时，测得输入输出电压波形如图 1.6.28 所示。从测量结果看，在图示的测试线 1 处输入信号幅值为 −5.067 mV，输出信号幅值为

99.502 mV。输出电压没有失真，电压放大倍数 $A_u = U_o/U_i = -104.866/5.436 = -19.64$，输出和输入反相。

2）电阻 R_{e1} 对放大倍数影响

当电路中的 $R_{e1}=0$ 时，电压波形如图 1.6.29 所示，发现输出幅值明显增大许多，同时看到输入输出有一定的相移。这是因为选用的耦合电容较小，在 2 kHz 频率下耦合电容的低频效应造成的。在测试线 1 处，输入信号幅值为 4.354 mV，输出信号幅值为 −382.646 V。电压放大倍数约等于 −87.9。当 $R_{e1}=300\ \Omega$ 时，交流电压放大倍数大约只有 −9 左右。因此该电阻对放大倍数的影响较大。

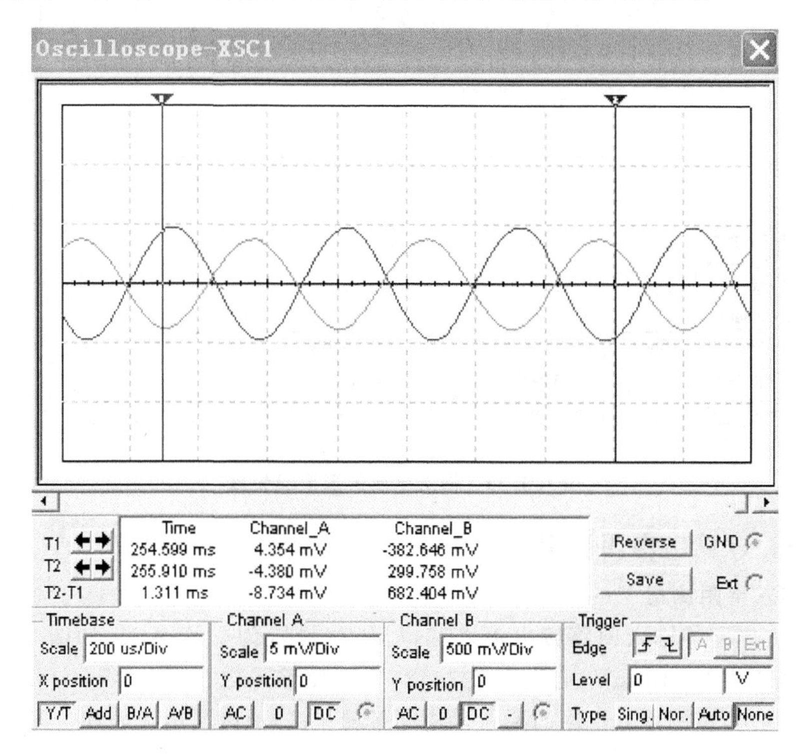

图 1.6.29 （$R_{e1}=0$ 时）输入/输出电压波形

3）电压放大失真分析

① 静态工作点不合适（Q 点偏高或偏低），输入信号大小合适。

将电路图的偏置电阻 R_{11} 换成电位器，调节阻值大小，可改变 Q 点高低，输出波形会出现失真。读者可按此思路进行仿真分析，分别分析 Q 点偏高或偏低时所发生的失真类型。

② 静态工作点合适，输入信号偏大时。

对于该电路而言，电压放大倍数相对较小，输入信号可调范围较大，当信号幅值达到 130 mV 时，输出信号将出现较明显的非线性失真，当信号幅值达到 160 mV 以上时，从输出波形看，出现明显的顶部失真（截止失真），如图 1.6.30 所示，当再增大输入信号到 330 mV 时，将同时出现顶部和底部失真。

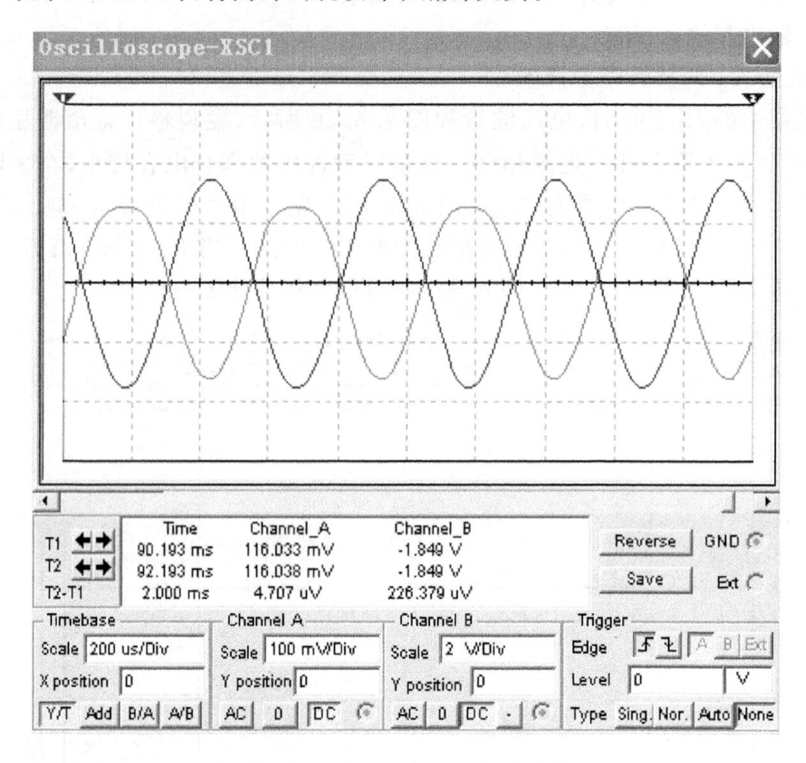

图 1.6.30　输出电压波形顶部失真

3. 输入/输出电阻测量

1）输入电阻测量

在放大电路的输入回路接电流表和电压表（设置为交流 AC），如图 1.6.31 所示，测得电压为 2.813 mV，电流为 722.423 nA，则输入电阻 $R_i = U_i/I_i = 3.89\ \text{k}\Omega$。需要说明的是，实测输入电阻时通常采用间接测量法，原因是电流表和电压表都不是理想仪器。

注意：本处测量的是交流输入电阻，当然也要在合适的静态工作点上测量，因而直流电源要保留。

2）输出电阻测量

输出电阻的测量采用外加激励法，将电路中的信号源置 0（短路），负载开路，在输出端接电压源、电压表和电流表，测量电压和电流，创建电路如图 1.6.32 所示。

测量结果：$R_o = U_o/I_o = 707.106\ \text{mV}/141.383\ \mu\text{A} = 5\ \text{k}\Omega$，该分析结果同理论分析一致，验证理论的正确性。同样这里测量的也是交流输出电阻，也要在合适的静态工作点上测量，因而直流电源要保留。

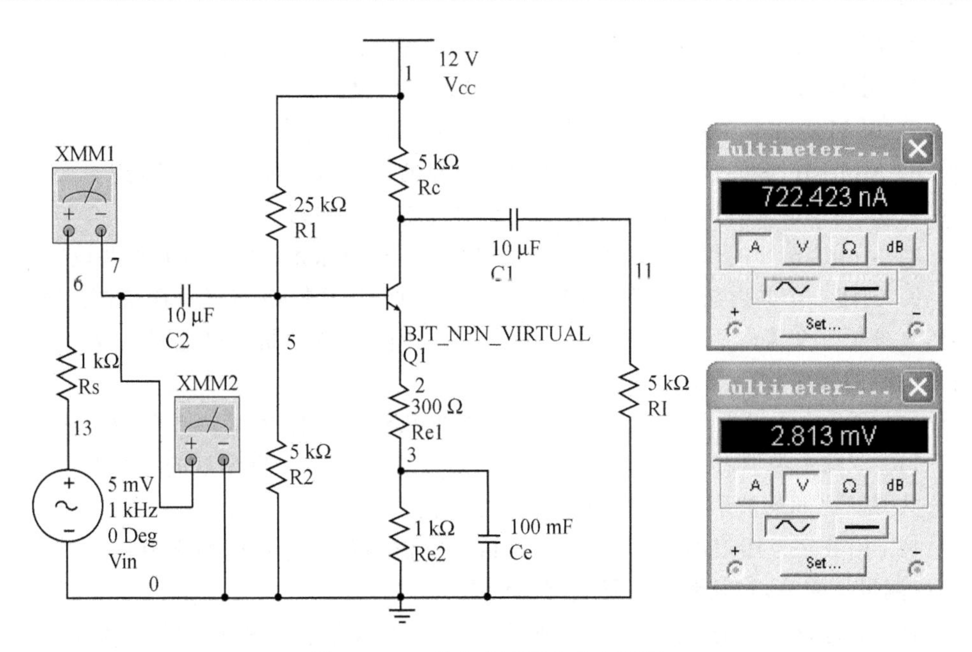

图 1.6.31　放大电路输入电阻测量

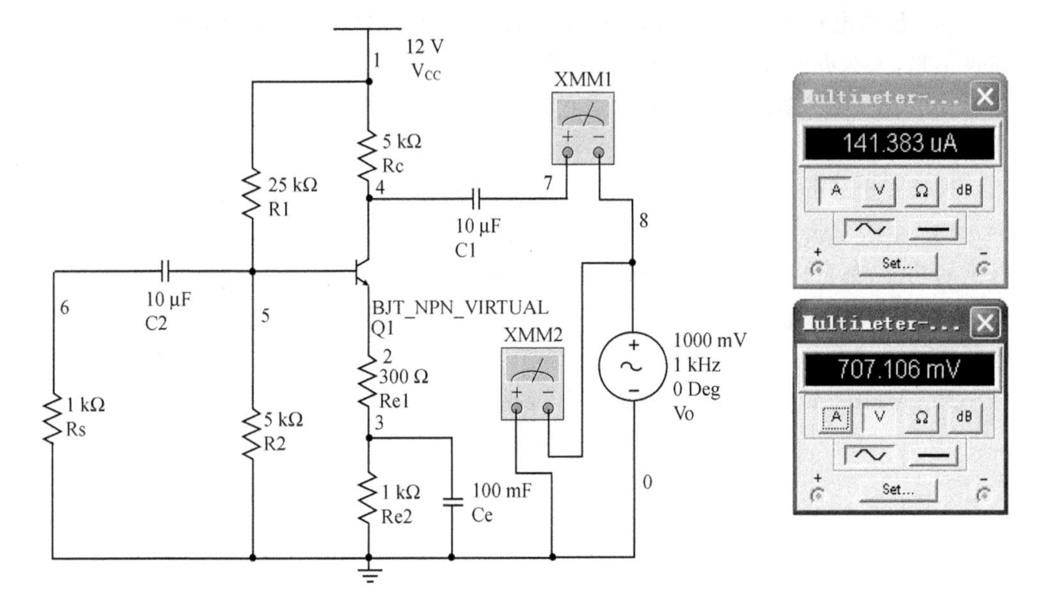

图 1.6.32　放大电路输出电阻测量

思考题

1. Multisim 8 的主窗口有哪些使用的功能区域？
2. Multisim 8 的工具栏有哪些？

3. Multisim 8 主窗口元器件库栏中各元件库的图标和名称是什么？

4. 用 Multisim 8 画电路图时，元件的连线如何删除与改动？

5. 用 Multisim 8 画电路图时，如何删除与改动元件的参数？

6. Multisim 8 的仪器库存放几种仪器可供使用？每一种仪器有几台？

7. Multisim 8 的仪器库中示波器图标是什么样？如何使用？

8. Multisim 8 的仪器库中函数信号发生器？其图标和面板上各有哪些设置？

9. 创建一个共射放大电路，分析其静态工作点 Q，并将 Q 点设置在最佳位置，通过仿真分析其交流电压放大倍数、输入电阻、输出电阻，并分析射极电阻对放大倍数、输入电阻的影响。

10.* 创建一个开关稳压电源，研究分析各参数对输出电压、稳压参数的影响。

11. 双踪示波器有 A、B 两个测量通道，G 是接地端。如果测量的是被测点与电路公共“地”之间的波形，A、B 两通道分别怎么接？

12. 用数字万用表测量交流，其测量值是交流的什么值？用数字万用表测量直流，但测量了交流，则其测量值是交流的什么值？

13. 通过改变函数信号发生器面板上的什么设置？可以得到哪些输出电压信号？

14. 如果电路使用的是元器件库中已有规格的元器件，则可直接使用默认参数；如果不是，怎么办？叙述处理过程。

15. 用于观察李萨育图形的方式有哪些？

16. Multisim 8 具备了哪些新的特点？

17. Multisim 8 电源库中的元器件按电源的用途可分为哪几种？

18. 主菜单包含了该软件的所有功能指令，即工作界面上任何一个功能按钮所提供的功能，都可以在主菜单的什么地方找到？

19. 工具栏除集中了对已建立电路进行后 2 期处理的主要工具外，还包括了哪些所需的工具？

20. Multisim 8 有几种示波器？它们各自有哪些特点？

第二篇　电子实验

第7章　电子实验方法

7.1　电子基础性实验

电子基础性实验是电子实验课中最基本的部分。这部分实验所涉及的内容包括电子理论、基本电子测量、仪器设备的使用及基本电子测量方法等。它对提高学生的电子理论水平、培养学生的基本实验技能起到重要作用。

电子基础性实验主要是以常规的验证性实验为主。通过完成电子基础性实验可以加深对电子理论知识和有关概念的理解，为进行后续的电子提高性实验奠定实验基础，因此这部分实验是必做实验。

7.1.1　电子基础性实验的要求

1. 模拟电子技术

模拟电子技术实验的要求如下：

① 掌握模拟电子技术基本电量的测量方法。

② 掌握模拟器件的基本性能和应用方法。

③ 学习电子仪器设备的基本原理、性能和使用方法。

④ 掌握晶体管交流放大电路的基本构成及电路特性。

⑤ 掌握运算放大电路的工作原理及应用特点。

⑥ 掌握直流稳压电源的特性、工作原理及应用特点。

2. 数字电子技术

数字电子技术实验的要求如下：

① 掌握数字电子技术基本电量的测量方法。

② 掌握数字集成电路的基本性能和应用方法。

③ 学习数字逻辑学习机等设备的基本原理、性能和使用方法。

④ 掌握门电路、触发器和计数器的特性、工作原理及应用特点。

⑤ 掌握组合逻辑电路的基本构成及分析方法。

⑥ 掌握时序逻辑电路的工作原理及应用特点。

7.1.2　电子基础性实验的操作方法

电子基础性实验的操作方法可参照下列步骤进行。

1. 认真预习

根据本教材实验中的要求认真进行预习。通过预习对所要做的实验理论了解清楚，对所要做的实验内容心中有数。

2. 写预习报告

预习报告的内容见绪论。

3. 教师讲解

实验操作前实验指导教师要讲解实验内容及仪器使用方法，并检查学生的预习情况。

4. 熟悉设备

电子技术实验所用设备数量多且比较复杂，因此要求学生要认真预习、认真听教师讲解。教师讲解以后，学生要根据预习报告中的仪器、材料列表，清点检查所用的仪器仪表和材料。若有不正常立刻向指导教师汇报。

确认所需仪器设备齐全后，记录其型号规格，熟悉各旋钮位置及作用、仪表量程变换的方法等。

5. 按图接线

接线时应注意检查导线与接线端是否连接好。电子仪器的输入、输出信号线一律采用屏蔽电缆线，其芯线接红色鳄鱼夹表示信号接线端，其屏蔽层接黑色鳄鱼夹表示信号接地端。电子仪器的接线端应连在一起形成公共接地点，以避免引入干扰信号。

6. 按图查线

接线完成后应按图查线。在改接线路时应事先考虑如何改接，力求改接量最小，避免全部拆开重接。线路改接后，要重新检查电路，避免改接错误而造成短路事故。

7. 通电操作

接线完成后经检查无误，再检查电子仪器及设备各旋钮的位置，稳压电源输出电压的挡级位置是否正常，以避免通电瞬间发生事故。

线路及仪器设备检查通过后才能通电，做实验时必须密切注意电路工作状态的变化，若有异常应立即断开电源，仔细检查原因。

8. 测取读数

仪表读数时应弄清仪表的量程及每一格所代表的数值。仪表应按规定位置(水平或垂直)放置。

9. 检查数据

实验完成后应对实验数据进行检查,根据预习估算对照实验数据,判断实验数据是否正确,实验结果是否合理。若发现错误应立即重新测定。只有在确认实验结果正确合理时,才能断开电源拆除线路。

10. 完成实验报告

实验完成后,要处理数据,整理实验结果。在预习报告中填写实验数据、每个实验要求的应写部分,并回答思考题,由此编写出一份完整的实验报告。

7.2　电子设计性综合性实验

电子设计性综合性实验是电子实验课中的提高部分。这部分实验所涉及的内容较多,它包括:电子技术理论、电子测量仪器设备的使用、电子测量方法、电子实验技术、电子实验设计及相关的理论和技术等。它侧重于理论指导下的实践技能、设计及综合能力的提高。

通过电子设计性综合性实验不仅能使学生得到理论知识、设计方法及实验技能等的综合训练,加深对电子技术理论知识和有关概念的理解,还可以扩展其电子技术理论、电子技术实践等诸多方面的知识;可以学习相关的新技术,学习基本的电子实验设计方法和工程方法,为实际应用培养和锻炼了能力。由于电子技术实验课学时有限,因此这部分实验为选做实验。

7.2.1　电子设计性综合性实验的要求

1. 设计性实验

设计性实验需要完成设计报告和实验报告。这两个报告的内容如下:

1) 设计报告要求

(1) 设计说明

① 设计方案(包括:实际工程的意义、方案说明和工艺过程简图等);

② 设计电路(包括:主、控系统电路图;图中的文字符号、图形符号;电路的原理说明等);

③ 选用设备(包括:设备型号、主要参数;设备、器材清单等)。

(2) 实验方案

① 实验内容;

② 实验线路;

③ 实验步骤。

2）实验报告要求

要将实验中记录的实验数据和现象加以分析、总结，连同实验体会一并写在实验分析中，并按以下内容填写实验报告。

① 实验目的；

② 实验设备；

③ 实验内容；

④ 实验线路；

⑤ 实验分析。

3）设计性实验的评分标准

① 设计报告（占25%）；

② 实验方案（占25%）；

③ 实验操作（占25%）；

④ 实验报告（占25%）。

4）实验有关事项

① 通过图书馆和网络查阅资料。

② 实验附录收集了一些资料，可以参考。

③ 有困难的同学，可得到教师的帮助，但需要主动与教师联系。

④ 需要了解实验设备的同学，可预约开放实验室。

2. 综合性实验

1）实验方案的研究

综合性实验内容丰富，知识点多，实验难度较大，因此对实验内容和方案要进行研究，不懂的内容要通过查阅资料来学习。实验方案大致包括以下内容：

① 实验内容；

② 实验线路；

③ 实验步骤。

2）实验报告要求

要将实验中记录的实验数据和现象加以分析、总结，连同实验体会一并写在实验分析中，并按以下内容填写实验报告。

① 实验目的；

② 实验设备；

③ 实验内容；

④ 实验线路；

⑤ 实验分析。

7.2.2　电子设计性综合性实验的步骤

电子技术设计性综合性实验程序：根据设计要求设计电路——确定实验方案——做仿真实验——做电路实验——分析调整电路。

这里提出的电子技术设计性综合性实验程序是一般规律，具体实验将会有不同的选取。

电子设计性综合性实验程序的步骤如下所述。

1. 设计电路

根据设计要求，确定电路方案。系统由各功能模块组成。

电路设计的关键在于确定系统的整体结构和实现各功能模块的电路形式。根据电路的各项技术指标要求，确定电路模式。

2. 制订实验方案

通常是通过实验来观察电路的某种现象和规律、检验某种理论观点、证实某种结论。为了能够顺利地完成实验任务，必须根据设计任务的要求和实验室的设备条件来制订可行的实验方案。

首先根据各项技术要求和指标来制订方案。在制订方案时，应考虑由哪些功能模块来实现哪一个要求和指标，并给出各模块的输入输出波形。

如果不是以研究实验方法为目的的实验，往往可以用若干个现成的、典型的方法或设备进行一定的组合来完成实验。这类现成的、典型的实验方法比较成熟，可操作性强。并且这种把实验任务分解为若干个独立实验任务的方法，方便可行。如测电压、电流、电阻、频率和波形等。

实验方案的制订，并不是唯一的。实验方案受许多因素影响，可能有多种可行的方案。有时进行一个实验的时候，也可以采用多个方案，以检验各实验方案的实验结果是否存在系统误差。

3. 做仿真实验

电路设计完成后，要进行仿真实验。通过对电路进行仿真实验，及时发现设计中不合理的地方，并加以改正。这样既节省了调试时间，又避免了可能造成的经济损失。

4. 做电路实验

仿真实验完成后，就可以搭接和测试实验电路了。做电路实验时要注意安全用电、布线原则等问题，还要遵循逐级搭、逐级测的实验步骤。

5. 分析调整电路

整个设计的最后工作是分析调整电路，以此验证设计的成功与否。出现问题应对电路进行调整和完善。

7.2.3　电子设计性综合性实验的方法

一个电路实验，从相关知识的预习开始，经过连接电路，观察测试到数据处理，直至写出完整的实验报告为止，要经历实验计划、实验准备、测试与观察、结果整理这4个阶段。每个阶段都有很多工作要做，在一个完整的实验过程中，各个阶段完成的好坏均会影响实验的质量。

但是实验的各个阶段并不是截然分开的。考虑的(进行的)顺序往往是互相交错的。如制订方案时可能要考虑设备，而设备又是根据方案而定；实验步骤也根据方案而定，改变实验的步骤也可能会改变实验的方案；实验结果的数据处理是据前阶段的结果进行，采用不同的数据处理方法，可能要求不同的实验方案、步骤等等。因此这是一个多次反复的过程。

尽管如此，实验还应按实验设计、实验准备、测试与观察、结果整理这4个阶段来进行，每个阶段的具体子作如下所述。

1. 实验的设计阶段

实验设计包括以下的内容。

1）实验标题

实验报告是一个设计和实施共存的技术性文件，其标题应该反映实验的目的和任务。实验操作中，某些环节要进行多次实验测试，对于这些大同小异的实验要在标题上加以区分，以便以后查阅。

2）实验目的

实验目的起到画龙点睛的作用。它用简短的语句使实验的意义一目了然。但根据实验内容的不同，实验目的的侧重点也不同。在实验报告中对实验目的应加以说明。

3）设备清单

根据实验的需要列出设备的名称、规格、型号、编号以及在接线图中的代号，作为准备仪器设备的依据。

4）实验线路

电路实验的整个系统是由通用的仪器、仪表和某些实验对象构成的，需画出整个系统的接线图。必须注意实验的接线图与电路理论中电路图的不同之处。

5）实验原理

除了一些简单的或常规的定性测试外，一般均要说明实验原理，特别是当应用了非常规的原理时更要阐述清楚，要求对原理的叙述要简明扼要。

6）实验过程

包括实验步骤、观察内容、待测数据、表格、注意事项，实验中要取哪些数据，电路参数变量取多少，用何测量仪表，量程取多少，取多少数据，数据如何分布、实验是否要重复进行以及重复的次数等，这些在设计阶段的实验设计中均应予以确定。预习

时必须拟写好所有记录数据和有关内容的表格。凡是要求理论计算的内容必须完成,并填入相关表格。

7) 故障对策

对可能出现的故障及其后果,应该采取预防措施。

实验设计是一项细致的工作。经验证明,实验设计的是否详细周全,在很大程度上能反映设计者的实验水平。

2. 实验的准备阶段

本阶段要具体完成实验实施方案中的各项任务,包括配置设备、检查设备、安装系统和调试系统等内容。然后按实验线路图进行安装接线,整个实验系统的各仪器仪表放置和布线均要合理、清晰并便于操作。接线完毕应清理不必要的导线和设备,并将仪器设备调整到备用状态。

3. 实验的测试与观察阶段

这个阶段要按实验计划进行实验操作,观察现象,读取实验数据,画出实验曲线,完成测试任务。

在测试中,应尽可能及时地对数据做初步的分析,以便及时地发现问题。如果实验是为求某种相关关系,如变量与时间、变量与变量、变量与参数等的关系,则在测试时应采用合理的顺序进行测试,使变化趋势清晰。同时还应及时地画出这种关系曲线,以便提供某种启示,从而可使实验者当即决定在哪些范围内增减观测数据。这点对复杂的实验尤为重要。

4. 实验的分析整理阶段

这是实验的最后阶段,它对整个实验起到了非常重要的作用。同样的数据经较好的处理和分析可以获得更准确的结果。

这个阶段的工作依据是实验记录,包括数据、波形和观察的现象及其他。对这些数据和现象首先进行一定的处理工作,确定数据的准确程度和取值的范围即做误差分析。在这个基础上再进行分析、抽象,由表及里地找出事物的内在联系和规律。

实验现象和数据是实验的宝贵成果。在整理数据时,要充分发挥曲线和表格的作用。将数据按一定规律进行整理形成表格曲线。特别是曲线,可以使人明确概念,迅速地发现规律及一些异常的数据,有助于分析研究。

应当指出,实验的分析阶段就是整理分析结果,写出一份报告。

实验报告是一份工作报告,要对实验的任务、原理、方法、设备、过程和分析等主要方面都要有明确的叙述,叙述条理要清楚,其中的公式、图、表、曲线应有符号、编号、标题、名称等相关说明,使人阅读后对其总体和各主要细节均能了解,并且不会产生误解。

7.3　电子实验注意问题

7.3.1　模拟电路的故障检查

学会分析和排查模拟电子电路故障，是必备的实践技能。在排查处理故障的过程中，可以提高学生分析问题和解决问题的能力。

1. 故障产生原因

对一个复杂的电子电路来说，要在大量的元器件和线路中迅速、准确地找出故障不是一件容易的事情。下面介绍几种常见的产生故障的原因，供大家参考。

① 电路接线错误或引脚接错等，致使电路工作不正常。

② 元器件、实验电路板或面包板使用不当或损坏，例如面包板内部存在短路、开路等现象，将造成电路故障。

③ 仪器使用不正确造成的故障。

④ 各种干扰引起的故障。

2. 故障诊断方法

在查找故障时，要做到耐心和细心，开动脑筋，认真分析和判断。下面介绍几种常用的判断电子电路故障方法。

1) 信号寻迹法

在电路的输入端加适当信号，然后用示波器和电压表逐级检查信号在电路内部的传输情况，从而判断其功能是否正常。如哪一级异常，则故障就在那一级。

2) 断路法

依次断开电路的某一支路，若断开这一支路后，电路恢复正常，则故障就在这一支路。有反馈的电路比较困难，寻找故障时需把反馈环路断开，使电路变成开环系统，然后再逐级查找故障的部分。

3) 对比法

怀疑某一电路有问题，可将此电路的参数和工作状态与相同电路的参数一一对比，从中找出电路中的故障。

4) 替代法

用经过调试后正常的单元电路，代替相同的存在故障或有疑问的电路，可以快速判断故障的部位。有些故障往往不明显，如电容器的漏电；电阻变质和集成电路性能下降等，可用优质的相同元器件代替，从而找出故障。

根据具体情况，可灵活应用一种或几种方法查找故障。但要有针对性，否则不但不能找出故障，反而会引出新的故障。

7.3.2　数字电路的故障排除

在数字电路实验中，产生故障有四个方向的原因：器件故障、接线错误、设计错误和测试方法错误。在查找故障过程中，首先要熟悉经常发生的典型故障。

1. 器件故障

器件故障是器件失效或器件接插问题引起的故障，表现为器件工作不正常。器件接插问题，如引脚折断或者器件的某个(或某些)引脚没插到插座中等，也会使器件工作不正常。对于器件接插错误有时不易发现，需仔细检查。判断器件失效的方法是用集成电路测试仪测试器件。需要指出的是，一般的集成电路测试仪只能检测器件的某些静态特性，对负载能力等静态特性和上升沿、下降沿、延迟时间等动态特性，一般的集成电路测试仪是不能测试的。若要测试器件的这些参数，需使用专门的集成电路测试仪。

2. 接线错误

接线错误是最常见的错误，常见的接线错误包括：忘记接器件的电源和地；连线与插孔接触不良；连线经多次使用后有内部线断情况；连线多接、漏接、错接；连线过长、过乱造成干扰。接线错误造成的现象多种多样，例如，器件的某个功能块不工作或工作不正常，器件不工作或发热，电路中一部分工作状态不稳定等。解决的办法是：熟悉器件及每个引脚的功能；检查电源和地是否接好；检查连线和插孔接触是否良好；检查连线有无错接、多接、漏接、有无断线。要做到接线规范、整齐，尽量走直线、短线，以免引起干扰。

3. 设计错误

设计错误无法得到预想的结果。因此实验前一定要理解实验要求，掌握实验线路原理，精心设计。初始设计完成后，要对设计进行优化。最后画好逻辑图和接线图。

4. 测试方法错误

有时测试方法不正确也会引起观测错误。因此，要学会正确使用仪器、仪表。在数字电路实验中，尤其要学会正确使用示波器。测试仪器、仪表加到被测电路后，相当于加了负载，可能会引起电路本身工作状态的改变，希望引起注意。但在数字电路实验中，这种现象很少发生。

当实验结果与预期不同时，应仔细观测现象，冷静思考问题所在。首先检查仪器、仪表使用的是否正确，若使用正确，再按逻辑图和接线图逐级查找问题，通常从发现问题的地方，一级级向前测试，直到找出故障发生的位置。实验故障绝大部分是由接线错误引起，器件的引脚是否全部正确插入，有无引脚折断、弯曲、错插等问题。确认无上述问题后，取下器件测试，以检查器件好坏，或者更换器件。如器件和接线都正确，需考虑设计问题。

7.3.3　放大器干扰、噪声抑制和自激振荡的消除

放大电路是一种弱电系统，具有很高的灵敏度，因此很容易接受外界和内部一些无规则信号的影响。若放大器的输入端短路时，输出端仍有杂乱无章的电压输出，这就是放大器的噪声和干扰电压。另外，由于安装、布线不合理，负反馈太深以及各级放大器共用一个直流电源造成级间耦合等，也能使放大器没有输入信号时，有一定幅度和频率的电压输出，例如类似收音机的尖叫声或“突突”的汽船声，这就是放大器发生了自激振荡。必须抑制干扰、噪声和消除自激振荡，放大器才能正常工作，调试和测量才能正常进行。

1. 干扰和噪声的抑制

把放大器输入端短路，在放大器输出端仍可测量到一定的噪声和干扰电压。其频率如果是 50 Hz（或 100 Hz），一般称为 50 Hz 交流声，有时是非周期性的，没有一定规律，可以用示波器观察到波形。50 Hz 交流声大都来自电源变压器或交流电源线，100 Hz 交流声往往是由于整流滤波不良所造成。另外，由电路周围的电磁波干扰信号引起的干扰电压也是常见的，由于放大器的放大倍数很高（特别是多级放大器），只要在它的前级引进一点微弱的干扰，经过几级放大，在输出端就可以产生一个很大的干扰电压。还有电路中的地线接得不合理，也会引起干扰。

抑制干扰和噪声的措施一般有以下几种。

1）选用低噪声的元器件

如噪声小的集成运放和金属膜电阻等。另外，可加低噪声的前置差动放大电路，也可加有源滤波器。

2）合理布线

放大器输入回路的导线和输出回路、交流电源的导线要分开，不要平行铺设或捆扎在一起，以免相互感应。

3）屏　蔽

小信号的输入线可以采用具有金属丝外套的屏蔽线，外套接地。整个输入级用单独金属盒罩起来，外罩接地。电源变压器的初、次级之间加屏蔽层。电源变压器要远离放大器前级，必要时可以把变压器也用金属盒罩起来，以利隔离。

4）滤　波

在交（直）流电源线的进线处加滤波电路，以防止电源串入干扰信号。

5）选择合理的接地点

在各级放大电路中，如果接地点安排不当，也会造成严重的干扰。

2. 自激振荡的消除

检查放大器是否发生自激振荡，是将输入端短路，用示波器（或毫伏表）接在放大器的输出端进行观察。自激振荡和噪声的区别是，自激振荡的频率通常为比较高的

或极低的数值，而且频率随着放大器元件参数不同而改变(甚至拨动一下放大器内部导线的位置，频率也会改变)，振荡波形一般是比较规则的，幅度也较大，往往使三极管处于饱和和截止状态。

自激振荡按频率的高低分为高频振荡和低频振荡。

① 高频振荡主要是由于安装、布线不合理引起的。例如输入和输出线靠得太近，产生正反馈作用。对此应从安装工艺方面解决，例如元件布置要紧凑、接线要短等。也可以用一个小电容(例如 1000 pF 左右)一端接地，另一端逐级接触管子的输入端，或电路中合适部位，找到抑制振荡的最灵敏的一点(即电容接此点时，自激振荡消失)，在此处外接一个合适的电阻电容或单一电容(一般 100 pF～0.1 μF，由试验决定)，破坏自激振荡的幅值或相位条件，从而抑制高频振荡。

② 低频振荡是由于各级放大电路共用一个直流电源所引起。电源总有一定的内阻 R_0，电池用的时间过长或稳压电源质量不高，会使内 R_0 变大，则会引起电源电压的波动，电源电压的波动作用到前级，使前级输出电压相应变化，经放大后，波动更厉害，如此循环，就会造成振荡现象。最常用的消除办法是在放大电路各级之间加上“去耦电路”，从电源方面使前后级减小相互影响。去耦电路的值一般为几百欧，电容选几十微法或更大一些。

7.3.4 实验中的接地问题

在电子技术实验中，仪器和实验板的接地是否正确，关系到工作是否正常、实验结果是否正确可靠。一般所说的地或地线，有两种含义：第一种含义是指真正的大地；第二种含义是指测量仪器、设备和实验板等的公共接点，这个接点通常与机壳直接连在一起。

接地的目的有两个：一是将电气设备接地以后，可防止设备上电荷积累，电压升高而造成人身不安全或引起火花放电；二是将仪器设备外壳或导线屏蔽层等接地，给高频干扰电压提供低阻抗通路，防止对电子设备的干扰。前者称为保护接地，后者称为技术接地。

1. 保护接地

为了保护人身安全，通常要将电气设备在正常情况下不带电的金属外壳接地(与大地相连)。机壳接地，则机壳上电压为零，即便人体接触机壳，也没有触电危险，保证了人身安全。实验室的仪器采用三眼插座即属这种接地，使仪器外壳经插座与地线相接。

2. 技术接地

技术接地亦称工作接地或信号接地。接地点是所有电路及测量装置的公共参考点。正确设计和选择这种接地点，才能地减少级间耦合干扰、抑制外界电磁干扰。

电子设备中的电路都需要直流供电才能工作，而电路中所有各点的电位都是相对于参考零电位来度量的。通常将直流电源的某一极作为这个参考零电位,称为“公共端”,它虽未与大地相连,也被称为“接地”点。与此点连接的线就是“地线”,任何电路的电流都必须经过地线形成回路,应该使流经地线的各电路的电流互不影响。

在电子测量中,通常要求将电子仪器的输入或输出线的黑色端子与被测电路的公共端相连,这种接法也称为“接地”,这样连接可以防止外界干扰。这是因为在交流电路中存在电磁感应现象。空间的各种电磁波经过各种途径窜扰到电子仪器的线路中,影响仪器正常工作。生产厂家将电子仪器的金属外壳与仪器的黑色端子相连,黑色端子也称为接地端子。这样,当外界存在电磁干扰时,干扰信号被金属外壳短接到地,不会对测量系统产生影响。

3. 实验中与接地有关的几个问题

1) 接地不当引起短路

① 对于采用三端电源插头的仪器,其外壳和黑色端子已经与电网的地连接在一起了,实验中应随时注意,当被测电路有直接接地端时,仪器的黑色端子只能接在被测电路的接地端上而不能随意乱接,否则会造成被测电路短路。

② 在使用双踪示波器时要注意,它的两路信号输入端子中的黑色端子已通过机壳连通,当同时观察两路信号时,必须将两根输入线的黑端子连接在被测电路的同一点上,或者只接一个黑色端子,另外一个黑色端子悬空(此时相当于两个黑色端子接在一起)。连接不当会造成被测电路短路。

2) 输入端开路或接地不良引起干扰

对于晶体管毫伏表、示波器等具有高输入阻抗(兆欧级)的仪器来说,小量程时灵敏度很高,如不先接地,很容易造成仪器过负荷,轻则打弯指针,重则会损坏仪器。人体在电网电场中也会感应出较大的50 Hz干扰电压,因此,在测量中不能用手去摸这类仪器的输入端,特别是在小量程时更要注意。

第 8 章　电子实验内容*

实验一　常用电子仪器的使用练习

内容提示

1. 了解示波器原理并学会使用；
2. 学会使用信号发生器；
3. 学会使用毫伏表；
4. 学会使用稳压电源；
5. 常用元器件的识别与测量。

实验目的

（1）了解示波器、信号发生器、毫伏表、稳压电源的功能和工作原理。

（2）学会使用示波器、信号发生器、毫伏表、稳压电源等常用仪器。

（3）了解并认识常用电子元器件的外形、封装。

（4）学习用万用表测试电阻、二极管、三极管、电解电容等元器件。

（5）学习用万用表判断二极管、三极管的引脚。

实验设备

本实验需要的实验设备如表 2.1.1 所列。

表 2.1.1　实验设备

序　号	设备名称	数　量
1	示波器	1 台
2	信号发生器	1 台
3	晶体管毫伏表	1 台
4	晶体管直流稳压电源	1 台
5	万用表	1 块
6	电阻器、电容器、电位器、二极管、三极管	各若干

* 前六个实验是必做的基本实验，后六个实验是提交性实验，至少选做一个。

预习要求

(1) 认真阅读第一篇中的仪器介绍,了解它们的功能、工作原理、使用方法及注意事项。

(2) 认真阅读第一篇中的常用元器件及测量介绍,了解常用元器件的测量方法。

(3) 认真编写实验报告的预习部分,特别是对实验步骤与数据表格必须认真执行和填写。

(4) 预习中回答下列问题:

① 用示波器观察正弦波电压时,若荧光屏出现如图 2.1.1 所示的波形时,调节哪些旋钮才能出现满意的波形?

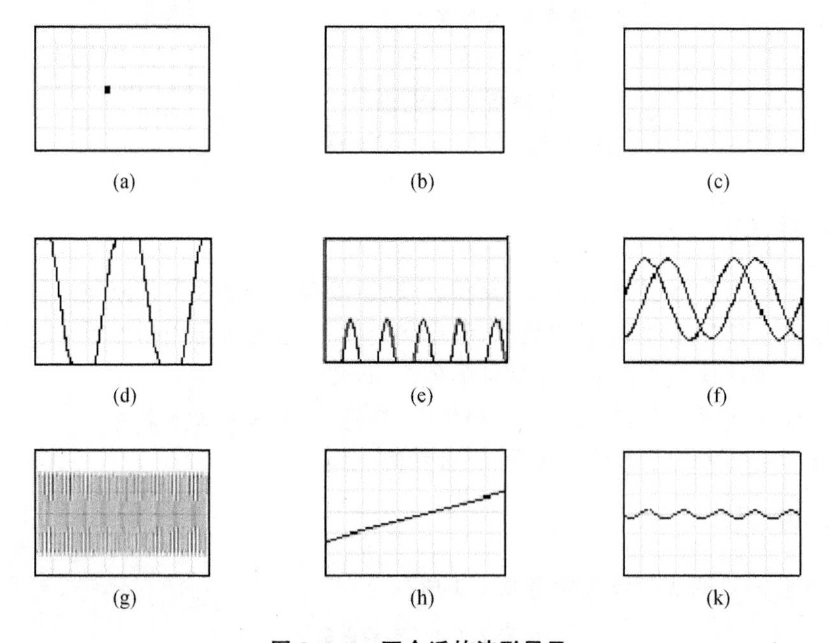

图 2.1.1　不合适的波形显示

② 用示波器观察的正弦电压波形如图 2.1.2 所示。如果示波器垂直显示幅度控制旋钮在“1 V/DIV”挡,扫描速率调节旋钮在“1 ms/DIV”挡,则:

- 该信号的峰-峰值　U_{P-P} =__________ V
- 幅值　U_m =__________ V
- 有效值　U =__________ V
- 周期　T =__________ ms
- 频率　f =__________ Hz

若要在荧光屏上显示四个波形,则扫描速率调节旋钮应置于__________挡位。

说明:“DIV”在这里是指示波器显示屏上的一个方格的距离。

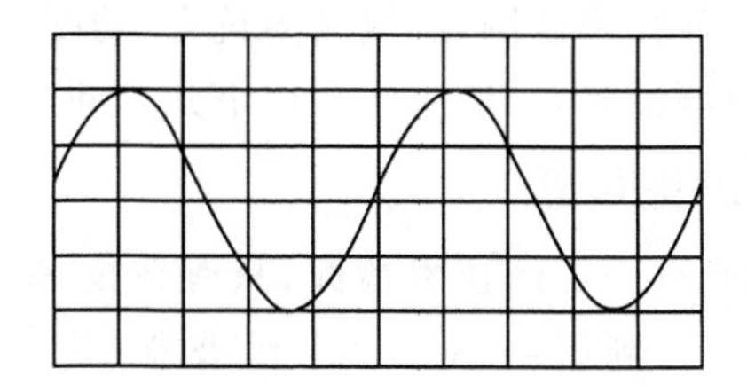

图 2.1.2　正弦电压波形

③ 测试 100 Ω 电阻用万用表哪个欧姆挡量程比较准确？

④ 怎样判断电解电容器的好坏？

⑤ 怎样判断二极管的好坏？

⑥ 怎样判断三极管的引脚和型号？

实验原理

示波器、信号发生器、毫伏表、直流稳压电源是进行电子实验的常用仪器设备。学习常用仪器的使用，必须先了解其功能和工作原理。在本书第一篇中已较全面地介绍各种仪器的功能、工作原理和使用方法。同学们应在认真阅读和掌握后，再进行本次实验。

常用仪器的主要用途及在实验中的相互关系如图 2.1.3 所示。

信号发生器为实验电路提供信号；直流稳压电源为实验电路提供稳定的工作电源，即向实验电路供给能量；示波器观察实验电路中各测试点的波形，通常是输入点和输出点的波形；交流毫伏表用于测量正弦交变信号电压幅值的大小，例如实验电路中输出点和输入点的电压等；万用表（确切地讲，应叫做三用电表）的使用比较灵活，既可测量直流电压、直流电流，也可测量工频（50 Hz）交流电压，还可在未通电的电路中测量其电阻值的大小、导线的通断等。

值得注意的是：虽然万用表的交流电压挡和交流毫伏表都是测交流电压的，但在模拟电子实验中，交流信号电压要用毫伏表测量。这是因为：第一，模拟电子实验信号频率范围较宽，一般超出万用表的频带范围。第二，万用表（如 MF－30 型）交流挡的量程较大，内阻较低，不适宜测量毫伏级的小信号。

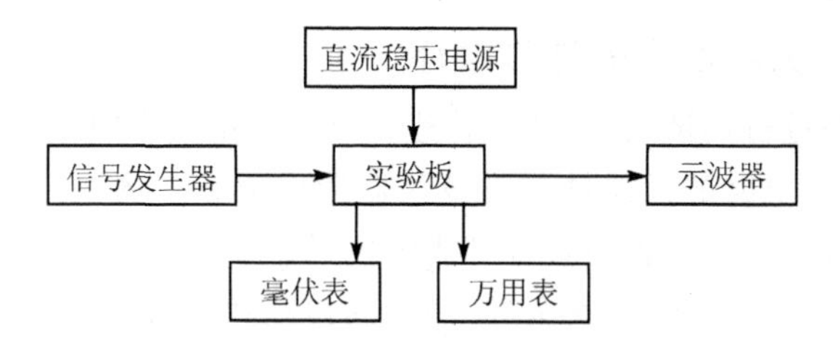

图 2.1.3　常用仪器与实验电路关系

电子线路大多属于工作频率范围宽，线路阻抗大，功率低，参数范围大的网络，在使用电子仪器对电路进行测试时，一般应注意以下几个问题。

1. 正确选用电子测量仪器

每一台电子仪器，都具有一定的技术指标，只有在技术指标许可的范围内工作，测试结果才是准确有效的。例如：SS－5702 示波器，其 Y 轴输入带宽为 DC－20 MHz，如果被测信号的频率接近 20 MHz，则不宜使用此种型号的仪器，而应当选择带宽更大的示波器。通常应使示波器的上限截止频率高于被测信号频率的 3 倍以上。

有多种仪器可以测量同一个参数，但所得到的结果也用不同的方法表示。例如：选用交流毫伏表测量正弦交流电压得到的是直接用有效值表示的结果。而用示波器测量同一个正弦交流电压，通常直接得到的都是单向峰值（最大值）或双向峰值（峰-峰值），只有通过换算才能得到有效值。并且不同的仪器测量精度也不相同，对被测电路的影响也不一样。因此，正确选用测量仪器，对测量结果有决定性的影响。

2. 正确选择仪器的功能和量程

在一台仪器接入被测电路之前，必须选择合适的功能和量程，才能得到较高的测量结果，以充分发挥仪器的功能。例如：用 MF－30 型万用表测量一个约 4 V 的直流电压，选择直流 5 V 挡最合理，若置 25 V 挡则电压过高而读不出精确数字，若置 1 V 挡则会造成仪器过载，严重过载就可能损坏仪器。正确选择仪器的功能和量程，才能保证实验的正常进行。

3. 正确选择测量方法

不同的测量方法，往往导致不同精度的测量结果。例如，要用 MF－30 型万用表测量三极管放大电路基极（b）、射极（e）之间的电压，如果分别测量 b 对地和 e 对地的电压值，然后计算出 b，e 间电压值，由于万用表的输入内电阻在电路中的并联作用，在测量 b 对地电压时，半导体三极管工作点发生偏移，测量结果会和真实值有一定差距，当把 b 对地电压与 e 对地电压相减，得出的 b，e 电压值将和实际值相差很大。若改变测量方法，直接测量 b，e 间的电压值，则可以得到较精确的结果。因此只有正确选择测量方法，才能得到精确度较高的测量结果。

4. 严格遵守仪器使用的操作顺序

在对电子线路进行调试或测量时，若违反仪器使用操作顺序，往往得不到正确的结果，还可能对被测电路的元器件和测量仪器造成损坏。例如：在改变被测电路接线时，必须先关闭稳压电源，否则就有可能发生元器件损坏的事故。严格遵守仪器使用方法中所规定的操作顺序，是安全进行实验的必要保证。

5. 共地问题

在电子电路实验中，应特别注意各电子仪器的共地问题，即各台仪器以及被测电

路的参考接地端都应可靠地连接在一起。

在一般电工测量中，当测量交流电压时，电压表的两端是“对称”的，可以任意互换测试电笔而不影响读数。但在电子电路中，由于工作频率较高，线路阻抗较大，功率较低，为避免外界干扰，大多数仪器的两个测量端点是“不对称”的，总有一个端点与仪器外壳相连。通常这个端点标出符号“⊥”。所有的“⊥”点必须连接在一起，即“公共地”，否则可能引入外界干扰，导致测量误差增大。特别是用多台仪器组成的测试系统，当所有仪器的外壳都通过接地线的电源插头接大地时，若不是“共地”连接，轻则使信号短路，测得的数据错误；重则会损坏被测电路的元件或测试仪器。

实验内容

1. 示波器的使用练习

(1) 熟悉示波器面板上各部分控制旋钮和开关的布局。

(2) 学会调节出示波器的扫描轨迹。

(3) 测量示波器自带标准测试信号，将输入信号适度而又稳定地显示在屏幕上，并能正确地读出水平方向所表示的时间数值和垂直方向所表示的幅值大小。

2. 信号发生器的使用练习

(1)调节信号发生器输出(方波)信号。并根据信号发生器自带的输出指示，使其输出频率和电压值分别为 1000 Hz，0.2 V。再用示波器观察并验测其频率和幅值。

(2) 调节信号发生器输出 500 Hz 的 TTL 电压信号，并用示波器观察波形，计量数据。

(3) 调节信号发生器输出正弦波电压，并根据其自带输出指示，使其输出的电压值和频率分别为 200 Hz，100 mV。再用示波器观察波形并测量验证。

3. 晶体管毫伏表的使用练习

用晶体管毫伏表测量以上的正弦电压值。

4. 晶体管稳压电源使用练习

根据晶体管稳压电源自带的电压指示调节其两路输出分别为 5 V，12 V。再用万用表的直流电压挡验测，并以万用表的读数为标准，修正其输出电压值。

实验步骤

1. 示波器的使用练习

(1) 对照第一篇中的示波器图表介绍，熟悉示波器的面板布局及各控制旋钮、开关的位置和功能。

(2) 调出 CH1 通道扫描线：接通示波器的电源，电源指示灯亮，表示示波器通电，进入工作状态。1 min 后，若屏幕上出现扫描轨迹，则进行后续步骤；若屏幕上没有出现扫描线，应检查下列旋钮，并进行调节：

① 辉度调节旋钮(INTENCITY)：顺时针旋到底，亮度最大。

② 垂直显示选择开关(MODE)：置 CH1 挡，显示 CH1 通道扫描线。

③ 扫描方式选择(SWEEP MODE)：置 AUTO，当扫描频率大于 50 Hz 时，扫描电路始终有输出。

④ 扫描时间选择(TIME/DIV)：置 1 ms/DIV。

⑤ 垂直位移旋钮：置中间位置。

⑥ 水平位移旋钮：置中间位置。

⑦ 接地开关(GND)：按下，内部信号通道接地。

出现扫描线后，再调节 INTEN 辉度调节旋钮和 FOCUS 聚焦旋钮，使扫描线的亮度适当，扫描线纤细、清晰。

(3) 观察和测试示波器自带的测试信号。

① 将 CH1 通道的输入信号端(探头的红色测试夹)与标准测试信号输出端相连。

② 注视屏幕，调节显示的电压波形幅度、宽窄。具体操作如下：

- 将 CH1 通道的 AC－DC 开关置 DC 状态，并检查与调节 GND 接地开关为弹出状。
- 调节 CH1 的 VOLT/DIV 幅度控制旋钮和幅度微调旋钮，使信号波形在屏幕上的幅度适当。
- 调节 SEC/DIV 扫描速率调节钮和微调钮，使信号波形在屏幕上显示约 2.5 个周期。

③ 调节触发控制的开关、旋钮，使显示波形稳定。操作如下：

- 置 SOURSE 触发源选择开关在 CH1 挡。
- 置 COUPPING 触发耦合方式开关在 AC(EXT DC)挡。
- 调节 LEVER 触发电平调节钮，使波形稳定。

经过这三个步骤的调节，屏幕上就可显示一个稳定、清晰的方波信号。

④ 信号电压的测量：

- 将 CH1 的幅度显示微调旋钮顺时针旋到底(有“咔嗒”开关声)，至锁定位置。读电压波形峰-峰值所占的格数 D_V；并计算。

例如：此时幅度显示控制旋钮在 y(V/DIV)挡，则信号电压峰-峰值为：

$$U_{P-P}=D_V\cdot y$$

- 将扫描速率微调钮顺时针旋到底(有“咔嗒”开关声)，至锁定位置。读电压波形一个周期所占屏幕格数 D_H，若此时扫描速率控制旋钮置于 x(SEC/DIV)挡，则信号电压周期 T 为：

$$T=D_H\cdot x$$

信号的频率为：
$$f=\frac{1}{T}=\frac{1}{D_{H}\cdot x}$$

将其测量数据填于表 2.1.2，并将标准测试信号电压波形按比例记录在坐标纸上。

表 2.1.2　标准信号电压测量数据

信号电压峰-峰值 U_{P-P}/V	信号频率 f/Hz

2. 低频信号发生器的使用练习

(1) 调节方波输出为 1000 Hz，0.2 V，并用示波器观察波形，测量幅度与频率。方法如下所述。

① 波形选择：置波形选择开关于方波输出状态。

② 频率调节：置频率波段开关于第Ⅵ挡(1 kHz～10 kHz)；再调节"频率细调"旋钮组为 1 000；此时数码显示为"1.00"，"kHz"单位指示灯亮。

③ 幅度调节：将输出衰减开关置 20 dB 挡(衰减 10 倍)，注视电压表头，同时调节"输出细调"旋钮，使得表头指示为 2 V。此时，信号发生器的输出约为 1000 Hz，0.2 V。

④ 将 XD22A 的方波输出信号送往示波器的 CH1 通道，连线如图 2.1.4 所示。

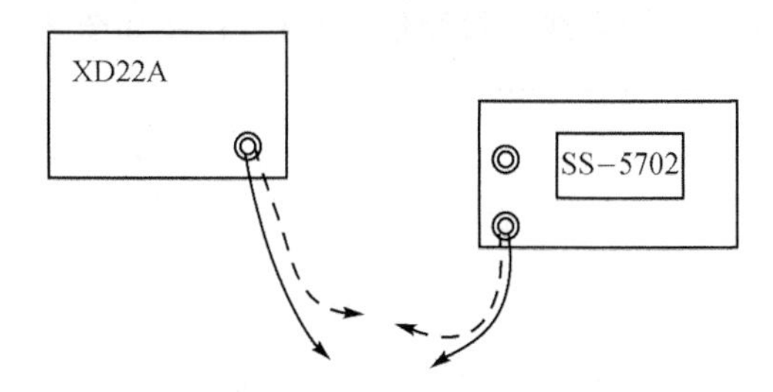

图 2.1.4　示波器测试 XD22 输出信号连线图

此时一定要注意共地连接(探头的黑色接地夹与接地夹相连，红色的信号夹与信号夹相连)。

⑤ 调节示波器，使其产生稳定、清晰的电压波形显示，并计量。详细步骤与数据表格请同学们自拟。

(2) 500 Hz TTL 电压的输出与测量方法如下所述。

① 调频段开关置Ⅲ挡(100 Hz～1000 Hz)，频率细调旋钮组为 500。此时，数码显示为"500"，"Hz"单位指示灯亮。

② 将探头插往 TTL 输出插座，并将信号送往示波器的 CH1 通道。

③ 调节示波器，使之有稳定的波形显示。

④ 检查并调整 AC－DC 开关在直流耦合状态。

⑤ 按下 GND 接地开关，确定并记住电压为 0 时扫描线的位置。再释放 GND 钮，恢复波形显示。

⑥ 计量电压的幅度与频率并记录于表 2.1.3；描绘电压波形于图 2.1.5 所示的坐标轴内。

表 2.1.3　XD22 的 TTL 信号数据记录(f＝500 Hz 时)

U_{OH}	U_{OL}	T	占空比

(3) 调节 XD22A 输出 200 Hz，100 mV 的正弦电压信号，并用示波器观察与计量。方法如下所述。

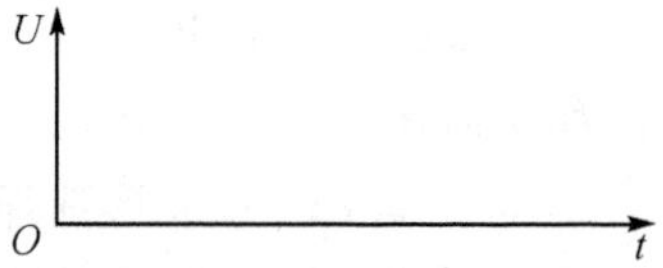

① 将信号探头插往正弦波、方波输出插座，并与示波器 CH1 通道输入线相连(注意共地连接)。

② 调整示波器，观察波形、计量数据并记录于表 2.1.4。

图 2.1.5　描绘电压波形的坐标轴

3. 用毫伏表测量以上正弦波电压

方法如下所述。

① 将 JH811 晶体管毫伏表的量程开关置大挡(3 V 以上)。

② 将晶体管毫伏表的输入线与被测信号相连，连线如图 2.1.6 所示。

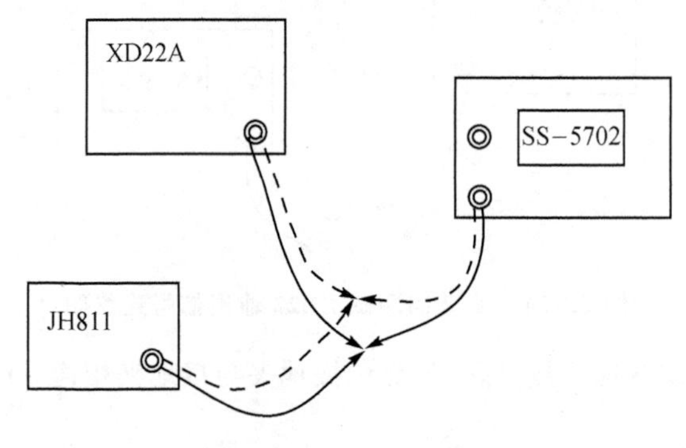

图 2.1.6　仪器连线图

③ 打开电源开关，使 JH811 得电工作。

④ 注视表头指示，调节量程开关，直至使表头指针偏转在$\frac{1}{3}$量程至满量程之间。读取电压值，并记录于表 2.1.4 中。

⑤ 试用 MF－30 万用表的交流最小电压挡(10 V 挡)测正弦电压值，并记录于表 2.1.4 中。

表 2.1.4　正弦波信号数据测量记录

条　件	测试或计算项目		
	电压有效值/V	电压峰-峰值/V	频率/Hz
根据 XD22A 自带计量工具读取数据	(测)	(算)	
由 SS-5702 示波器测得的数据	(算)	(测)	
由 JH811 晶体管毫伏表读取数据	(测)	(算)	/
由 MF-30 万用表读取数据	(测)	(算)	/

4. 直流稳压电源的输出调节

方法如下所述。

① 打开稳压源的电源开关，指示灯亮。WYJ 直流稳压电源进入工作状态，两路电源输出直流电压。

② 将显示选择开关置左边，注视电压表指针，调节左边电压输出波段开关和输出细调，使电压表头指示为 5 V。再将显示选择开关置右边，调节右路电压波段开关与输出细调旋钮，使电压表头指示为 12 V。

③ 将 MF-30 万用表调至 25 V 直流电压挡，将表笔插入稳压电源左边的一对输出端，测得左路的输出直流电压值，若其不为 5 V，再调左路输出细调，直至万用表上读数为 5.0 V。同样方法再验测右路，并调整。

5. 认识常用电子元器件的外形

了解和认识常用电子元器件电阻器、电位器、电解电容器、二极管、三极管的外形和封装。

6. 学习测试电阻、二极管、三极管和电解电容等元器件的好坏

用万用表测试电阻器、二极管、三极管、电解电容器等元器件并判断其好坏。

7. 学习判断二极管和三极管的引脚

用万用表测试二极管和三极管，并判断其引脚和类型。

注意事项

(1) 信号端相互连接时，要注意共地。

(2) 晶体管毫伏表在小量程时，信号输入端不可开路。因此切换测试点前，要先将量程选择转向大量程挡(3 V 以上挡)，接好测试点后，再将量程选择调到合适的量程挡读数。一般以指针偏转为满刻量程的一半以上为合适量程。

(3) 信号发生器及直流稳压电源的输出不能短路。

(4) 使用直流稳压电源和万用表的直流电压挡时，要注意正、负极性，不能接错。

思考题

(1) 如何用万用表测试电阻、二极管、三极管、电解电容器等元器件并判断其好坏？

(2) 如何用万用表测试二极管、三极管，并判断其引脚和类型？

(3) 为什么信号发生器及直流稳压电源的输出不能短路？

(4) 为什么在电子电路中用晶体管毫伏表测量交流电而不用万用表测量？

(5) 用晶体管毫伏表测量交流电，测得什么值？用示波器测量交流电，测得什么值？

(6) 电解电容器和其他电容器有什么不同？它通常用在什么地方？（举两例）

(7) 为什么忌用万用表 $R\times1\ \Omega$ 或 $R\times10\ \mathrm{k}\Omega$ 挡检查晶体管？

(8) 用万用表不同电阻挡测量二极管正向电阻，所得电阻是否相同？为什么？

(9) 如何用数字万用表测试电阻？

(10) 如何用数字万用表测试二极管？

实验报告要求

本次实验的实验报告应包括以下内容

(1) 根据表 2.1.4 中测得的峰-峰值，计算其有效值，根据有效值计算其峰-峰值。并观察比较各组数据。

(2) 通过实验操作，总结示波器观察、测量电信号时，应如何操作。总结方法与步骤。

(3) 通过对实验仪器的熟悉和使用，写一篇关于上述几种仪器使用和常用电子元器件测量的总结报告。

(4) 回答预习问题。

(5) 回答以上思考题。

(6) 写实验体会与建议。

实验二　单管交流电压放大电路

内容提示

1. 学会测量交流电压放大器动静态参数；
2. 学会测量放大电路的电压放大倍数；
3. 掌握测量放大器输入、输出电阻的方法；
4. 分析输出电压波形失真的原因；
5. 了解负载对电路参数的影响。

实验目的

（1）学习检查、调整、测量电路的工作状态。

（2）掌握测量放大电路的电压放大倍数。

（3）定性了解工作点对放大器输出波形的影响。

（4）学习放大器的输入、输出电阻的测量方法。

（5）了解负载对电路参数的影响。

（6）进一步练习示波器，毫伏表，低频信号发生器和直流稳压电源的使用方法。

实验设备

本实验需要的实验设备如表 2.2.1 所列。

表 2.2.1　实验设备

序　号	设备名称	数　量
1	双踪示波器	1 台
2	低频信号发生器	1 台
3	交流毫伏表	1 台
4	稳压电源	1 台
5	万用表	1 块
6	“单管放大器”实验板	1 块

预习要求

（1）预习教材有关章节，了解测量交流电压放大器动静态参数、电压放大倍数及输入、输出电阻的测量方法。

（2）认真阅读本章的内容，对本次实验的目的和任务要做到心中有数。

(3) 熟悉实验原理电路图，了解各元件、测试点及开关的位置和作用。

(4) 重温常用仪器的功能和使用方法。

(5) 认真按要求预习实验并了解实验的详细步骤和需要填写的数据表格。

(6) 回答预习思考题：

① 用什么方法调整静态工作点？

② 利用 R_c 能否调整静态工作点？它是常用的方法吗？为什么？

③ 本实验图 2.2.2 是图 2.2.1 共射放大器的输出特性，如何用电路参数求 A 点、B 点的工作状况？

④ 什么是截止失真、饱和失真和双向失真？其各自的波形是什么？

⑤ 若本实验图 2.2.1 电路的信号源内阻 R_0 是 100 Ω，晶体管的输入电阻 r_{be} 是 1000 Ω，放大器的实际输入 $u_i=10$ mV 时，问信号源电压 u_s 是多少？

⑥ 为什么偏置电阻 R_{B1} 通常要与一个电位器 R_W 串联？

⑦ 在图 2.2.2 中，为什么说空载时最大不失真电压是 u_{ceml}？

⑧ 为什么交流负载线和直流负载均通过静态工作点？

实验原理

图 2.2.1 所示共射电压放大器为本实验的交流电压放大器实验原理电路。

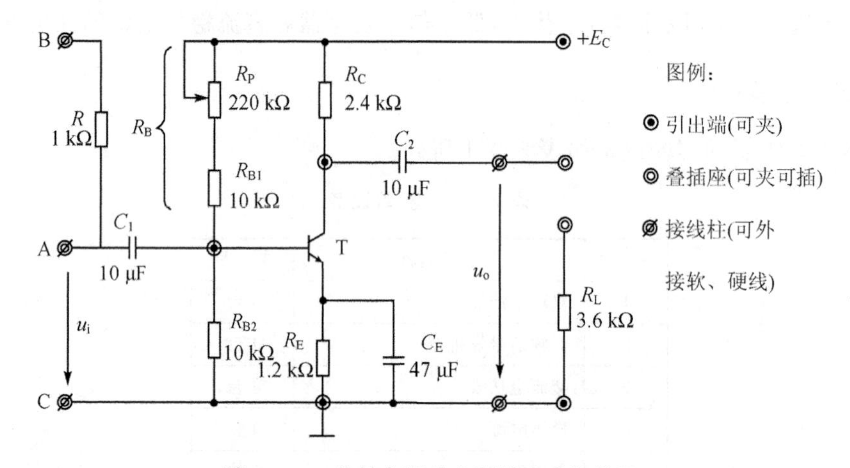

图 2.2.1　共射电压放大器的实验接线图

交流电压放大器的基本要求是：在输出电压波形基本不失真的情况下，有足够的电压放大倍数。也就是说，放大器中的晶体管必须工作在线性放大区。这一要求可以通过静态电路的设置来满足。

静态工作点的测量是指放大器在加上直流电源而不加输入信号的情况下，选用适合的直流电流表和直流电压表来测量晶体管各极的直流电流和直流电压(如：I_B，I_C，U_{CE})。测量电流时，为了避免变更线路，可采用测出电压，再换算成电流的方法间接测量 I_B，I_C 值。例如，图 2.2.1 的 I_C 测量：可先测出 U_{RC}(集电极电阻上的压

降)，再由$I_C=\frac{U_{RC}}{R_C}$算出 I_C；也可测 U_E(发射极电压)，再由 $I_C \approx I_E=\frac{U_E}{R_E}$算出 I_C。

初设静态工作点时，常选直流负载线的中点，即 $U_{CE}=\frac{1}{2}U_{CC}$ 或 $I_C=\frac{1}{2}I_{CS}$($I_{CS} \approx U_{CC}/R_C$，集电极饱和电流)，这样可以获得最大输出动态范围。对一选定的电压放大器，静态工作点的调整常通过改变偏置电阻 R_B 来实现。所以偏置电阻 R_B 常选用电位器 R_P。为了防止在调整的过程中，将电位器阻值调得过小使 I_C 过大而烧坏晶体管，可用一只固定电阻 R_{B1} 与电位器 R_P 串联。

在放大器输出端接有负载电阻 R_L 时，交流负载线比直流负载线要陡，放大器的动态电压范围就要减小。反映最大输出动态范围的参数是最大不失真电压 u_{cem}。图 2.2.2 中空载时最大不失真电压是 u_{cem1}，带载时的最大不失真电压是 u_{cem2}。在同一个静态工作点 Q 下，$u_{cem1} > u_{cem2}$。

有射极电阻 R_E 时，也会减小动态范围。这时可将静态工作点调在交流负载线的中点，以获得最大动态范围。

从图 2.2.2 可见，静态工作点的位置决定了最大动态范围。当静态工作点设置不当，或输入信号过大时，放大器的输出电压都会产生非线性失真。

电压放大器的放大能力用电压放大倍数 A_u 来衡量，即：

$$A_u=\frac{u_o}{u_i}$$

式中，u_o 为输出信号电压，u_i 为输入信号电压。u_o 和 u_i 可用晶体管毫伏表测得，示波器用来观察输入和输出信号电压波形及其相位关系。也可同时用示波器测得 u_o 和 u_i 的幅值。

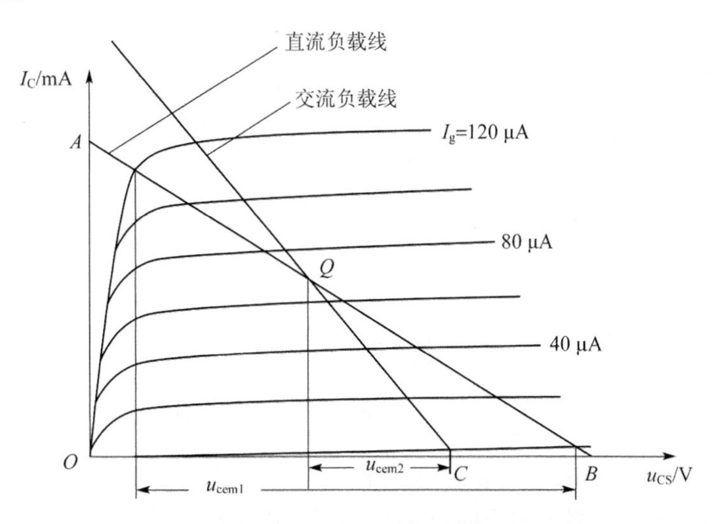

图 2.2.2　从最优动态范围选择静态工作点

实验内容

(1) 测量放大器的静态工作点，使 $I_{CQ}=2$ mA。

(2) 在空载、带载和有 C_E、无 C_E 情况下，测量电压放大倍数，此时输入信号 $u_i=15$ mV，$f=1$ kHz，输出波形不能失真。

(3) 研究失真情况：

① 研究输入信号幅值大小，对输出波形失真的影响。

② 研究工作点的变化对输出波形失真的影响。

(4) 观察输入、输出波形的相位差。

(5) 测量放大器的输入电阻和输出电阻。

实验步骤

1. 熟悉实验设备和交流电压放大器的实验板

(1) 熟悉实验设备，抄写实验设备型号。

(2) 熟悉交流电压放大器的实验电路板。

交流电压放大器的实验电路板如图 2.2.1 所示，图中有引出端(可夹)；叠插座(可夹可插)和接线柱(可外接软、硬线)等。

2. 调整静态工作点

(1) 接通直流稳压电源，用万用表直流电压挡监测某一路的输出端，调节该路输出到 12 V，关机待用。

(2) 将直流稳压电源的 12 V 输出，连接到实验线路板电源接入端，连线如图 2.2.3 所示。

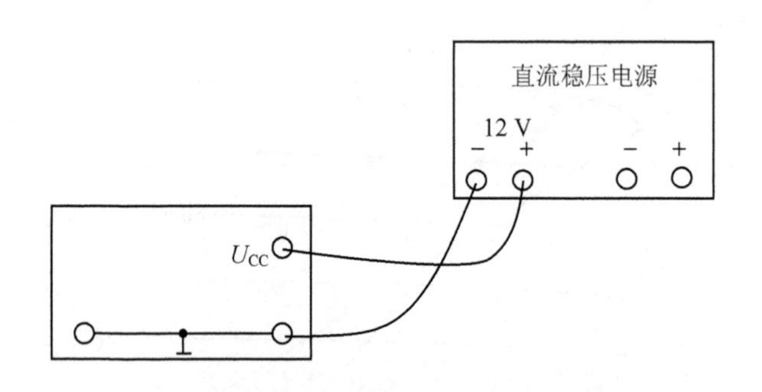

图 2.2.3　稳压电源与实验板连线图

(3) 调节实验线路板上的偏置电位器 R_p，使 $U_{RC}=4.8$ V(用万用表直流电压挡监测)，从而算出 I_C。测量相应的 U_{CE}，U_{BE}，将所测结果记录于表 2.2.2 中。

表 2.2.2 静态测量数据

测试条件		测量项目							
		U_{RC} 或 U_{RE}/V		I_C/mA		U_{CE}/V		U_{BE}/V	
		理论值	实测	理论值	计算	理论值	实测	理论值	实测
共射放大器	R_C= kΩ								

注：以上均用万用表直流电压挡测得。

3. 电压放大倍数的测量

方法如下所述。

(1) 保持 U_{RC}=4.8 V(I_C=2 mA)的静态工作点。

(2) 打开信号源的电源开关，调节其信号频率为 1 kHz，输出衰减置 30 dB。

(3) 将信号发生器输出通过探头的双夹接到实验板的输入端“A”和“接地”端“C”，连线如图 2.2.4 所示。在晶体管毫伏表监测下(毫伏表信号输入夹接 u_i)，调节信号源的输出细调旋钮，使 U_i=15 mV(图 2.2.4 中的虚线为仪器的接地线，多台仪器要共地连接)。

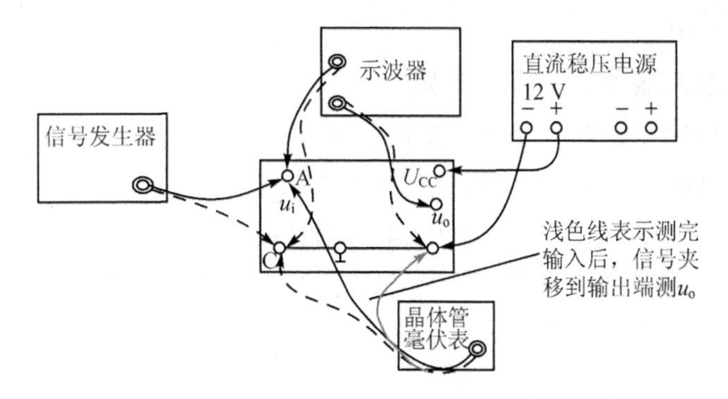

图 2.2.4 仪器设备连线图

(4) 用示波器观察输出电压波形。在其不失真的条件下，测量放大器空载和带载，有 C_E 和无 C_E 四种情况下的输出电压有效值(用晶体管毫伏表测量)，并将所测结果记录于表 2.2.3 中。

表 2.2.3 放大倍数测量

U_i=15 mV		U_o/V	计算 A_u	输入电压波形	输出电压波形
无 C_E	$R_L=\infty$				
	R_L=3.6 kΩ				
有 C_E	$R_L=\infty$				
	R_L=3.6 kΩ				

4. 相位与失真研究

1) 观察输出电压 u_i 和输出电压 u_o 的相位关系

维持以上状态不变，用示波器分别观察共射放大器输入电压 u_i、输出电压 u_o 的电压波形及两者的相位关系，并记录在表 2.2.3 中。

2) 观察共射放大器的失真

(1) 工作点变化对输出电压波形失真的影响

在以上工作状态下，调节 R_P 使静态工作点变高或变低，直到输出电压波形出现明显的饱和或截止失真。在表 2.2.4 中记录相应的失真波形，分析失真原因并提出解决办法。

若失真波形的性质一时无法判定，可以用测量失真波形所对应的 U_{RC} 和 U_{CE} 的值，根据 U_{CE} 及算得的 I_C 值来确定失真波形的性质。

若截止失真不明显，可逐步增加输入信号电压 u_i（调节信号发生器的输出）使放大器的输出电压波形产生失真。

(2) 输入信号幅度变化对输出波形失真的影响

调整 R 使 $U_{RC}=4.8\ \text{V}$，放大器在小信号时工作在放大区。逐渐增大输入信号 u_i，直至输出电压波形正、负峰都被削平，这就是双向失真。将失真波形及失真原因记录在表 2.2.4 中。

5. 测量放大器输入、输出电阻

图 2.2.5 是放大器输入、输出电阻的测量电路。测量放大器有 C_E 及无 C_E 两种情况下的输入电阻 r_i 和输出电阻 r_o，并填入表 2.2.5 中。

表 2.2.4　失真分析

种　类	内　容		
	失真波形	失真原因	解决办法
截止失真			
饱和失真			
双向失真			

1) 输入电阻 r_i 的测量

如图 2.2.5 电路所示，被测放大器的输入端与信号源之间串入已知电阻 R，即在图 2.2.1 中的 BC 端加输入信号。要求放大器分别在有 C_E 和无 C_E 的情况下正常工作。用毫伏表测出正常工作状况下，信号源输出电压 U_s 和放大器的输入电压 U_i，根据输入电阻的定义可得：

$$r_i=\frac{U_i}{I_i}=\frac{U_i}{\dfrac{U_R}{R}}=\frac{U_i}{U_s-U_i}R$$

测量时注意：

(1) 由于 U_s 和 U_i 有共地端，应分别测出 U_s 和 U_i，然后由公式 $U_R=U_s-U_i$，求出 U_R 值。

(2) 为避免测量误差，取电阻 R 的值不宜过大或过小，通常取 R 与 r_i 为同一数量级，本实验取 $R=1\ \text{k}\Omega$。

2) 输出电阻 r_o 的测量

图 2.2.5 电路内，放大器分别在有 C_E(无 C_E)的情况下正常工作，测量输出端不接负载 R_L 的输出电压 U_o 和接入负载 R_L 后的输出电压 U_L，根据公式 $U_L=\frac{R_L}{r_o+R_L}U_o$，求出 r_o，即

$$r_o=\left(\frac{U_o}{U_L}-1\right)R_L$$

测量时必须保持 R_L 接入前后输入信号的大小不变。将测量结果填入表 2.2.5 中。

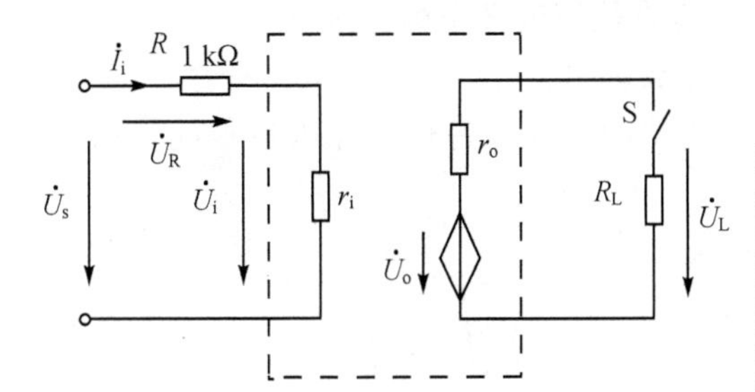

图 2.2.5　放大器输入、输出电阻的测量电路

表 2.2.5　放大器输入、输出电阻的测量

种　类	内　容		
	输入电阻 r_i	输出电阻 r_o	分析比较
无 C_E			
有 C_E			

注意事项

(1) 同时使用多台仪器时，要注意仪器的共地连接。

(2) 由于放大器的输出电压和输入电压不是同一数量级，当测完输入电压、再测输出电压前，应及时将晶体管毫伏表的量程加大(3 V 以上)，以免指针由于超量程而受损。

(3) 低频信号发生器的输出在接往放大器输入前，应先将输出衰减旋钮旋至 30 dB 的位置，以免信号电压过大而损坏放大器的三极管。

(4) 为保证直流稳压电源输出精确度，在调节其输出时，应使用万用表直流电压挡监测。

(5) 连线时注意电源 U_{CC} 的极性。

思考题

(1) 放大器输出端不接负载电阻 R_L 时,交流负载线如何求得?

(2) 放大器输出端接有负载电阻 R_L 时,交流负载线如何求得?

(3) 如图 2.2.2 是图 2.2.1 共射放大器的输出特性,如何用实验的方法求图 2.2.2 电路中的 A 点、B 点和 C 点?

(4) 在图 2.2.2 的输出特性曲线中,为什么直流负载线的最大不失真电压 u_{cem1} 取静态工作点 Q 的左边一段? 交流负载线的最大不失真电压 u_{cem2} 取静态工作点 Q 的右边一段?

(5) 共射放大器在有 C_E 和无 C_E 两种情况下,对电路参数各有什么影响?

(6) 仪器没有共地连接,会出现什么问题?

(7) 若将示波器的通道"耦合"分别设置于"交流"和"直流"位置来观察集电极电压 V_C 的波形,将有何区别?

(8) 本实验在测量输入、输出电阻时,能否直接用定义来测,为什么?

(9) 负载电阻 R_L 对电路的哪些参数有什么影响?

(10) 分析图 2.2.6 中输出波形是什么类型的失真? 是什么原因造成的? 如何解决?

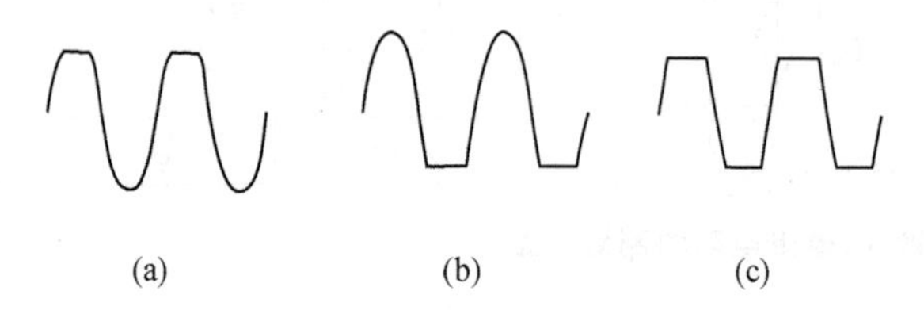

图 2.2.6　三种失真波形

实验报告要求

本次实验的实验报告应包括以下内容:

(1) 整理实验中记录的波形和数据,标明波形失真的性质。

(2) 将测得的数据进行处理,与计算值进行比较。

(3) 计算放大器空载和带载,在有 C_E 和无 C_E 情况下的电压放大倍数,对两种情况进行比较,分析原因。

(4) 总结测量放大器输入、输出电阻的方法,说明哪些电路参数对它们有什么影响。

(5) 讨论负载电阻 R_L 对电压放大倍数的影响。

(6) 回答预习问题。

(7) 回答以上思考题。

实验三　集成运算放大器的应用

内容提示

1. 熟悉使用集成运算放大器方法；
2. 掌握集成运算放大器基本电路的工作原理；
3. 掌握集成运算放大器基本电路的调试方法。

实验目的

(1) 熟悉集成运算放大器 CF741 的基本性质和特点，并掌握其使用方法。

(2) 研究集成运算放大器的基本应用电路，掌握其工作原理及调试方法。

(3) 进一步熟练使用各种常用电子仪器。

实验设备

本实验需要的实验设备如表 2.3.1 所列。

表 2.3.1　实验设备

序　号	设备名称	数　量
1	示波器	1 台
2	信号发生器	1 台
3	晶体管毫伏表	1 台
4	晶体管直流稳压电源	1 台
5	万用表	1 块

预习内容

(1) 复习集成运算放大器及有关应用电路的工作原理。

(2) 熟悉实验板中元件的布局及连接。

(3) 画出图 2.3.1 中稳压电源与实验板正负电源输入端的连线图。

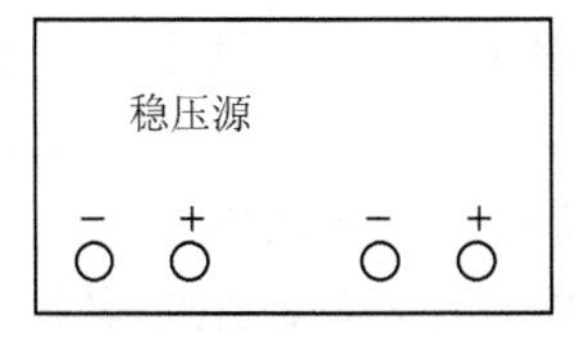

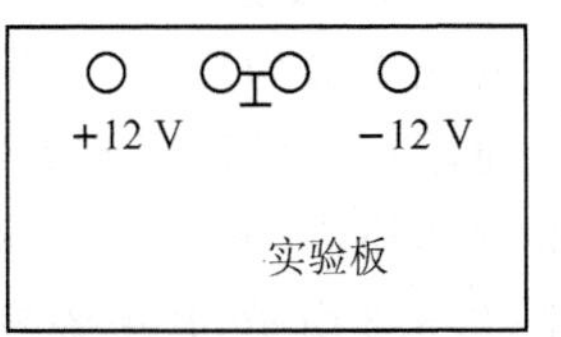

图 2.3.1　待接线的稳压电源和实验板

(4) 书写预习报告。认真编排实验的详细步骤和数据表格。对设计性内容应先根据实验任务要求设计出电路(包括元件参数的选定),再编排实验的详细步骤和数据表格。

(5) 重温常用仪器的功能和使用方法。

(6) 预习思考题:

① 运算放大器怎样接才能工作在线性区?

② 运算放大器在线性区工作时,满足两条什么基本规律?

③ 为什么每做一项实验都要调零?

④ 集成运算放大器 CF741 有几个引脚? 正、负电源各在哪个引脚?

⑤ 为什么说同相电压跟随器电路兼有判断集成电路是否正常工作的作用?

⑥ 如图 2.3.6 所示电路的电压跟随器是什么反馈类型?

⑦ 图 2.3.7 所示的反相比例运算放大器是什么反馈类型?

⑧ 画一个有加有减的运算放大电路。

实验原理

1. 集成运算放大器简介

集成运算放大器是一种直接耦合的多级放大电路,它具有以下特点:

(1) 运算放大器的输入级采用差动放大,所以有一个同相输入端 u_+ 和一个反相输入端 u_-。而放大器的末级是射极输出器。

(2) 运算放大器使用的电源有双电源、单电源两种。大部分使用正、负双向电源,也有使用单电源的。这要在使用时根据实际情况选择合适的运算放大器。双电源运算放大器使用单电源时,其动态输出范围较小。

(3) 运算放大器的开环增益 A_{uo} 很高,可达 10^4 以上,开环应用时,$u_o=A_{uo}(u_+-u_-)$。可见,即使输入很小的信号,输出电压也会很大。当输出电压超过最大动态范围时就会产生失真。所以开环时放大器一般都处于饱和状态。如需运算放大器工作在线性放大状态时,就必须引入负反馈构成闭环电路。本次实验正是利用运算放大器工作在线性放大区时对其进行基本应用研究。

(4) 运算放大器要求输入电压 u_i 为 0 时,输出电压 u_o 也为 0。但是由于晶体管和电阻值不可能完全对称,实际造成的运算放大器电路在 $u_i=0$ 时,$u_o\neq0$。这时可通过外加调零电路的调节,使输出为 0。

运算放大器件的用途极为广泛,种类很多。使用时要根据实际需要选择器件。本次实验选用的是通用型集成运算放大器 CF741(国外型号有 μA741,LM741 等)。它是一种具有内部频率补偿,短路保护等特点的高性能集成运算放大器。有 8 个外引脚,引脚排列如图 2.3.2 所示,其主要参数如表 2.3.2 所列,其调零电路如图 2.3.3 所示。

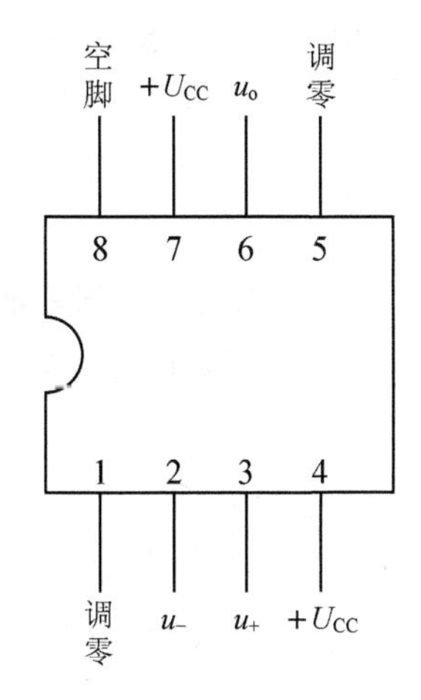

图 2.3.2　CF741 的引脚排列

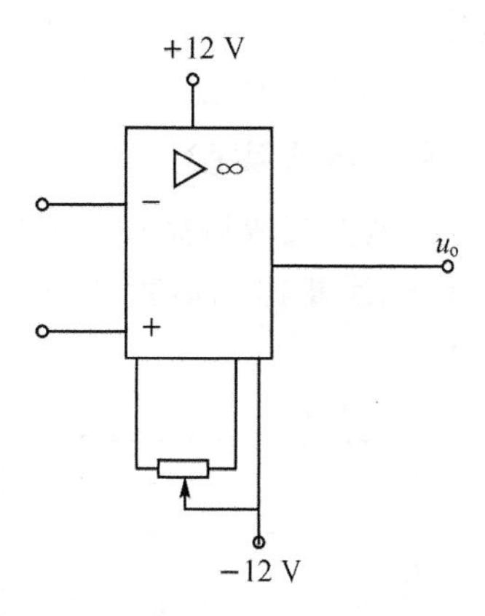

图 2.3.3　CF741 的调零电路

表 2.3.2　CF741 主要参数

参数名称	符　号	单　位	值
开环差模电压增益	A_{u0}	dB	106
最大输出电压	$U_{o\,max}$	V	±14
最大共模输入电压	$U_{i\,cmax}$	V	±13
最大差模输入电压	$U_{i\,dmax}$	V	±30
差模输入电阻	r_{iD}	kΩ	2 000
输出电阻	r_o	Ω	75
共模抑制比	K_{CMRR}	dB	90
输入失调电压	U_{io}	mV	1.0
输入失调电流	I_{io}	nA	20
失调电压温漂	$\Delta U_{io}/\Delta T$	μV/℃	—
失调电流温漂	$\Delta I_{io}/\Delta T$	nA/℃	—
开环带宽	BW	Hz	10
转换速率	S_R	V/μs	0.5
电源电压	$+U_{CC}, -U_{EE}$	V	±15
静态功耗	mW	MW	50

2. 实验板电路简介

实验板电路如图 2.3.4 所示。左边虚线框部分是实验信号提供区。虚线框内又分成三块小区。S_1 区的作用是将外输入交流信号引入，经 C_1 隔直后再提供给右边运算放大电路使用。S_2 区、S_3 区都是由电阻组成直流分压电路，调节电位器可得到一个在−2.0～+2.0 V 范围内的直流电压信号。

在实验板的右部是电路搭试区，将其中的元件进行相应的组合连接，可构成各种应用电路。A′、B′、C′、D′、E′都是接地连接孔，是为运算放大电路输入端接地而设置的。在连接输入平衡电阻和调零时都要用到它。

3. 关于本次实验

本次实验为集成运算放大器的基本应用。同学们可以根据实验板提供的条件分别连接成正、反相比例运算电路、积分电路和加、减运算电路及电压比较器（参见图 2.3.4）。

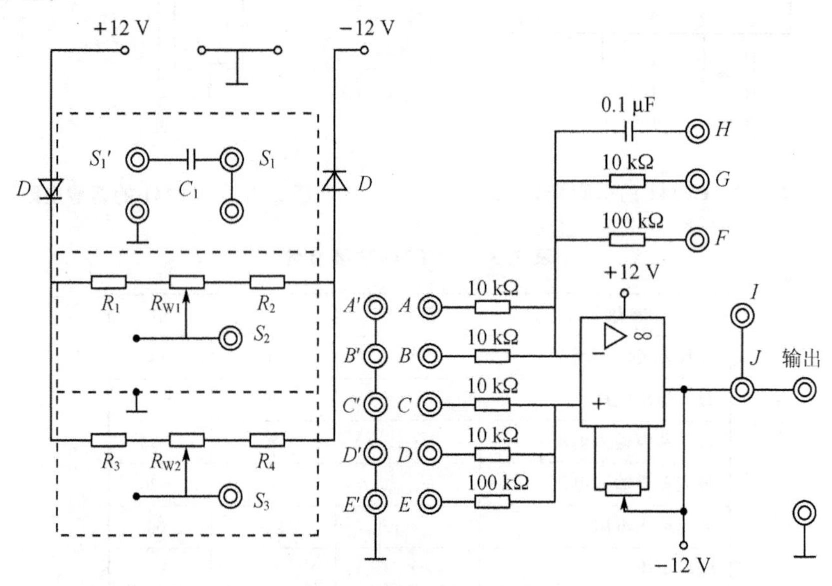

图 2.3.4　实验板布置图

4. 电压比较器

1) 单限比较器

电压比较器与上述电路不同之处在于，它是开环应用，其集成运算放大器工作在非线性区。电压比较器的作用是对输入信号的电位进行鉴别、比较。利用集成运算放大器开环时电压放大倍数极高这一特点，便能方便地实现这一功能。图 2.3.5 为一反相输入单限比较器，其输入输出关系如下：

当 $U_i > U_R$ 时，U_o 为负饱和电压；

当 $U_i < U_R$ 时，U_o 为正饱和电压。

其中，U_R 为比较器的参考电压。

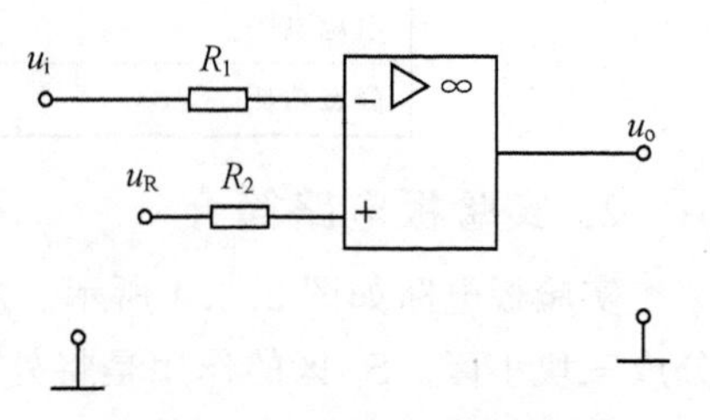

图 2.3.5　反相输入比较器

2) 滞回比较器

在图 2.3.5 简单比较器的电路中增加一个正反馈电阻 R_4，并将正输入端接地就构成了一个关于零点对称的反相滞回比较器，如图 2.3.6

(a)所示。

与简单比较器相比较，滞回比较器具有如下特点：

(1) 由于引入了正反馈，加速了输出电压的转变过程，改变了输出波形陡度。

(2) 输入回差提高了电路的抗干扰能力。

本滞回比较器的电压传输特性如图 2.3.6(b)所示，其门限电压分别为：

$$U_{\text{i}}=\pm\frac{R_2}{R_2+R_4}U_{\text{o}}$$

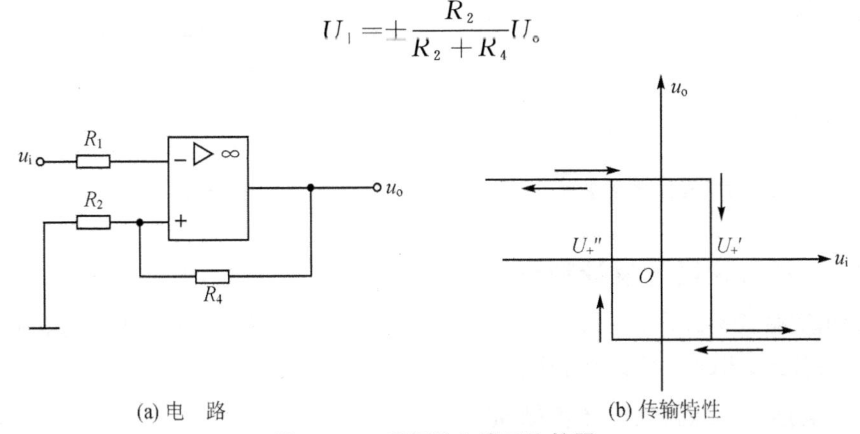

图 2.3.6　反相输入滞回比较器

实验内容

使用运算放大器实验板完成下列任务：

1. 检测电压跟随器传输特性

搭接电压跟随器，取实验板上的直流电压作输入信号，调节不同的输入信号电压，测量其对应的输出 U_{o} 电压(不少于 6 个测试点)。

2. 反相比例放大器研究

① 根据实验板提供的资源，搭接反相比例放大器，A_{f} 取 10。取实验板上的直流电压作输入信号，验证其直流传输特性(测试点不少于 6 个)。

② 用示波器观察反相比例放大器输入、输出相位关系及传输特性。输入正弦电压，其有效值为 0.5 V，频率为 200 Hz。

3. 减法器的连接和研究

在实验板上连接如图 2.3.7 所示的减法器电路。用双踪示波器观察一正弦信号($U_{\text{i2}}=2$ V、$f=250$ Hz)与一直流信号($U_{\text{i1}}=1$ V)相减时的输入、输出波形，并描绘在坐标纸上。

4. 反相积分器的连接和研究

搭接如图 2.3.8 所示的反相积分器电路。取幅值为±2 V、频率为 200 Hz 的方波信号输入，用双踪示波器同时观察，并按比例描绘 u_{i} 和 u_{o} 的波形。

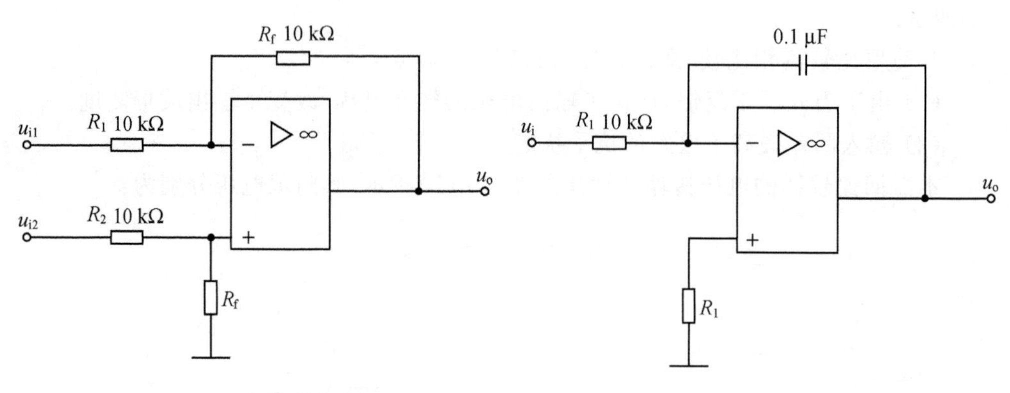

图 2.3.7　减法器原理图　　　　**图 2.3.8　反相积分器原理图**

5. 同相加法器的设计和研究

利用实验板资源设计一个满足 $u_o = u_{i1} + u_{i2}$ 的加法器。并输入两个直流信号验证其加法关系，测试点不少于 6 个。

6. 电压比较器的连接和研究

① 搭接、调试一个单门限电压比较器(简单比较器)，要求门限电压为零。输入一个正弦交流信号，观察并描绘 u_i 和 u_o 波形。

② 搭接一个滞回比较器，测试其电压传输特性；并输入与①相同的正弦交流信号，观察并描绘 u_i 和 u_o 波形。

实验步骤

1. 实验准备

(1) 熟悉实验板上的元器件及各部分的功能。

(2) 调节双路稳压电源的两路输出都为 12 V，关机待用。

(3) 根据预习时画的连线图，将直流稳压电源的两路输出，接到实验板的电源输入端。打开电源，实验板得电进入工作状态。

2. 电压跟随器的测试

(1) 电路如图 2.3.9 所示。将实验板上的 G 与 I 点相连，C 端为信号输入端，电路连接完成。

(2)调零：将 C 端连接到 C'端(输入接地)。用万用表的 1 V 直流电压挡监测输出 U_o，调节调零电位器，使输出 $U_o = 0$ V。

(3) 断开 $C-C'$的连线，将 S_2 端连在 C 端(输入直流信号电压)。测试表 2.3.3 的内容。

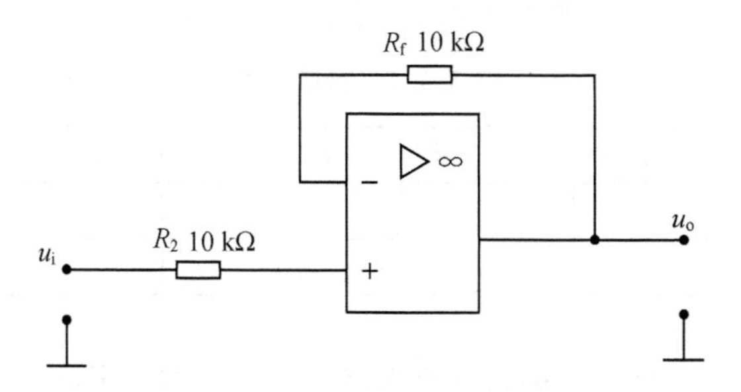

图 2.3.9　电压跟随器原理图

表 2.3.3　电压跟随器的测试结果

U_i	−1.5 V	−1 V	−0.5 V	+0.5 V	+1 V	+2 V
U_o						

本电路兼有判断集成电路是否正常工作的作用。

3. 反相比例运算放大器的研究

（1）搭接反相比例运算放大器：根据实验板提供的电阻，搭接如图 2.3.10 所示的反相比例运算放大器电路。

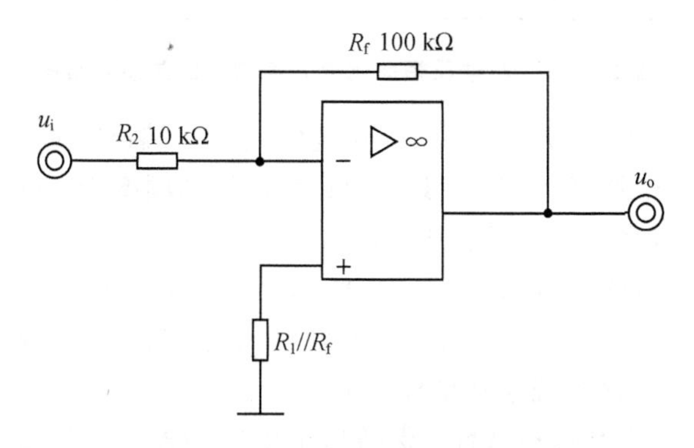

图 2.3.10　反相比例运算放大器

反相比例运算放大器的放大倍数为：

$$A_f = -\frac{R_f}{R_1} = -10$$

具体连线操作：将 F 点与 I 点相连(连接反馈电阻)；将 D 与 D'相连；E 与 E'相连(接平衡电阻)。

（2）调零：将反相输入端 A 接往 A'(输入接地)，用万用表的 1 V 直流电压挡监测输出 U_o，调节调零电位器，使 $U_o=0$ V。调零完毕，再断开 A—A'连线。

（3）测量比例运算放大器的直流传输特性：比例放大器的传输特性可用逐点测试的方法求得。将实验板上的直流信号电压输出端 S_2 连往 A 输入端。根据表 2.3.4

的数据调节 S_2 的直流电压，测取输出 U_o 值，并记入表 2.3.4 中。

表 2.3.4　测量结果

U_i	+1.2 V	+1.0 V	+0.5 V	−0.5 V	−1.0 V	−1.2 V
U_o						
A_f						

(4) 用示波器观察反相比例运算放大器的相位关系：用示波器观察反相比例运算放大器相位关系连线图如图 2.3.11 所示。

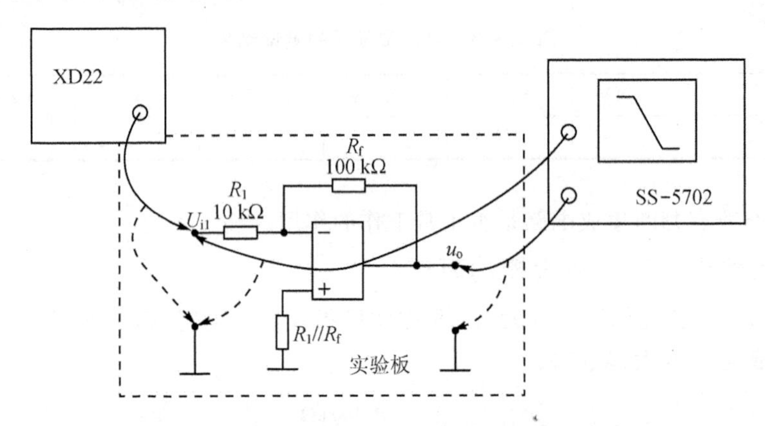

图 2.3.11　观察反相比例放大器的相位关系连线图

① 在本电路连接状态下，断开 S_2—A 连线，将 S_1 端连往 A。

② 调节信号发生器 XD22A，使其输出正弦电压的频率为 200 Hz，幅度为 0.5 V(有效值，用毫伏表监测。)并且接往 $S_1{}'$端。

③ 将双踪示波器的两输入端子接往比例运算放大器的输入 u_i、输出 u_o，其中 CH1 探头连往 u_i，CH2 探头连往 u_o。认真观察比例运算放大器输入、输出的波形及相位关系，并按比例将波形描绘在坐标纸上。

(5) 用示波器观察其传输特性：保持以上电路的连接和仪器的工作状态，仅将示波器的 TIME/DIV 旋钮置 X/Y 挡。这时示波器改为 $X-Y$ 显示方式，同时要确定 SOURCE 触发源选择开关在 CH1 位置，Y MODE 开关置 CH2。(将 CH1 通道输入的 u_i 信号作为 X 轴扫描信号。CH2 通道输入的 u_o 仍为示波器的 Y 轴)。因此屏幕上光点移动的轨迹就是 $u_o = f(u_i)$ 的特性曲线。适当增加输入电压 u_i 使集成运放出现正、反相饱和电压，波形如图 2.3.11 中示波器屏幕所示，按比例将其记录在坐标纸上。

在观察过程中要注意 X 轴、Y 轴增幅旋钮的调节，保证被观察图形在屏幕中大小适当。

4. 设计实验任务(3)、(4)的实验步骤

对实验任务的(3)、(4)项，同学们可根据任务要求自己设计详细的实验步骤、数据表格(包括理论计算)。必要时还要画连线图。

5. 设计实验任务(5)的实验步骤

实验任务(5)是一项设计型实验内容，要求同学们首先根据实验板提供的条件设计电路，再编排实验的详细步骤及数据表格(包括理论计算)。整个任务的设计编排思路可参考(1)、(2)项任务。

6. 电压比较器

① 过零比较器：将集成运算放大器开环应用，正端接信号，负端接地。取幅值为±2 V，频率为200 Hz的正弦波信号输入，用双踪示波器同时观察，并按比例描绘 u_i 和 u_o 的波形。

② 滞回比较器：按图2.3.6(a)所示电路接线，负端通过电阻 R_1 接信号，取幅值为±2 V，频率为200 Hz的正弦波信号输入，用双踪示波器同时观察，并按比例描绘 u_i 和 u_o 的波形。

参照其他电路，测试滞回比较器的电压传输特性。

注意事项

(1) 接通电源前要认真检查正、负电源的连接，确定无误时再打开电源。

(2) 同时使用多台仪器时，要注意仪器的共地连接。

(3) 运算放大器电路的输出不允许短路。

思考题

(1) 为了让运算放大器工作在线性区应该采取什么措施？

(2) 为什么要调零？怎样使用外加调零电路？

(3) 同相比例放大器怎么接？

(4) 工作在线性区还是非线性区的运算放大器有 $u_+ \approx u_-$？

(5) 工作在线性区还是非线性区的运算放大器有 $i_+ = i_- \approx 0$？

(6) 图2.3.7所示的减法器电路，有一个接地的电阻 R_f，它起什么作用？

(7) 写出图2.3.7所示减法器电路的输入、输出电压关系式。若没有接地的电阻 R_f，其输入、输出电压关系式又是什么？

(8) 要求加法器满足 $u_o = -10(u_{i1} + u_{i2})$，请画出电路图并标出电阻值的大小。

(9) 过零比较器和滞回比较器都输入同一个正弦波信号，它们各自的输出波形会是什么样？

(10) 用什么方法测试滞回比较器的电压传输特性？

实验报告要求

本次实验的实验报告应包括以下内容：

(1) 根据表 2.3.3 数据，在坐标纸上作出反相比例运算放大器的静态电压传输特性曲线，指出其线性范围。

(2) 分析比较各实验电路的测量值与理论计算值是否符合，不符时请分析原因。

(3) 分析比较各观察波形的实验电路，并按比例描绘 u_i 和 u_o 的波形。

(4) 回答预习问题。

(5) 回答以上思考题。

实验四　直流稳压电源

内容提示

1. 掌握测量整流器电路的方法；
2. 理解滤波器电路作用和原理；
3. 掌握各种稳压电路的稳压性能。

实验目的

（1）通过测量、观察整流器、滤波器和稳压电路各部分的电压大小和波形，来加深了解各部分电路的作用。

（2）了解稳压电路的稳压性能。

实验设备

本实验需要的实验设备如表 2.4.1 所列。

表 2.4.1　实验设备

序　号	设备名称	数　量
1	直流稳压电源实验板	2 块
2	自耦变压器	1 台
3	示波器	1 台
4	万用表	1 块

预习要求

（1）复习电路的工作原理和各元件的作用。

（2）思考 U_i 及 U_o 各用什么仪表及挡位测试。

（3）复习 MF－30 型万用表的功能及用法。

（4）复习 SS－5702 示波器关于全电压波形的测量方法。

（5）认真按要求预习实验并了解实验的详细步骤和需要填写的数据表格，计算表中的理论值（包括绘制波形）。

（6）回答预习思考题：

① 有几种整流电路？它们的工作原理是什么？

② 为什么测量整流电路的输入电压后，要改变万用表挡位才能去测输出电压？它们各自用万用表什么挡位？

③ 写出全波和半波整流电路输入电压和输出电压的关系式。

④ 有几种滤波电路？它们的工作原理是什么？

⑤ RCπ 型滤波电路能用于大电流电路吗？

⑥ 有几种稳压电路？它们的工作原理是什么？

⑦ 稳压管稳压电路为什么要串一个电阻？

⑧ 三端稳压器有哪些种类？

实验原理

直流稳压电源的作用是提供稳定、平直的直流电压。在实际应用中，从以下两方面来要求直流稳压电源：

(1) 输出电压的脉动(纹波)要小。

(2) 电网电压波动，或负载变动时，直流电源的输出电压稳定。

典型的直流稳压电源由图 2.4.1 所示的几个基本部分组成。变压器将交流电网的高电压(我国为 220 V)降为所需的低电压，此低压交流电压整流电路变成周期性脉动的直流电压，再经滤波电路滤除其纹波，输出一个平滑的直流电压。稳压电路则保证电网电压或负载在一定范围内波动时，输出电压稳定。

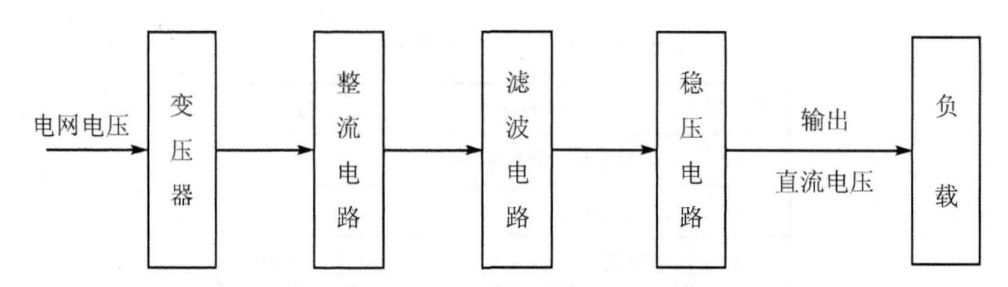

图 2.4.1　直流稳压电源原理框图

本次实验电路有两个内容。内容一是稳压管直流稳压电源。稳压管直流稳压电源的电路原理图如图 2.4.2(e)所示，它由单相桥式整流电路、π 型滤波器、稳压管稳压电路组成。实验要求对单相桥式整流电路(如图 2.4.2(a)所示)，电容滤波器(如图 2.4.2(b)所示)，π 型滤波器(如图 2.4.2(c)所示)，稳压管稳压电路(如图 2.4.2(d)所示)分别测试，在了解它们各自的功能作用的基础上，来认识每加上一个环节，对直流稳压电源的影响。

实验内容二是三端稳压集成块的稳压电路。集成稳压电路由单相桥式整流电路、电容滤波器、三端稳压集成块 CW317 等元件组成。

三端稳压集成块 CW317 是输出电压为 1.25～37 V 可调，输出电流可达 1.5 A 的集成稳压块。CW317 集成稳压器性能良好，使用非常方便，其外形如图 2.4.3 所示，电性能参数如表 2.4.2 所列。

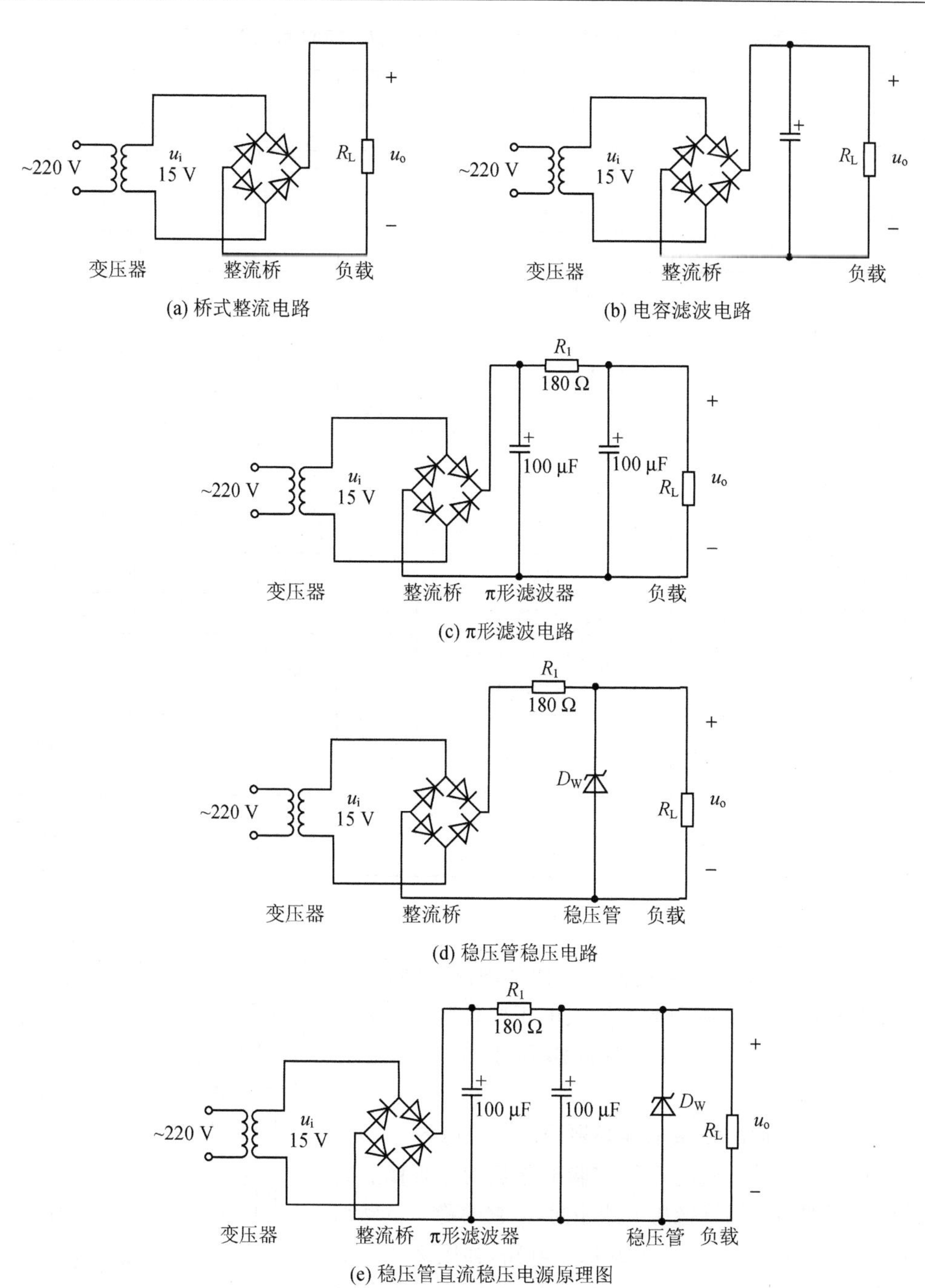

(a) 桥式整流电路

(b) 电容滤波电路

(c) π形滤波电路

(d) 稳压管稳压电路

(e) 稳压管直流稳压电源原理图

图 2.4.2　稳压管稳压电路原理图

表 2.4.2　CW317 电参数特性($U_i-U_o=5$ V,$I_o=500$ mA,$T_{iL}<T_j<T_{jH}$)

参数名称	符　号	测试条件	单　位	CW317			试验类别
				最小值	典型值	最大值	
电压调整率	S_V	$3\text{ V}<(U_i-U_o)<40\text{ V}$ $T_j=25$ ℃	%		0.01	0.04	C
		$3\text{ V}<U_i(U_o)<40\text{ V}$			0.02	0.07	JS
电流调整率	S_I	$10\text{ mA}<I_o<1.5\text{ A}$ $T_j=25$ ℃	%		0.1	0.5	C
		$10\text{ mA}<I_o<1.5\text{ A}$			0.3	1.5	JS
调整端电流	I_{ADj}		μA		50	100	C
调整端电流变化	ΔI_{ADj}	$2.5\text{ V}<(U_i-U_o)<40\text{ V}$ $10\text{ mA}<I_o<1.5\text{ A}$ $P_D<P_{max}$　$T_j=25$ ℃	μA		0.2	5	C
基准电压	V_{REF}	同上	V	1.20	1.25	1.30	JS
最小负载电流	I_{omin}	$U_i-U_o=40$ V	mA		3.5	10	C
纹波抑制比	S_{rip}	$V_o=10$ V　$f=100$ Hz $C_{ADj}<10$ μF	dB	66	80		C
输出电压温度变化率	S_T	$T_{jL}<T_j<T_{jH}$	mV/℃		0.7		C
最大输出电流	I_{omax}	$(U_i-U_o)<40$ V $T_j=25$ ℃	A	1.5			JS

值得注意的是:

(1) $T_j=25$ ℃是采用低占空比脉冲测试结果,这样才能把由热效应所引起的输出电压变化区分开来。

(2) 当选择 U_i-U_o 时应满足于 $(U_i-U_o)I_o<P_{max}$。

(3) 输入输出消振电容必须采用无感电容。

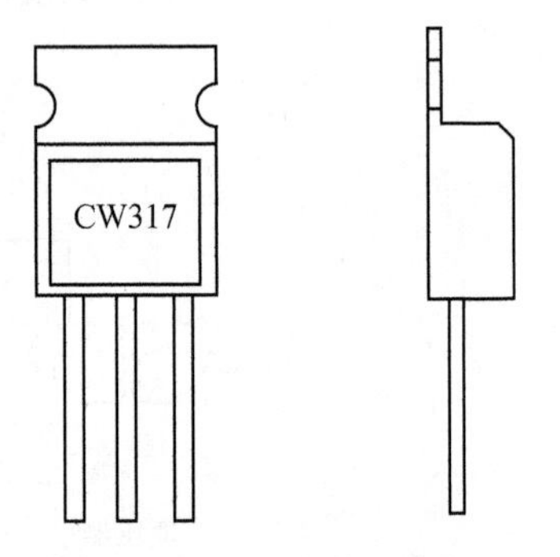

图 2.4.3　CW317 外形图

图 2.4.4 是三端稳压器实验电路板的原理图。它的原理框图与稳压管稳压电路相同,但它的稳压电路部分是一个标准的 CW317 可调稳压电路,如图 2.4.4 的虚线框中所示。CW317 的 2 和 3 端之间输出一个基准电压为 1.25 V,输出电压的表达式为:

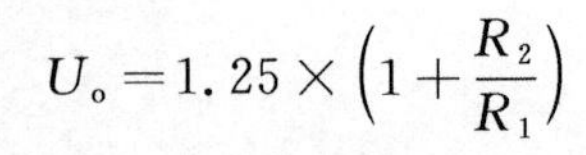

$$U_o=1.25\times\left(1+\frac{R_2}{R_1}\right)$$

可见，改变 R_2/R_1 的比值，就改变了稳压输出。通常电阻 R_1 取 120 Ω，这样一来，只要改变电阻 R_2 就可方便地调节稳压源的输出电压。当然输出电压的调节范围受集成稳压块最大输入/输出电压差的限制。

在图 2.4.4 中，C_4 电容用于旁路电阻 R_2 上的纹波电压，这也减小了输出电压中的纹波，改善了稳压源的纹波抑制特性。C_3 电容的接入可防止输出电压自激振荡。D_5 和 D_6 的作用是当输入、输出发生短路时，为电容 C_3 和 C_4 提供泄放通路，以防损坏稳压器。

在这标准稳压电路的前端加上降压、整流、滤波，就组成一个完整的可调直流稳压电源。

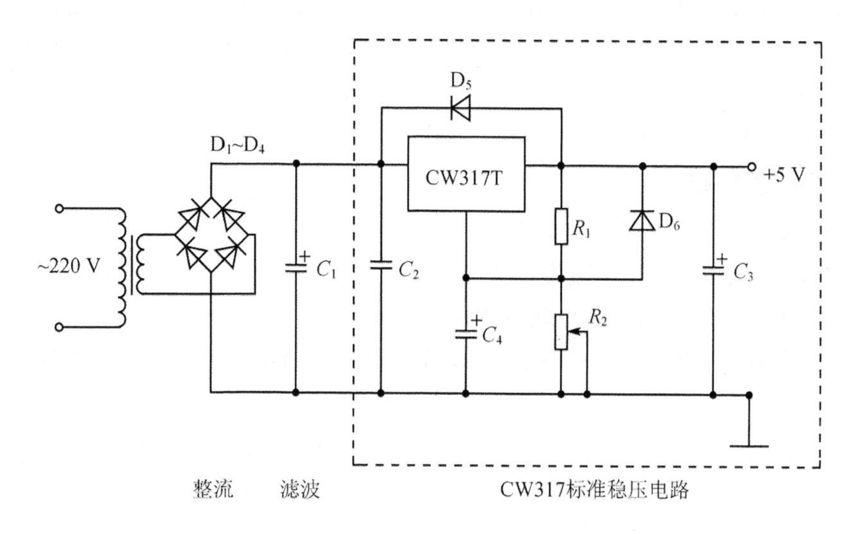

图 2.4.4 可调稳压器电路原理图

关于直流稳压电路的稳压性能，在实际应用中，我们可以从两方面来衡量：

(1) 输出直流电压的脉动要小。这可由纹波抑制比 Sr(单位：dB)来衡量。

$$Sr = 20\log \frac{U_{\text{iP-P}}}{U_{\text{oP-P}}}$$

式中，$U_{\text{iP-P}}$ 为输入峰-峰值，$U_{\text{oP-P}}$ 为输出峰-峰值。

(2) 在电网电压波动或负载变化时，输出电压的稳定度要高。这可由等效内阻 r_0 及稳压系数 S 来表示。等效内阻 r_0 定义为：电网电压一定时，负载电流 I_L 的变化量 ΔI_L 与所引起的输出电压的变化量 ΔU_L 之比。

$$r_0 = \left.\frac{\Delta U_L}{\Delta I_L}\right|_{U_N = C} \text{（}C\text{ 为常数，}U_N\text{ 为电网电压）}$$

稳压系数 S 的定义为负载电流一定时，电网电压 U_N 变化±10%所引起的输出电压的相对变化量。

$$S=\left.\frac{\dfrac{\Delta U_L}{U_L}}{\dfrac{\Delta U_N}{U_N}}\right|_{I_L=C}\quad (I_L\text{ 为负载电流},C\text{ 为常数})$$

实验内容与步骤

（一）具有稳压管的直流稳压电源

图 2.4.5 是本次实验的连线图。变压器的初级通过专用电源线接在 220 V 电源插座，变压器的次级输出与实验电路输入相连。本次实验所用变压器有 3 个不同变比的抽头。用这 3 个抽头来模拟电网电压的波动，即把实验电路分别接在不同变比的变压器次级，可以得到不同的电压，由此模拟波动的电网电压出现在直流稳压电源的输入端。

实验内容与步骤如下：

1. 连接电路

连接 K_b 与 K_d，电路得到交流 15 V。

连接 K_e 与 K_f，电路连通稳压管的直流稳压电源。

连接 K_4 与 K_{42}，电路接负载电阻 $R_L=1.5\,k\Omega$。

在电路连接完成后，认真检查，确定无误后方可将电源插头插入电源插座。

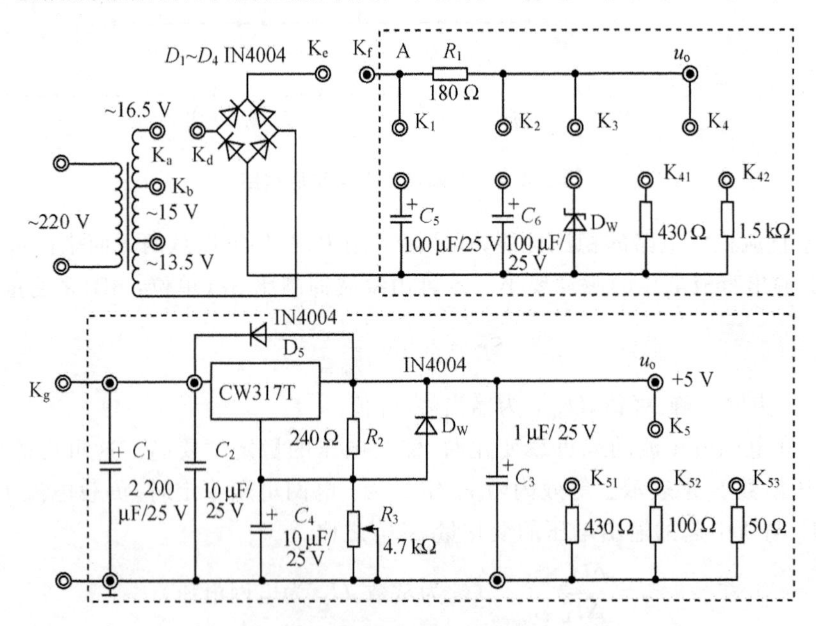

图 2.4.5　两种直流稳压电源实验连线图

2. 测试稳压电源各级的电压数值和波形

在整流变压器的次级输出(或是桥式整流电路的输入)电压 U_i 为 15 V,负载电阻 R_L=1.5 kΩ 的情况下,按表 2.4.3 的要求,依次分别闭合 K_1,K_2,K_3,测量电路各级的电压大小、观察波形,并将数据及波形记入表 2.4.3。

表 2.4.3　实验数据及波形

测试条件及电路形式		测量内容			
		U_{AC}		U_o	
		理论值	实测值	理论值	实测值
K_1,K_2,K_3 都断开,桥式整流电路	数值				
	波形				
K_1 闭合,整流加 C_1 滤波电路	数值				
	波形				
K_1,K_2 闭合,整流加 π 型滤波电路	数值				
	波形				
K_1,K_2,K_3 都闭合,整流滤波稳压电路	数值				
	波形				

提示:

用示波器观察波形时,应注意以下操作

(1) 观察波形前应先调整好示波器的工作状态:

① 将两个通道的 AC/DC 信号输入耦合开关置 DC 状态。

② 利用 GND 接地开关和 POSITION 位移旋钮确定两通道的 0 电压扫描线(时间轴)的位置。再用两输入通道同观察一点波形(如 U_{AC}),并使两信号波形重合,以获得等同的垂直灵敏度。

(2) 在观察整流、滤波和稳压工作状态的电压波形的过程中,示波器的旋钮保持不变，这样才能比较不同状态时的电压幅度和脉动情况。

3. 测试稳压电源的稳压性能

(1) 在电网电压波动±10%，负载 R_L 不变时：

保持以上电路状态(K_1，K_2，K_4 闭合)，利用变压器 3 个不同变比的抽头 K_a，K_b，K_c，改变桥式整流电路的输入电压 U_i，即连接 K_c 与 K_d，电路得到交流 13.5 V；连接 K_b 与 K_d，电路得到交流 15 V；连接 K_a 与 K_d，电路得到交流 16.5 V。

在不同的输入电压 U_i 下，分别测量未接稳压管(K_3 断开)和接稳压管(K_3 合上)时的输入电压 U_o 并填入表 2.4.4。

(2) 在电源电压不变，负载变化时：

连接 K_b 与 K_d，保持 U_i＝15 V，将 K_1，K_2 闭合，改变 K_4 的连接，在负载 R_L 为 430 Ω 和 1.5 kΩ 的情况下，分别测量未接稳压管(K_3 断开)和接稳压管(K_3 合上)时的输入电压 U_o 并填入表 2.4.5。

表 2.4.4　负载不变时的测量数据

U_i		13.5 V	15 V	16.5 V
U_o	K_3 断开			
	K_3 合上			

表 2.4.5　负载变化时的测量数据

R_L		430 Ω	1.5 kΩ
U_o	K_3 断开		
	K_3 合上		

(二) 具有三端稳压集成块的直流稳压电源的性能测试

1. 连接实验电路

连接 K_b 与 K_d，电路得到交流 15 V。

连接 K_e 与 K_g，电路连通三端稳压集成块的直流稳压电源。

连接 K_5 与 K_{52}，电路接负载电阻 R_L＝100 Ω。

2. 测试稳压范围

在输入电压 U_i＝15 V，R_L＝100 Ω 时，用万用表直流电压 25 V 挡监测输出 U_o，调节可变电阻 R_3，观察输出电压变化，并在表 2.4.6 中记下其最大、最小值。

表 2.4.6　输出可调稳压器的输出范围

测试项目	U_{Lmax}	U_{Lmin}
U_o		

3. U_L＝5 V 时稳压性能测试

在输入电压 U_i＝15 V，R_L＝100 Ω 时，调节 R_3，使 U_L＝5 V。在随后的测量中保持 R_3 不变。

① 在输入电压不变时，改变输出负载 R_L，测量在不同负载时的输出电压，并将

数据记入表 2.4.7 中。

表 2.4.7 负载变化时的测量数据

测量项目	数　据		
R_L/Ω	430	100	50
U_o/V			

② 在负载不变时($R_L=100\ \Omega$)，输入电压波动±10%的情况下，测稳压器输出 U_o 的值。并将数据记入表 2.4.8。

表 2.4.8 负载不变时的测量数据

测量项目	数　据		
U_i/V	13.5	15	16.5
U_o/V			

模拟输入电压±10%波动的具体操作是：连接 K_c 与 K_d，电路得到交流 13.5 V；连接 K_b 与 K_d，电路得到交流 15 V；连接 K_a 与 K_d，电路得到交流 16.5 V。

注意事项

(1) 变压器的初级使用专门引线。

(2) 不得用示波器观察变压器原、副边的电压波形，以防可能导致的电源短路。

(3) 在实验过程中输出端不能短路，以防止损坏二极管和整流变压器。

(4) 接线、拆线要规范。一定要注意在接好线后经检查方可通电，断开电源后再拆线。

(5) 输入交流电压 U_i 指有效值，输出直流电压 U_o 及整流器输出端各元件的端电压均为直流电压，它们的大小(数值)指的是平均值。

思考题

(1) 变压器的初、次级如果接错，会出现什么问题？

(2) 用万用表的不同挡位测量整流电路的输入电压和输出电压时，它们各自表示什么值？

(3) 写出全波和半波整流中，无 C 滤波与有 C 滤波时，二极管的反向压降各是多少？

(4) 有几种滤波电路？它们的工作原理是什么？

(5) 比较 C 滤波和 RCπ 型滤波的滤波效果，指出其适合的场合。

(6) 稳压管稳压电路适合什么应用场合？

(7) 为什么三端稳压器普及得很快？它有什么特点？

(8) 本实验图 2.4.4 可调稳压器电路中的 4 个电容各起什么作用?

实验报告要求

本次实验的实验报告应包括以下内容:

(1) 整理实验数据,小结实验结果。

(2) 将本实验中测得的直流输出电压 U_o 与输入的交流电压 U_i 二者关系中的系数填写在下列括号中($U_i=15$ V,$R_L=1.5$ kΩ,U_o 为测量值)。

① 桥式整流电路:U_o=(   )U_i;

② 加 C_1 滤波后:U_o=(   )U_i;

③ 加 π 型滤波后:U_o=(   )U_i;

④ 加 π 型滤波和稳压环节时:U_o=(   )U_i。

(3) 计算两种稳压器的等效内阻 r_0 和稳压系数 S,并从电路结构和性能上分析两者的特点。

(4) 回答预习问题。

(5) 回答以上思考题。

实验五　门电路及其应用

内容提示

1. 熟悉 TTL 门电路的性能和器件使用方法；
2. 掌握数字组合逻辑电路的设计与分析方法；
3. 掌握“数字逻辑学习机”的使用方法。

实验目的

（1）熟悉 TTL 门电路的性能和工作条件及器件的外形和引脚排列。

（2）初步掌握一般数字组合逻辑电路的设计与分析方法。

（3）增强学生分析与排除电路故障的能力。

实验设备

本实验需要的实验设备如表 2.5.1 所列。

表 2.5.1　实验设备

序　号	设备名称	数　量
1	数字逻辑学习机	1 台
2	万用表	1 块
3	74LS00	2 块

预习要求

（1）复习 TTL 与非门电路的工作原理及逻辑功能；复习半加器的逻辑功能。

（2）预习“数字逻辑学习机”的使用方法。

（3）预习报告要求必须具有下列内容：

① 写出用与非门组成与门、或门、非门和或非门的逻辑表达式，并画出使用 74LS00 组成的逻辑连线图，并列测试表。

② 根据图 2.5.4 写出 X_1、X_2、X_3 及半加器 S'端和进位端 C'的逻辑表达式，画出用 74LS00 集成块搭接半加器的逻辑连线图，并列测试表。

③ 填写所有测试表格中的理论值。

（4）回答预习思考题：

① TTL 电路是什么电路？它构成数字电路时应注意哪些问题？

② 用与非门做非门时，多余的输入端应该如何处理？

③ 什么是半加器？写出半加器的真值表，再由真值表写出逻辑式。

④ 直接用真值表设计的半加器，用几个门？它们都是什么门？画出逻辑图。

⑤ 简述与非门逻辑功能测试原理。

实验原理

1. TTL 电路

TTL 电路(晶体管-晶体管逻辑电路)是一双极型数字集成电路，74XX 系列数字器件是该种类的一个标准系列。TTL 电路的应用广泛，使用方便。在用它构成数字电路时应注意以下几点：

① TTL 电路对电源电压的稳定性要求较高。U_{CC} 只允许在 5 V±10%的范围。若高于 5.5 V，器件损坏，低于 4.5 V，逻辑功能不正常。U_{CC} 与“地”不允许颠倒。

② TTL 电路的输出端不允许直接接电源或“地”，否则将损坏器件。

③ 应正确连接多余的输入端。TTL 电路的输入端若悬空，相当于高电平状态。对于正逻辑的与门，与非门等器件的输入端多余时原理上允许悬空。但是极易受到干扰而使其逻辑功能不稳定。所以闲空的输入端或者接高电平，或者与别的输入端并联使用。对使能端也应按功能表的要求作类似处理。

74LS00 是一个两输入端四与非门集成块，其逻辑符号及外引脚排列如图 2.5.1 所示，它的工作条件和静态特性如表 2.5.2 所列。

表 2.5.2　7400/74LS00 数据

推荐工作条件								
参　数		CT7400			CT74LS00			单　位
		最小	额定	最大	最小	额定	最大	
电源电压 U_{CC}	54	4.5	5	5.5	4.5	5	5.5	V
	74	4.75	5	5.25	4.75	5	5.25	
输入高电平电压 U_{iH}		2			2			V
输入低电平电压 U_{iL}	54			0.8			0.7	V
	74			0.8			0.8	
输出高电平电流 I_{oH}				−400			−400	μA
输出低电平电流 I_{oL}	54			16			4	mA
	74			16			8	
静态特性								

续表 2.5.2

参　数	测试条件*		'00 最小	'00 最大	'LS00 最小	'LS00 最大	单位
输出高电平电压 U_{oH}	U_{CC}=最小，U_{iH}=最大，I_{oH}=最大	54	2.4		2.5		V
		74	2.4		2.7		
输出低电平电压 U_{oL}	U_{CC}=最小，U_{iL}=2 V，I_{oL}=最大	54		0.4		0.4	V
		74		0.4		0.5	
最大输入电压时输入电流 I_i	U_{CC}=最大	U_i=5.5 V		1			mA
		U_i=7 V				0.1	
输入高电平电流 I_{iH}	U_{CC}=最大	U_{iH}=2.4 V		40			μA
		U_{iH}=2.7 V				20	
输入低电平电流 I_{iL}	U_{CC}=最大	U_{iL}=0.4 V		−1.6		−0.4	mA
		U_{iL}=0.5 V					
输出短路电流 I_{oS}	U_{CC}=最大	54	−20	−55	−20	−100	mA
		74	−18	−55	−20	−100	
输出高电平时电源电流 I_{CCH}	U_{CC}=最大			8		1.6	mA
输出低电平时电源电流 I_{CCL}	U_{CC}=最大			22		4.4	mA

注：* 74LS00 中的"LS"表示低功耗肖特基系列。

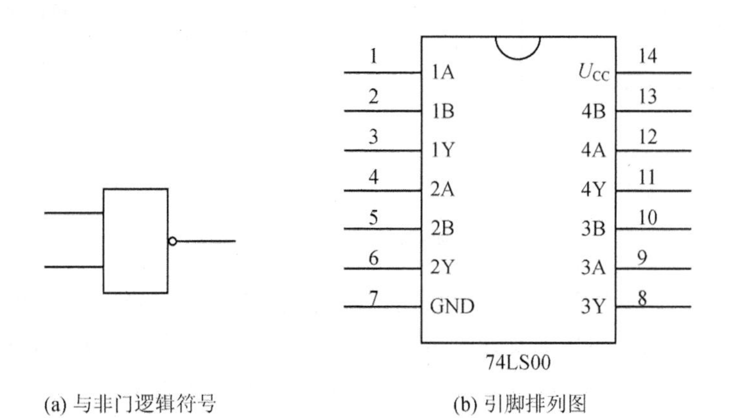

(a) 与非门逻辑符号　　(b) 引脚排列图

图 2.5.1　74LS00 与非门集成块

2. 数字逻辑连线图

数字电路设计的主要任务是完成逻辑功能构思，器件的选择，时序的配合及电路连接等工作。数字电路实验则是验证设计思想，测试电路的逻辑关系，完善电路整体功能。在以集成电路为器件的数字电路中，其逻辑原理图和实际的接线图之间的差别很大，如图 2.5.2 所示。要根据逻辑电路原理图直接搭试电路较困难，且容易出错。因为逻辑图虽然可以反映出逻辑关系，但是未反映出集成电路的引脚排列规律和接法，也没有反映出每个与非门的实际位置。图 2.5.2(b)是图 2.5.2(a)的连线图，它可方便地连接线路，但是，不能清楚地表示电路的逻辑关系。因而在查线，分析故障时十分困难。可见，两者都不是理想的供实验使用的线路图。能否绘制一个既能表示电路逻辑关系，又能作为实验连线用的线路图呢？

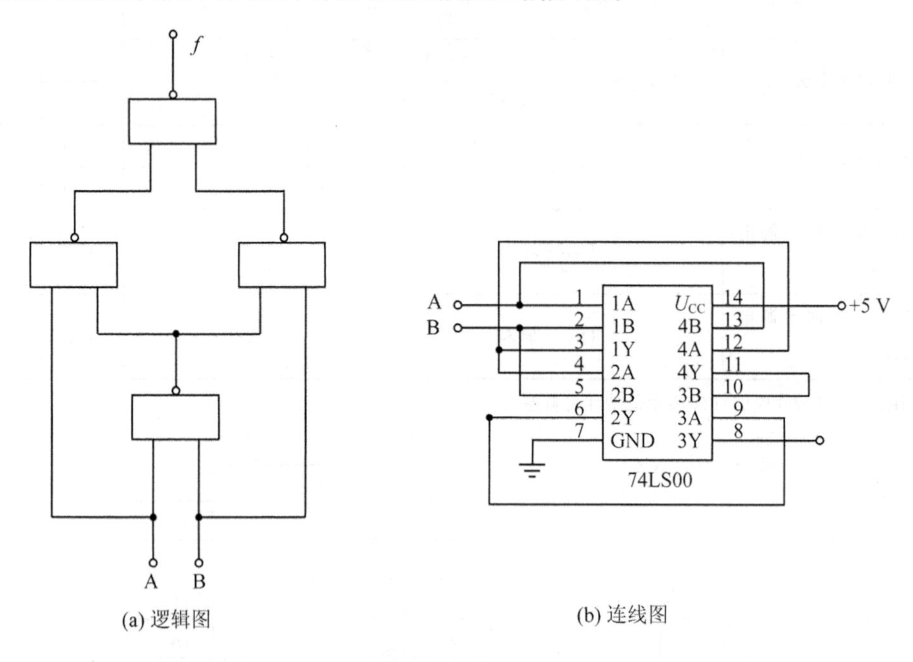

(a) 逻辑图　　(b) 连线图

图 2.5.2　半加器

图 2.5.3 的逻辑连线图就能较好地担起这两项功能。在数字逻辑原理图的逻辑符号上标注集成元件的型号及其引脚序号，当集成元件的型号和数量较多时，应标出集成块的序号，如 74LS00(1)、74LS00(2)等，从而更清楚地反映出各逻辑门所在集成块的位置。

在逻辑连线图中，没有反映出集成元件的电源接法，弥补的方法是文字说明。

3. 数字电路实验操作

本次实验在数字逻辑学习机上进行，因此要认真阅读第一篇关于逻辑学习机的使用说明。

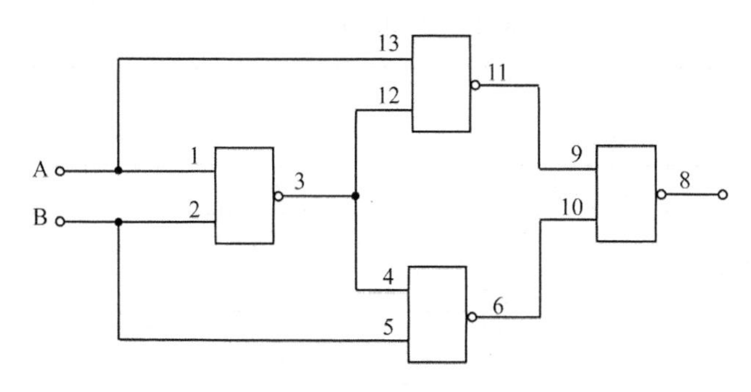

图 2.5.3　逻辑连线图

每个集成块都有电源输入引脚和接地脚，而这并没有在逻辑连线图上反映出来，常常会被遗忘。因此在元件布局完毕时，首先将电源线与接地线接好。检查连线时，首先查电源线和接地线。

实验内容

(1) 测试 74LS00 集成块中与非门的逻辑功能。

(2) 利用 74LS00 集成块的与非门设计、搭试与门、或门、非门、或非门四种逻辑电路，并测试其逻辑功能。

(3) 半加器实验：

在学习机上搭接半加器实验电路。测试其逻辑状态，测试数据填入表 2.5.3，并与理论值比较。(此时的输入、输出逻辑状态可由逻辑电平指示灯来测试。半加器的逻辑图如图 2.5.4 所示。)

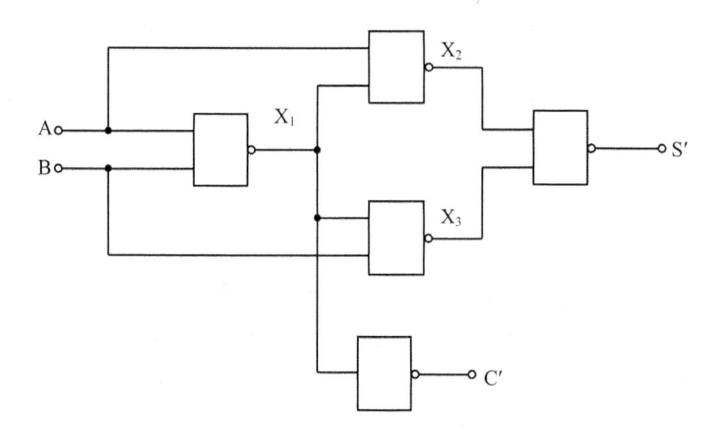

图 2.5.4　半加器的逻辑图

表 2.5.3 半加器功能表

输入端		输出端								
		理论值					测试值			
							S′		C′	
A	B	X_1	X_2	X_3	S′	C′	电压/V	逻辑状态	电压/V	逻辑状态
0	0									
0	1									
1	0									
1	1									

实验步骤

1. 实验内容

(1) 熟悉学习机面板和元件。

(2) 根据预习时所画出的逻辑连线图,测试 74LS00 中与非门的逻辑功能。(测试 74LS00 集成块中与非门的逻辑功能是后续实验顺利进行的保证。)

2. 实验步骤

(1) 首先将 74LS00 集成块的 7 脚接“地”,14 脚接学习机的“5 V”电源。并按图 2.5.5 连接测试电路。再根据自拟的与非门逻辑功能测试表格测试其功能,用以判别器件的好坏。

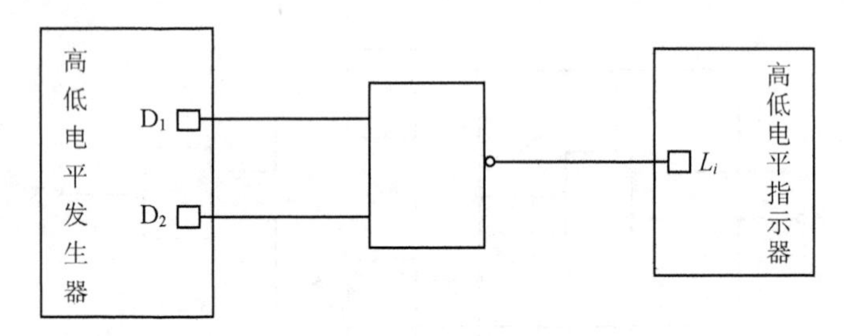

图 2.5.5 测试与非门逻辑功能连线图

(2) 根据预习时所画的用 74LS00 与非门组成与门、或门、非门和或非门的逻辑连线图连接电路,并测试。

(3) 根据预习时所画的用 74LS00 与非门组成半加器的逻辑连线图连接电路,并测试验证其逻辑关系。

注意事项

（1）TTL 集成块的电源电压不得超过 5.5 V 或接反。

（2）与非门的输出端禁止接 5 V 电源或“地”。

（3）接拆线时，要关掉学习机的电源，以防损坏器件和学习机。

思考题

（1）怎么判断门电路逻辑功能是否正常？

（2）门电路输入端悬空相当于高电平即状态为 1。在实验中允许悬空处理吗？

（3）用门电路组成组合电路和应用专用集成电路各有什么优缺点？

（4）试用半加器组成全加器。

实验报告要求

本次实验的实验报告应包括以下内容：

（1）整理实验数据，验证其逻辑功能。

（2）总结数字逻辑电路的设计、实验方法与步骤。

（3）简述在实验中出现的异常现象及分析、解决的办法。

（4）回答预习问题。

（5）回答以上思考题。

实验六　计数器及译码显示电路

内容提示

1. 熟悉二—五—十进制计数器 74LS290；
2. 掌握计数器、译码器与数码显示器的配套使用方法；
3. 掌握反馈置零法的使用。

实验目的

(1) 了解集成块 74LS290 的逻辑功能和使用方法。

(2) 掌握译码器与数码显示器的配套使用方法。

(3) 学会搭接和调试六十进制计数器及其显示电路。

实验设备

本实验需要的实验设备如表 2.6.1 所列。

表 2.6.1　实验设备

序　号	设备名称	设备型号	数　量
1	数字逻辑学习机		1 台
2	低频信号发生器		1 台
3	万用表		1 块
4	计数集成块	74LS290	2 片

预习要求

(1) 熟悉本次实验使用的集成块功能及外引线。

(2) 画出六进制、十进制计数器的逻辑连线图和功能测试数据表格。

(3) 自拟译码显示电路测试表格与实验步骤。

(4) 画出六-十进制计数译码、显示电路逻辑连线图。

(5) 回答预习思考题：

① 什么是反馈置零法？举例说明如何使用反馈置零法。

② 74LS290 为二—五—十进制计数器，解释“二—五—十进制”表示什么意思？

③ 如何测试 74LS290 的逻辑功能？

④ 译码显示集成块 74LS248 的功能是什么？它有几个输入端，表示什么信号？它有几个输出端，又表示什么信号？

⑤ 译码显示器 74LS248 能和 C5011 数码管直接连在一起吗？

实验原理

1. 74LS290 集成块

74LS290 为二—五—十进制计数器，其外引脚如图 2.6.1 所示。表 2.6.2 是其计数功能表。

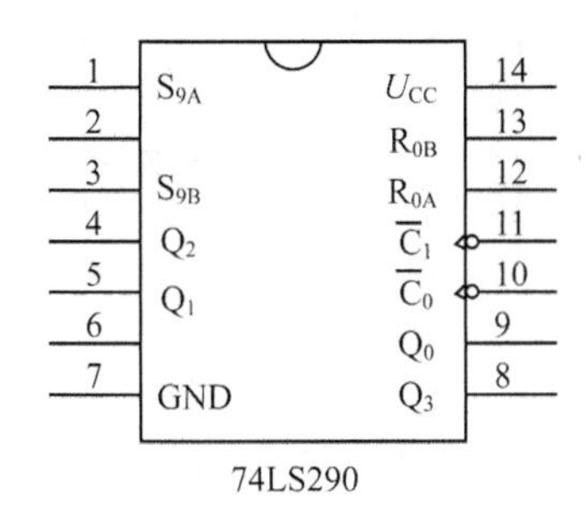

图 2.6.1　74LS290 集成块引脚排列

表 2.6.2　74LS290 逻辑功能表

输　入					输　出			
R_{0A}	R_{0B}	S_{9A}	S_{9B}	$\overline{C}$	Q_3	Q_2	Q_1	Q_0
H	H	L	X	X	L	L	L	L
H	H	X	L	X	L	L	L	L
X	X	H	H	X	H	L	L	H
X	L	X	L	↓	计　数			
L	X	L	X	↓	计　数			
L	X	X	L	↓	计　数			
X	L	L	X	↓	计　数			

注：H 为高电平；L 为低电平；↓表示高到低电平跳变；X 表示任意。

计数器有三种工作状态：

(1) 置 9：当 $S_{9A}=S_{9B}=1$ 时，计数器置“9”，即 $Q_3Q_2Q_1Q_0=1001$。

(2) 复位：当复位端 $R_{0A}=R_{0B}=1$ 且置 9 端的 S_{9A} 或 S_{9B} 之中有一个接“0”，就可使计数器清零复位，即 $Q_3Q_2Q_1Q_0=0000$。

(3) 计数：当 R_{0A}，R_{0B} 中有一个接“0”，且 S_{9A} 或 S_{9B} 中也有一个接“0”时，为计数状态。此时，若时钟端($\overline{C}_0$、$\overline{C}_1$)有脉冲作用，便可进行计数。

由 74LS290 组成十进制计数器、六进制计数器的原理电路如图 2.6.2(a)和(b)所示。在图 2.6.2(a)中计数器的 S_{9A} 和 S_{9B} 接地，计数器工作在计数状态。脉冲送入

$\overline{C}_0$ 端，Q_0 输出端接 $\overline{C}_1$ 端，这就组成 BCD 码十进制加法计数器，其功能如表 2.6.3 所列。

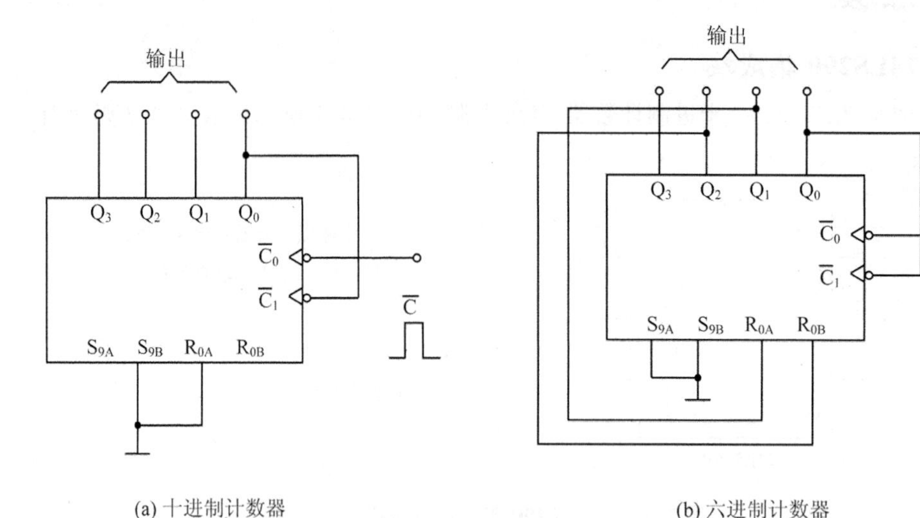

图 2.6.2　十进制、六进制计数器

图 2.6.2(b)是采用反馈置零法组成的六进制计数器原理图。在该电路中将 Q_1 和 Q_2 分别反馈到 R_{0A} 和 R_{0B} 复位端。计数器由 0000 开始计数，5 个时钟脉冲到来后，$Q_3Q_2Q_1Q_0=0101$。第 6 个时钟脉冲到来时，出现 $Q_3Q_2Q_1Q_0=0110$，由于 Q_1 和 Q_2 端分别接 R_{0A} 和 R_{0B}，则 $R_{0A}=R_{0B}=1$。于是计数器强迫立即清零。“0110”这一状态转瞬即逝，输出立即回到“0000”状态。可见计数器只有 6 个稳定状态，故称它为六进制计数器。其功能如表 2.6.4 所列。

表 2.6.3　BCD 码十进制计数器功能表

计数脉冲	输　出			
$\overline{C}$	Q_3	Q_2	Q_1	Q_0
0	0	0	0	0
1	0	0	0	1
2	0	0	1	0
3	0	0	1	1
4	0	1	0	0
5	0	1	0	1
6	0	1	1	0
7	0	1	1	1
8	1	0	0	0
9	1	0	0	1
10	0	0	0	0

表 2.6.4　六进制计数器功能表

计数脉冲	输　出			
$\overline{C}$	Q_3	Q_2	Q_1	Q_0
0	0	0	0	0
1	0	0	0	1
2	0	0	1	0
3	0	0	1	1
4	0	1	0	0
5	0	1	0	1
6	0	0	0	0

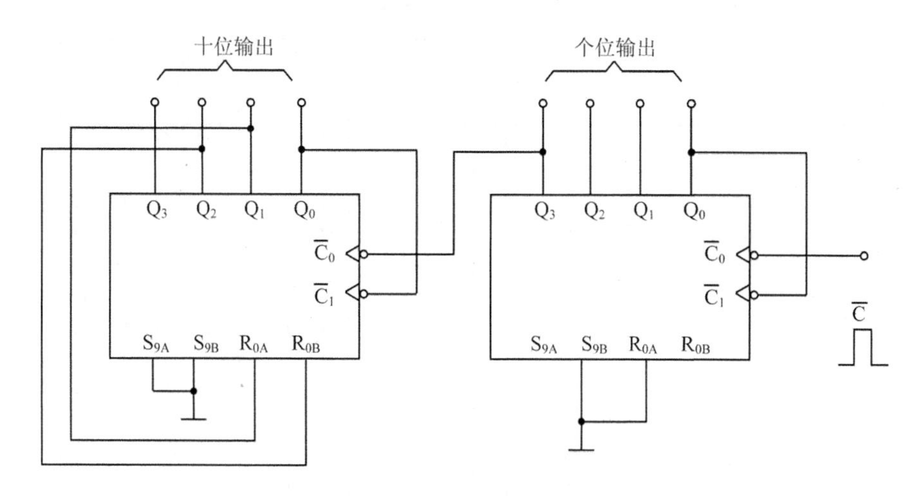

图 2.6.3　六-十进制计数器

如果将十进制的 Q_3 输出端送六进制电路的 $\overline{C}_0$，电路如图 2.6.3，每当第 10 个脉冲来到后，Q_3 由"1"变为"0"相当于一个下降沿，使六进制计数器计数，这样就构成了一个六-十进制计数器。

2. 译码显示集成块 74LS248

72LS248 的外引线排列如图 2.6.4 所示。74LS248 七段显示译码器功能表如表 2.6.5 所列。它有四个译码地址输入端 A_0、A_1、A_2、A_3 和七个输出段 Y_a、Y_b、Y_c、Y_d、Y_e、Y_f、Y_g（高电平有效），输出端以高电平驱动共阴极 LED 数码管使其相应字段发光。此外还有三个控制端：$\overline{BI}/\overline{RBO}$ 是消隐输入端（低电平有效）/脉冲消隐输出端（低电平有效）。$\overline{LT}$ 是灯测试输入端（低电平有效）。$\overline{RBI}$ 是脉冲消隐输入端（低电平有效）。当 $\overline{BI}=0$，其他输入端状态任意，七段 LED 全灭。当 $\overline{LT}=0$，$\overline{BI}=1$，其他输入端状态任意，七段 LED 全亮，显示"8"字，表示数码管完好。正常使用时，三个控制端均接"1"。

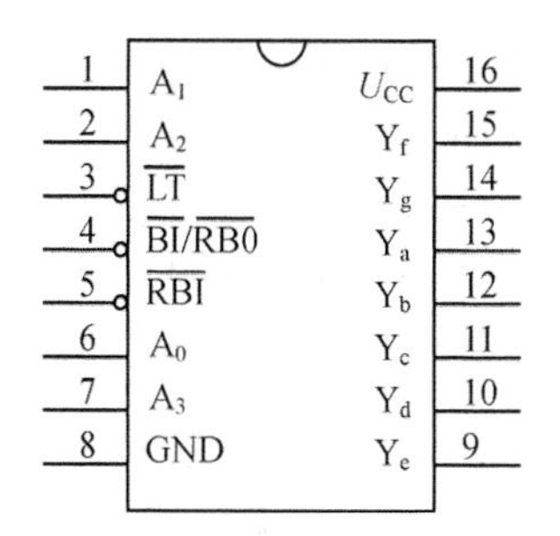

引出端符号：

A_0~A_3：译码地址输入端

$\overline{BI}/\overline{RB0}$：消隐输入(低电平有效)
/脉冲消隐输出(低电平有效)

$\overline{LT}$：灯测试输入端(低电平有效)

$\overline{RBI}$：脉冲消隐输入端(低电平有效)

Y_a~Y_g：七段输出(高电平有效)

图 2.6.4　74LS248 引脚图

表 2.6.5 74LS248 功能表

十进数或功能	输入						BI/RBO	输出							字形
	$\overline{LT}$	$\overline{RBI}$	A_3	A_2	A_1	A_0		Y_a	Y_b	Y_c	Y_d	Y_e	Y_f	Y_g	
0	H	H	L	L	L	L	H	H	H	H	H	H	H	L	0
1	H	X	L	L	L	H	H	L	H	H	L	L	L	L	1
2	H	X	L	L	H	L	H	H	H	L	H	H	L	H	2
3	H	X	L	L	H	H	H	H	H	H	H	L	L	H	3
4	H	X	L	H	L	L	H	L	H	H	L	L	H	H	4
5	H	X	L	H	L	H	H	H	L	H	H	L	H	H	5
6	H	X	L	H	H	L	H	H	L	H	H	H	H	H	6
7	H	X	L	H	H	H	H	H	H	H	L	L	L	L	7
8	H	X	H	L	L	L	H	H	H	H	H	H	H	H	8
9	H	X	H	L	L	H	H	H	H	H	H	L	H	H	9
消隐	X	X	X	X	X	X	L	L	L	L	L	L	L	L	
脉冲消隐	H	L	L	L	L	L	L	L	L	L	L	L	L	L	
灯测试	L	X	X	X	X	X	H	H	H	H	H	H	H	H	

3. C5011 数码管

C5011 数码管的外引线排列如图 2.6.5 所示。该数码管正常工作时每段电流约 8 mA。所以与显示译码器配套使用时，在二者之间应串入的限流电阻阻值 R 由下式决定。

$$R=\frac{(U_{\mathrm{oH}}-U_{\mathrm{DF}})}{I_{\mathrm{DF}}}$$

式中，U_{oH} 为 74LS248 输出的高电平，U_{DF} 和 I_{DF} 分别为 LED 正向工作电压和电流。在 HY－8801 学习机中，采用 74LS248 和 C5011 组成了译码显示电路（电路原理说明及使用方法参考“HY－8801 逻辑学习机”中的相关介绍）。

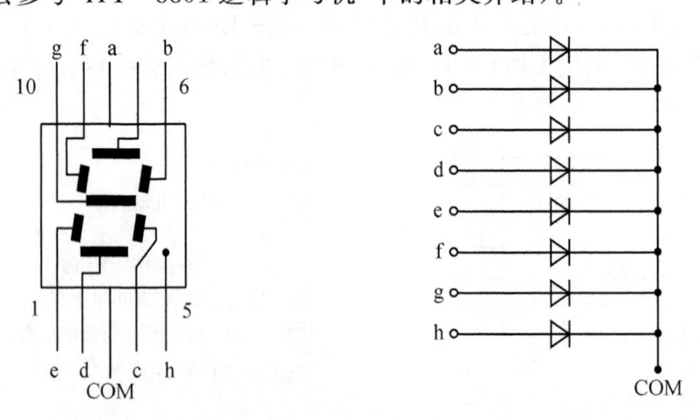

图 2.6.5 C5011 共阴 LED 七段数码管外引线排列

我们只需将 BI/RBO，LT，RBI 置高电平，并将计数器的输出与其输入相连，便

可实现计数、译码和显示。

实验内容

(1) 测试 74LS290 的逻辑功能。

(2) 搭试十进制计数器，并测试其功能(时钟脉冲取自 XD22 的 TTL 输出，频率选 2 Hz。由学习机的逻辑电平指示器来验测其输出)。

(3) 搭试六进制计数器，并测试其功能。

(4) 搭试一个六—十进制计数器，并验测其功能。

(5) 验测学习机上的译码、显示电路，并将六—十进制计数器输出连往译码输入端。观察记录电路工作状态。

实验步骤

自拟译码显示电路的实验步骤与测试表格

注意事项

(1) 改变电路接线或插拔电路器件时，务必关断电源。

(2) 实验中的芯片要正常工作，必须同时接电源、接地，即 U_{CC} 接+5 V，GND 接"—"。

思考题

(1) C5011 数码管的输入端为什么要接限流电阻 R？限流电阻的阻值如何计算？

(2) 一片 74LS290，不用反馈置零法可接几种进制的计数器？用反馈置零法可接几种进制的计数器？

(3) 译码显示器 74LS248 有一个脉冲消隐输入端，它是作什么用的？

(4) 从 74LS290 逻辑功能表，认识其功能并解读。

(5) 用本实验中的芯片，设计一个简易的数字钟。

实验报告要求

(1) 画出 BCD 码十进制计数器的输入脉冲 C 与 $Q_3Q_2Q_1Q_0$ 的波形图(从 0000 开始，画出一个完整的计数周期)。

(2) 分析整理实验数据。

(3) 回答预习问题。

(4) 回答以上思考题。

实验七 组合逻辑电路的设计

内容提示

1. 掌握组合逻辑电路设计的一般过程；
2. 验证所设计电路的逻辑功能；
3. 进一步培养独立实验的能力。

设计任务书

设计目的

(1) 熟悉数字集成电路器件的性能和使用方法。

(2) 初步掌握组合逻辑电路的设计方法。

(3) 培养学生运用已掌握的电路，电子理论，进行设计、创新的能力的培养与提高。

设计任务

1. 设计三人表决逻辑电路

当多数人赞同(输入为“1”)时，表决电路的输出为“1”。并要求：

① 用二输入与非门设计该电路，并实现。

② 用全加器设计该电路，并实现。

2. 设计多人表决电路

某项体育比赛 A、B、C 三个副裁判和一个 D 主裁判，主裁判的裁定计二票，其他裁判的裁定计一票，设计一个表决电路，要求在多数票同意得分时电路发出得分信号(≥3 票)。

3. 设计举重比赛裁判电路

若举重比赛设一个主裁判两个副裁判，两个以上裁判且必须有主裁判同意通过时，表示成功。设计一个电路实现此功能。

4. 设计全加器

根据实验室提供的器件，采用两种不同的方案设计一个全加器，并实现。

5. 设计三输入逻辑判断电路

根据实验室提供的器件，设计三输入逻辑判断电路，并实现。

注：实验中的 2、3 项设计报告和实验报告均由学生完成，其中：设计报告是实验前完成。

三输入逻辑判断电路功能：当 A、B、C 三输入信号全为“1”或全为“0”时，电路的输出为“1”，否则为“0”。

设计要求

(1) 设计任务中的五项内容，同学们可任选一项来设计完成。

(2) 自行设计电路，并在设计说明书中论述设计方法与过程。

(3) 将设计电路在计算机上进行仿真实验验证。仿真实验成功后，再进行实际电路的搭接和调试。

设计条件

1. 实验室常备仪器仪表

实验室常备仪器仪表如表 2.7.1 所列。

2. 实验室常备数字集成块介绍

实验室常备数字集成块如表 2.7.2 所列。

表 2.7.1　实验室常备仪器仪表

名　称	数　量
直流稳压电源	1 台
函数信号发生器	1 台
晶体管毫伏表	1 台
通用示波器	1 台
数字逻辑学习机	1 台
万用表	1 块

表 2.7.2　实验室常备数字集成块

型　号	名　称
74LS00	二输入四与非门
74LS20	四输入二与非门
74LS83	全加器
74LS04	六反向器
74LS275	四 D 触发器
74LS02	二输入四或门

设计的评分标准

(见第 7 章)

设计报告

设计说明

(1) 设计方案(包括：电路设计原理，方案说明等)

(2) 设计电路(包括：电路原理图，实验连线图，电路原理说明等)

(3) 选用器材(列元器件清单)

实验方案

(1) 实验目的

(2) 实验设备

(3) 实验内容

(4) 实验线路

(5) 实验步骤

(6) 实验讨论

实验报告

按实验方案的内容写实验报告。实验方案中的实验步骤可以不写，但要将实验中记录的实验数据和现象加以分析、总结，并写出实验体会。

附录　实验案例——多人表决电路设计实验方案

实验目的

(1) 掌握组合逻辑电路设计的一般过程。

(2) 验证所设计电路的逻辑功能。

实验设备

本实验需要的实验设备如表 2.7.3 所列。

表 2.7.3　实验设备

序　号	设备名称	设备型号	数　量
1	数字逻辑学习机		1 台
2	万用表		1 台
3	数字集成块	74LS00	2 片
4	数字集成块	74LS20	2 片

实验原理

1. 组合逻辑电路设计步骤

组合逻辑电路设计的一般过程是：

(1) 根据任务要求列出逻辑状态表；

(2) 通过逻辑状态表写出逻辑式；

(3) 通过对逻辑式的化简(或对卡诺图的化简)，得出最简的逻辑式；

(4) 由最简逻辑式画出逻辑图；

(5) 选择标准器件实现此逻辑式。

逻辑化简是组合逻辑设计的关键步骤之一。为了使电路结构简单和使用器件较少，往往要求逻辑表达式尽可能简化。由于实际使用时要考虑电路的工作速度和稳定可靠等因素，在较复杂的电路中，还要求逻辑清晰易懂，所以最简设计不一定是最

佳的。但一般说来，在保证速度、稳定可靠与逻辑清楚的前提下，尽量使用最少的器件，以降低成本，是对逻辑设计考的基本要求。

2. 与非门集成块 74LS00 与 74LS20

74LS00 为 4 个双输入与非门；74LS20 为两个四输入端的与非门，一块芯片中有这样两个独立的与非门，它们的引脚功能和外引线如图 2.7.1 所示。

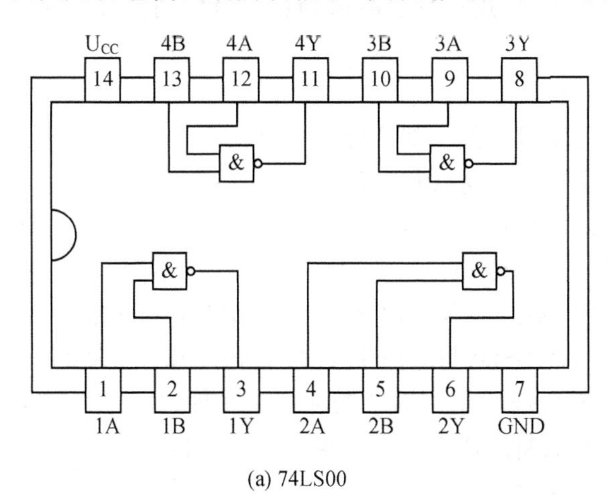

(a) 74LS00

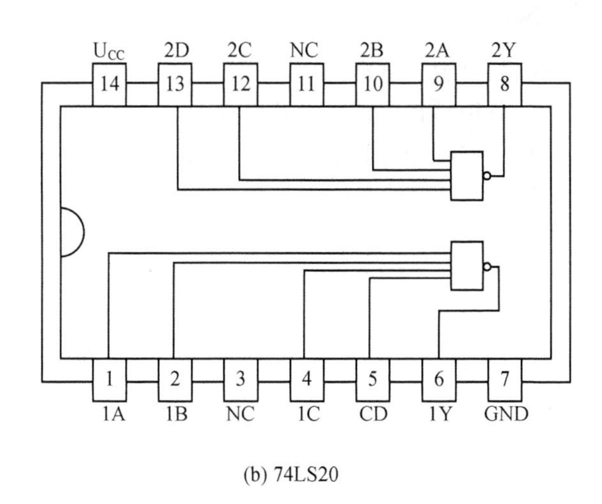

(b) 74LS20

图 2.7.1　74LS20 与 74LS00 引脚功能和外引线

实验内容

实验设计题目："多人表决电路设计"

某项体育比赛 A、B、C 三个副裁判和一个 D 主裁判，主裁判的裁定计二票，其他裁判的裁定计一票，设计一个表决电路，要求在多数票同意得分时电路发出得分信号（≥3 票）。

实验步骤

(1) 认真阅读实验设计题目,弄清楚题目的要求。

(2) 按照组合逻辑电路设计的一般步骤,独立拟定实验方案和实验步骤。

(3) 选用设计实验所需元件(限用与非门来实现)。

(4) 按设计搭接电路,进行静态测试,验证逻辑功能(自行设计数据记录表格)。

思考题

(1) 组合逻辑电路设计的一般步骤是什么?

(2) 为什么要求逻辑表达式尽可能简化?

(3) 为什么说最简设计不一定是最佳的?

(4) 74LS00 与 74LS20 都是与非门,它们有什么不同?

(5) 本实验均用 74LS00 与非门来实现,要用几片 74LS00?

(6) 本实验均用 74LS20 与非门来实现,要用几片 74LS20?

(7) 本实验用 74LS00 和 74LS20 与非门来实现,各要用几片?

(8) 本实验若不限制用什么门来实现,至少要用几片什么样的集成块?

实验报告要求

(1) 写出设计过程,画出逻辑电路图。

(2) 列出测试数据,分析是否实现了设计要求。

(3) 讨论实验过程中遇到的问题,总结出解决的方法。

(4) 回答以上思考题。

实验八　时序逻辑电路的设计

内容提示

1. 学习设计时序逻辑电路的方法；
2. 学会时序逻辑电路的综合应用；
3. 熟悉数字集成器件的性能和使用。

设计任务书

设计目的

(1) 熟悉数字集成电路器件的性能和使用方法。

(2) 初步掌握时序逻辑电路的设计方法。

(3) 培养学生运用已掌握的电路、电子理论，进行设计、创新的能力。

设计任务

1. 设计电子秒表

用加法计数器74LS90、集成定时器NE555、四2输入与非门74LS00及电阻、电位器、电容等元器件，设计电子秒表，并要求：

① 数码管显示计数情况。

② 有开启清零计时功能。

③ 有暂停功能，暂停时保留计时值。

2. 设计同步三进制加法计数器

用74LS112集成块设计并搭试同步三进制加法计数器，并要求：

① 设计实验原理图。

② 绘出三进制加法计数器的逻辑连线图。

③ 列出三进制加法计数器的逻辑功能测试表格。

④ 整理实验数据，验证逻辑功能。

⑤ 绘出三进制计数器 Q_1 和 Q_0 端的工作波形。

3. 设计4人抢答器

用四2输入与非门74LS00、双4输入与非门74LS20、双D触发器、四D触发器及电阻、电位器和电容等元器件，设计4人抢答器，并要求：

① 用蜂鸣器和发光二极管显示抢答结果。

② 抢答开始，主持人清除信号，发光二极管全熄灭。

③ 只要有人按键，点亮一个发光二极管，其余的发光二极管不再点亮。

④ 回答问题：为什么触发器的 $\overline{C}$(或 C)端一定要用单次脉冲或连续脉冲？能否用“高低电平发生器”提供信号？

设计要求

(1) 设计任务中的三项内容，同学们可任选一项来完成设计。

(2) 自行设计电路，并在设计说明书中论述设计方法与过程。

(3) 将设计电路在计算机上进行仿真实验验证。仿真实验成功后，再进行实际电路的搭接和调试。

设计条件

1. 实验室常备仪器仪表

实验室常备仪器仪表如表 2.8.1 所列。

2. 实验室常备数字集成块介绍

实验室常备数字集成块如表 2.8.2 所列。

表 2.8.1　实验室常备仪器仪表

名　称	数　量
直流稳压电源	1 台
函数信号发生器	1 台
晶体管毫伏表	1 台
通用示波器	1 台
数字逻辑学习机	1 台
万用表	1 块

表 2.8.2　实验室常备数字集成块

型　号	名　称
74LS00	二输入四与非门
74LS20	四输入双与非门
74LS90	加法计数器
NE555	集成定时器
74LS74	双 D 触发器
74LS175	四 D 触发器
74LS112	J－K 触发器
蜂鸣器	
电阻	
电位器	
电容	

设计的评分标准

(见第 7 章)

设计报告

设计说明

(1) 设计方案(包括：电路设计原理，方案说明等)

(2) 设计电路(包括：电路原理图，实验连线图，电路原理说明等)

(3) 选用器材(列元器件清单)

实验方案

(1) 实验目的

（2）实验设备

（3）实验内容

（4）实验线路

（5）实验步骤

（6）实验讨论

实验报告

按实验方案的内容写实验报告。实验方案中的实验步骤可以不写，但要将实验中记录的实验数据和现象加以分析、总结；并写出实验体会。

注： 实验室常备数字集成块引脚图见本实验附录。

附录 1　74LS112 和 74LS175 简介及逻辑功能测试

1. 74LS112 集成块

74LS112 集成块是一双下降沿 J－K 触发器。其逻辑符号和外引线排列如图 2.8.1(a)和(b)所示。

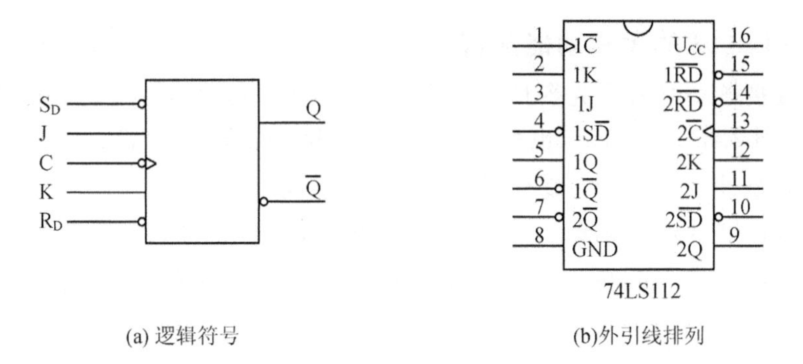

(a) 逻辑符号　　(b)外引线排列

图 2.8.1　74LS112 逻辑符号和外引线排列

74LS112 的逻辑功能如表 2.8.3 所列。

表 2.8.3　74LS112 功能表

功　能	输　入					输　出	
	$1\overline{S}_D$	$1\overline{R}_D$	1C	1J	1K	$1Q_{n+1}$	$1\overline{Q}_{n+1}$
复　位	1	0	×	×	×	0	1
置　位	0	1	×	×	×	1	0
记　1	1	1	↓	1	0	1	0
记　0	1	1	↓	0	1	0	1
计　数	1	1	↓	1	1	$1\overline{Q}_n$	$1Q_n$
保　持	1	1	↓	0	0	$1Q_n$	$1\overline{Q}_n$

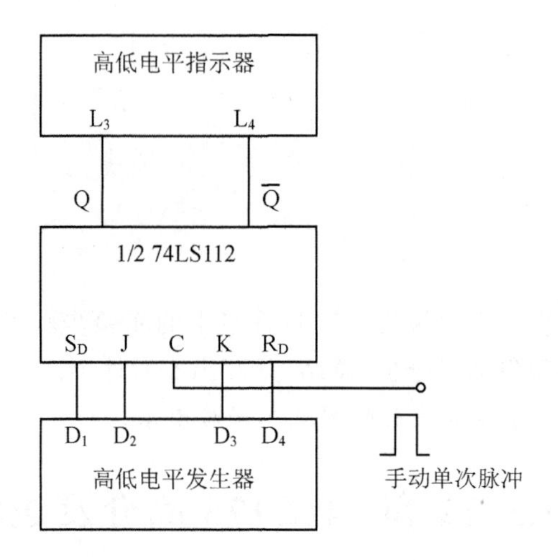

图 2.8.2　74LS112 测试电路

在图 2.8.1 中：$1\overline{C}$，$2\overline{C}$ 为时钟输入端；1J，1K，2J，2K 为数据输入端；1Q，$1\overline{Q}$，2Q，$2\overline{Q}$ 为输出端；$1\overline{R}_D$，$2\overline{R}_D$为直接复位端（低电平有效）；$1\overline{S}_D$，$2\overline{S}_D$ 为直接置位端（低电平有效）。

2. 74LS112 的逻辑功能测试

(1) 连接测试电路：首先将 J－K 触发器 74LS112 第 16 脚连往"＋5 V"，8 脚与"地"相连，再按图 2.8.2 连接测试电路。1J，1K，$1\overline{S}_D$ 和 $1\overline{R}_D$ 分别接"高、低电平发生器"；1C 接"单次脉冲"信号；1Q，$1\overline{Q}$ 分别接"高低电平指示器"。

(2) $1\overline{S}_D$ 和 $1\overline{R}_D$ 功能测试：按表 2.8.4 要求改变 $1\overline{S}_D$ 和 $1\overline{R}_D$ 的状态。并在 $1\overline{S}_D=0$，$1\overline{R}_D=1$ 或 $1\overline{S}_D=1$，$1\overline{R}_D=0$ 时任意改变 1J、1K、1C 的状态，观察 L_1 和 L_2 灯亮情况。将 1Q 和 $1\overline{Q}$ 状态记录在该表中。

表 2.8.4　74LS112 的 $\overline{S}_D$ 和 $\overline{R}_D$ 功能测试

$1\overline{S}_D$	$1\overline{R}_D$	1Q	$1\overline{Q}$	功　能
1	0			
0	1			
1	1			

(3) 1J，1K 逻辑功能测试：令 $1\overline{R}_D=1$，$\overline{S}_D=1$，按表 2.8.5 要求输入 1J、1K 和 C，记录测试结果。表中触发器的初始状态 $1Q_n$ 可由 $1\overline{S}_D$，$1\overline{R}_D$ 的逻辑开关控制。

表 2.8.5　74LS112 的 J,K 逻辑功能测试

1J	1K	1C	$1Q_{n+1}$		功　能
			$1Q_n=0$	$1Q_n=1$	
0	0	0→1			
		1→0			
0	1	0→1			
		1→0			
1	0	0→1			
		1→0			
1	1	0→1			
		1→0			

3. 四 D 触发器 74LS175 集成块

四 D 触发器内部具有四个独立的 D 触发器，四个触发器的输入端分别为 D_1，D_2，D_3，D_4，输出端相应为 Q_1，$\overline{Q}_1$；Q_2，$\overline{Q}_2$；Q_3，$\overline{Q}_3$；Q_4，$\overline{Q}_4$。四 D 触发器具有共同的时钟 C 端和共同的清除端，这种 D 触发器又称寄存器，它可以寄存数据。当 C 脉冲未来到时，D 触发器输出端的状态不因输入端状态的改变而改变，起到寄存原来的数据的作用。74LS175 的引脚及功能表如图 2.8.3 所示。

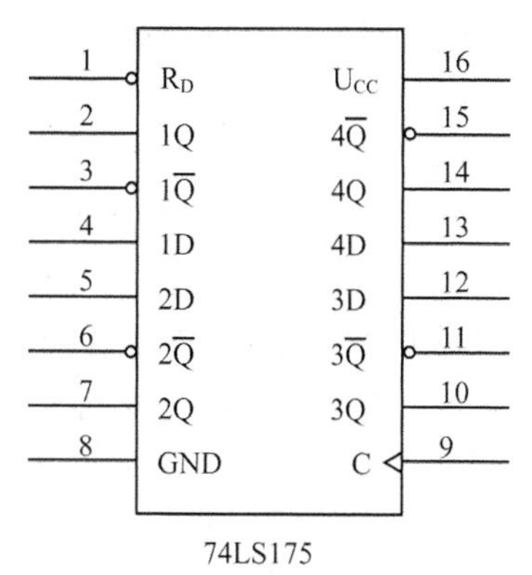

(a) 引脚图

输　入			输　出	
清　除	时　钟	D	Q_{n+1}	$\overline{Q}_{n+1}$
L	×	×	L	H
H	↑	H	H	L
H	↑	L	L	H
H	L	×	Q_n	$\overline{Q}_n$

(b) 每个D触发器的真值表

图 2.8.3　74LS175 的外引脚排列和真值表

4. 74LS175 逻辑功能测试

(1) 连线：首先将 D 触发器 74LS175 的 16 脚接"+5 V"电源，8 脚接"地"，再按图 2.8.4 连接测试电路。

(2) 按表 2.8.6 要求，改变输入状态，观察 L_1 和 L_2 灯亮情况，将 Q 和 $\overline{Q}$ 状态记录在表中。

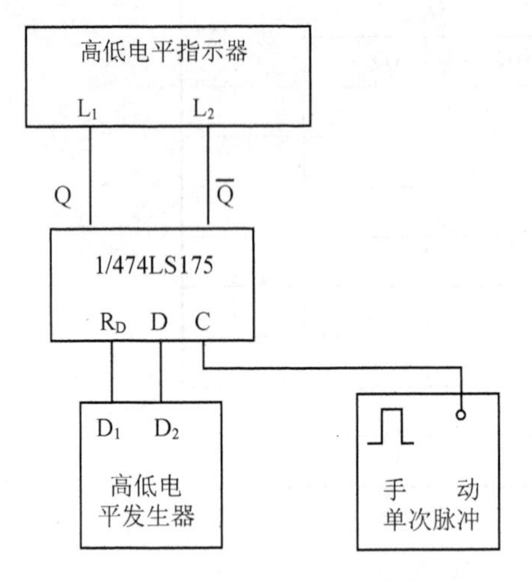

图 2.8.4　74LS175 逻辑功能测试接线图

表 2.8.6　74LS175 逻辑功能测试

输　入			输　出	
$\overline{R}_D$	C	D_n	Q_{n+1}	$\overline{Q}_{n+1}$
0	×	×		
1	0→1	0		
	1→0	0		
1	0→1	1		
	1→0	1		
1	0	×		

附录 2　设计参考电路

1. 同步三进制加法计数器

在这项实验中，利用 74LS112 的两个 J－K 触发器构成同步三进制加法计数器，其电路如图 2.8.5 所示。

该电路设计将两 J－K 触发器的复位端 $1\overline{R}_D$ 和 $2\overline{R}_D$ 接“高低电平”信号。当 $1\overline{R}_D=2\overline{R}_D=0$ 时，计数器复位，1Q＝2Q＝0，当 $1\overline{R}_D=2\overline{R}_D=1$ 时，计数器进入计数状态。

将 K 置高电平，J－K 触发器工作在“记 0”、“计数”两工作状态。电路工作时，首先将计数器清零复位，使 1Q＝ 2Q＝ 0。再送入时钟脉冲：当第一时钟脉冲到来时，因为 1Q＝ 2Q＝ 0，因而 $1J=2\overline{Q}=1$，2J ＝ 1Q＝0，则触发器的状态 1Q＝ 1，2Q＝0。在第二时钟脉冲到来时 $1J=2\overline{Q}=1$，2J ＝ 1Q＝1 都为“计数”状态，1Q 翻转为 0，2Q 翻转为 1。第三脉冲到来时，$1J=2\overline{Q}=0$，2J ＝1Q＝0，两触发器都为“记零”状态，这时 1Q＝2Q＝0。这样就完成了三进制加法计数器一个完整的周期。

两个 J－K 触发器的置位端 $\overline{S}_D$ 在电路中接往高电平。

2. 优先判决实验电路的工作原理

优先判决电路俗称抢答器。它主要由输入开关、判决器、灯光显示电路及音响电路等部分组成。图 2.8.6 是由四 D 触发器 74LS175 等器件组成的四人抢答原理电路。输入开关和灯光显示我们借用数字学习机上的高低电平发生器和高低电平指示

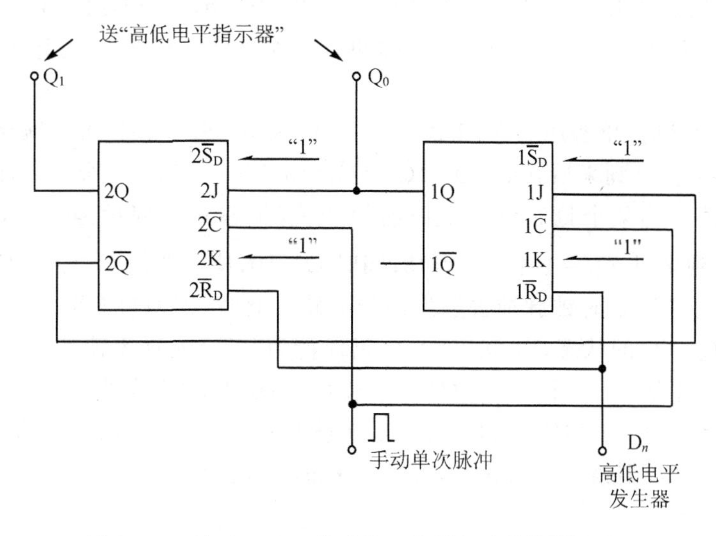

图 2.8.5 由 74LS112 构成的三进制加法计数器原理图

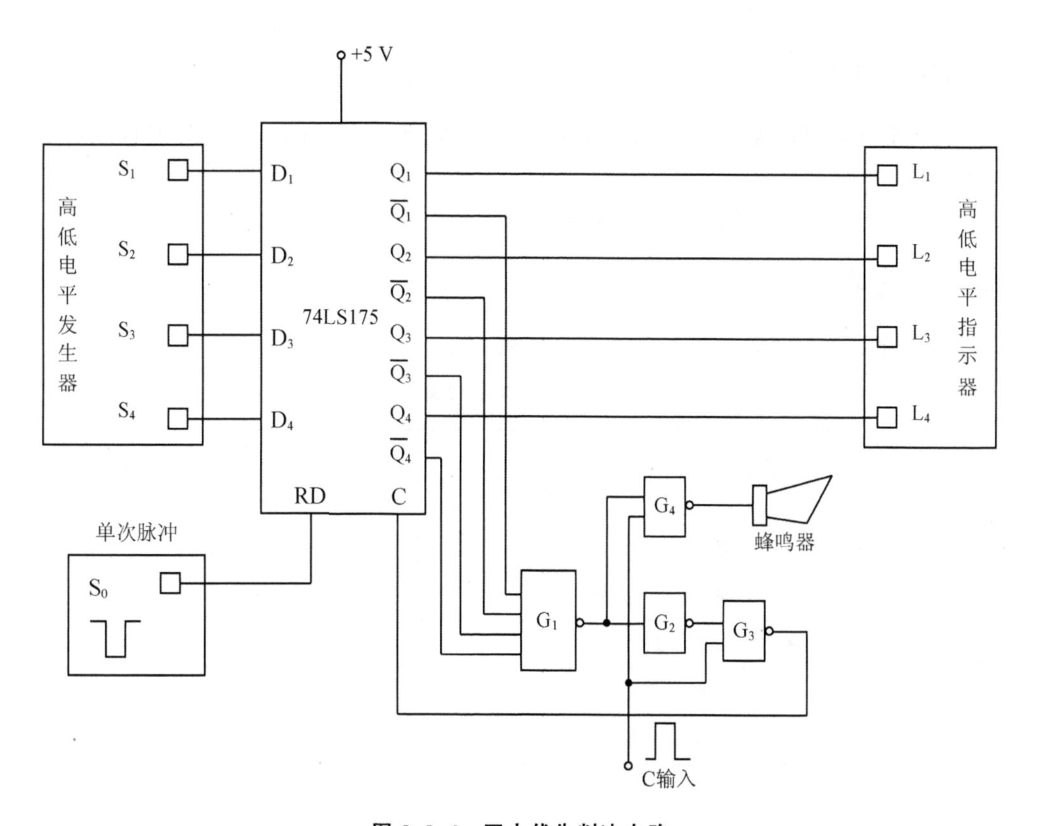

图 2.8.6 四人优先判决电路

器。四D触发器74LS175，四输入与非门74LS20及2输入与非门74LS00组成判别器。数字学习机上的1 kHz TTL矩形脉冲为判别器提供时钟，同时作为声音信号，经控制门G_4，送蜂鸣器。

在无人抢答时，抢答用的0-1逻辑开关S_1，S_2，S_3，$S_4=0$使$D_1=D_2=D_3=D_4=0$。在时钟脉冲CP到来后，$Q_1=Q_2=Q_3=Q_4=0$，0-1逻辑显示器$L_1L_2L_3L_4$均暗，扬声器不发声。当某个抢答者按下面前的开关(抢答)时，假设是1号按下S_1，则$D_1=1$；在C到来时，$Q_1=1$，使L_1点亮；同时$\overline{Q}_1=0$，使与非门G_1输出为“1”，G_2输出为“0”，从而封闭C时钟脉冲去触发器的通路。此时，即使再按下S_2、S_3、S_4，也不会改变Q_2、Q_3、Q_4的状态，即Q_2、Q_3、Q_4仍保持为“0”。实现闭锁其他电路的功能。因为G_1门输出为“1”，1 kHz方波信号通过G_4门输出，蜂鸣器发出声响。

若判决者按下S_0清零按钮，可使四D触发器74LS175复位，实现$Q_1=Q_2=Q_3=Q_4=0$。判决器恢复原始状态，为第二次抢答作准备。

附录3 实验案例——电子秒表的实验方案

实验目的

(1) 学会数字电路RS触发器、单稳态触发器、计数和译码显示器等器件的综合应用。

(2) 学习电子秒表的功能原理和调试方法。

实验设备

本实验需要的实验设备如表2.8.7所列。

表2.8.7 实验设备

序号	设备名称	设备型号	数量
1	数字逻辑学习机		1台
2	万用表		1台
3	四2输入与非门	74LS00	2片
4	加法计数器	74LS90	3片
5	集成定时器	NE555	1片
6	电阻、电位器、电容	数只	

实验原理

1. 加法计数器 74LS90 功能介绍

加法计数器 74LS90 功能如表 2.8.8 所列。

表 2.8.8　加法计数器 74LS90 功能表

<table>
<tr><th colspan="6">输　入</th><th>输　出</th><th rowspan="3">功　能</th></tr>
<tr><th colspan="2">清 0</th><th colspan="2">置 9</th><th colspan="2">时钟</th><th rowspan="2">Q_D　Q_C　Q_B　Q_A</th></tr>
<tr><th>$R_0(1)$</th><th>$R_0(2)$</th><th>$S_0(1)$</th><th>$S_0(2)$</th><th>CP_1</th><th>CP_2</th></tr>
<tr><td>1</td><td>1</td><td>×</td><td>×</td><td>×</td><td>×</td><td>0　0　0　0</td><td>清 0</td></tr>
<tr><td>×</td><td>×</td><td>1</td><td>1</td><td>×</td><td>×</td><td>1　0　0　1</td><td>置 9</td></tr>
<tr><td rowspan="5">0
×</td><td rowspan="5">×
0</td><td rowspan="5">0
×</td><td rowspan="5">×
0</td><td>↓</td><td>1</td><td>Q_A 输出</td><td>二进制计数</td></tr>
<tr><td>1</td><td>↓</td><td>$Q_DQ_CQ_B$ 输出</td><td>五进制计数</td></tr>
<tr><td>↓</td><td>Q_A</td><td>$Q_DQ_CQ_BQ_A$ 输出
8421BCD 码</td><td>十进制计数</td></tr>
<tr><td>Q_D</td><td>↓</td><td>$Q_DQ_CQ_BQ_A$　输　出
5421BCD 码</td><td>十进制计数</td></tr>
<tr><td>1</td><td>1</td><td>不变</td><td>保持</td></tr>
</table>

2. 电子秒表的原理

电子秒表的原理由图 2.8.7 所示，现将该图分四个部分进行功能分析。

1) 秒表的启动和停止电路

秒表的启停电路由基本 RS 触发器组成。

图 2.8.7 单元 I 为集成与非门构成的基本 RS 触发器。基本 RS 触发器的两个输入端由按钮开关 K_1 和 K_2 控制。按动按钮开关 K_2，门 1 接地，Q=0，这是复位状态；再按动按钮开关 K_1，门 2 接地，Q=1，门 5 开启，为启动计数器做准备。$\overline{Q}$ 由 1 变 0，送出负脉冲，启动单稳态触发器工作。

2) 计数器清零电路

计数器清零电路，由图 2.8.7 中所示的单元Ⅱ的微分型单稳态触发器组成。

由基本 RS 触发器 $\overline{Q}$ 端提供的负脉冲，作为单稳态触发器输入信号，使单稳态触发器输出负脉冲，通过非门加到计数器的清除端，为计数器提供清零信号。

3) 时钟发生器

图 2.8.7 所示的单元Ⅲ是 555 电路构成的多谐振荡器，它是一种性能较好的时钟源。

调节电位器 R_W，使输出端 3 获得频率为 50 Hz 的矩形波信号，该脉冲信号通过门 5 作为计数脉冲加在计数器 1 的计数输入端 CP_1。

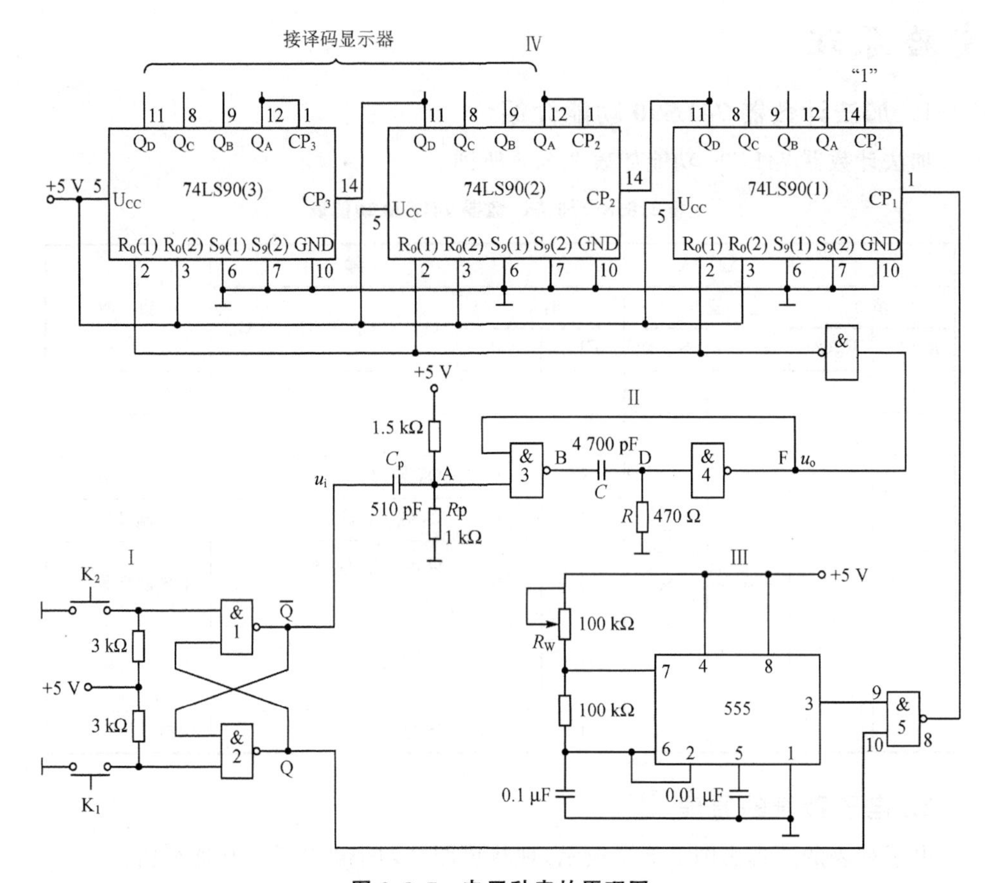

图 2.8.7　电子秒表的原理图

4）计数显示电路

图 2.8.7 所示的单元Ⅳ是二—五—十进制加法器 74LS90 构成电子秒表的计数单元。其中计数器 2 接成五进制形式，对频率为 50 Hz 的时钟脉冲进行五分频，作为计数器 3 的时钟输入。计数器 2 及计数器 3 接成 8421 码十进制形式。其输出端与译码显示单元的相应输入端连接，可显示 0.1～0.9 s、1～9.9 s 计时。

实验内容及步骤

本实验电路器件较多，因此实验前必须合理安排各器件在实验装置上的位置，使电路逻辑清楚，接线较短。

实验次序是从输入向输出逐个单元电路进行接线和调试，即分别调试基本 RS 触发器、单稳态触发器、时钟发生器及计数显示单元。待各单元电路的逻辑功能正确，工作正常后，再将所有单元电路逐级连接起来进行测试。最后测试电子秒表整个电路的功能。这样的测试方法有利于检查和排除故障.保证实验顺利进行。

1. 基本 RS 触发器的测试(略)

2. 单稳态触发器的测试

① 静态测试。用直流数字电压表测量 A、B、D、F 各点电位值，记录在表 2.8.9 所列。

表 2.8.9　静态测试

	A 点电位值	B 点电位值	D 点电位值	F 点电位值
各点电位值				

② 动态测试。输入端接 1 kHz 连续脉冲源，用示波器观察并描绘 D 点(u_D)、F 点(u_o)的波形。如觉得单稳输出脉冲持续时间太短.难以观察，可适当加大微分电容 C (如改为 0.1 μF)，待测试完毕，再恢复为 4700 pF。

3. 时钟发生器的测试

用示波器观察输出电压波形并测量其频率，调节电位器 R_W，使输出矩形波频率为 50 Hz。

4. 计数器的测试

① 计数器 1 接成五进制形式，$R_0(1)$、$R_0(2)$、$S_0(1)$、$S_0(2)$接逻辑开关输出插口，CP_2 接单次脉冲源。CP_1 接高电平“1”，Q_D～Q_A 接译码显示输入端 D、C、B、A，测试加法计数器 74LS90 的逻辑功能，记录在自制的表格中。

② 计数器 2 及计数器 3 接成 8421 码十进制形式，同①进行逻辑功能测试，记录在自制的表格中。

③ 将计数器 1、2、3 级联，进行逻辑功能测试，记录在自制的表格中。

5. 电子秒表的整体测试

各单元电路测试正常后，按图 2.8.7 把各单元电路连接起来，对电子秒表进行总体测试。

按动按钮开关 K_2，电子秒表不工作，再按一下按钮开关 K_1，则计数器清零后便开始计时。观察数码管显示计数情况是否正常，如不需要计时或暂停计时，按一下开关 K_2，计时立即停止，但数码管保留所计时之值。

6. 电子秒表准确度的测试

利用电子钟或手表的秒计时对电子秒表进行校准。

思考题

(1) 电子秒表在调试中要注意什么?

(2) 电路中为什么要 3 个加法器 74LS90，每个加法器的作用是什么?

(3) 74LS90 在什么时候输出 8421BCD 码?

(4) 怎么对基本 RS 触发器进行测试?

(5) 设计与本实验方案不同的时钟源,供本实验用,并画出电路图,选取元器件。

(6) 设计与本实验方案不同的启动和停止电路,并画出电路图,选取元器件。

实验报告要求

(1) 总结电子秒表整个调试过程。

(2) 分析实验过程中遇到的问题及故障排除方法。

(3) 讨论总结出解决的方法。

(4) 回答以上思考题。

实验九　555 集成定时器的应用

内容提示

1. 理解 555 集成电路工作原理；
2. 了解 555 器件的功能和应用；
3. 学会 555 应用电路的分析；
4. 增强电路的连线及处理能力。

实验目的

(1) 通过实验，加深对 555 集成电路工作原理的理解。

(2) 通过应用练习，了解 555 器件的功能和应用方法。

(3) 了解用 555 定时器组成的多谐振荡器。

(4) 了解用 555 定时器组成单稳态触发器。

(5) 增强学生的电路连线能力和故障分析、排除能力。

实验设备

本实验需要的实验设备如表 2.9.1 所列。

表 2.9.1　实验设备

序　号	设备名称	数　量
1	数字逻辑学习机	1 台
2	示波器	1 台
3	万用表	1 块
4	电阻电容	数个
5	电子琴琴键	1 组

预习要求

(1) 预习教材有关章节，理解定时器及其应用电路的工作原理。

(2) 掌握 555 器件的功能和应用。

(3) 认真阅读本章的内容，对本次实验的目的和任务要做到心中有数。

(4) 计算简易电子琴电路中 $R_{21} \sim R_{27}$ 的电阻值。此时 $C=0.1\ \mu F$。

(5) 认真按要求预习实验并了解实验的详细步骤和需要填写的数据表格。

(6) 回答预习思考题：

① 555 定时器是一种什么样的电路？

② 简述 555 集成定时器功能表的功能。

③ 什么是多谐振荡器？它的特征是什么？

④ 多谐振荡器的振荡怎么调？

⑤ 什么是单稳态触发器？它和多谐振荡器有什么不同？

⑥ 单稳态触发器输入脉冲为什么要窄的负脉冲？窄到什么程度？

⑦ 当单稳态触发器每输入一个窄的负脉冲，则输出端 U_o 得到什么脉冲？

⑧ 说明电子琴的工作原理。

实验原理

1. 555 定时器

555 定时器是一种模拟电路和数字电路相结合的中规模集成电路。常用的有 TTL 型与 CMOS 型。无论哪种型号，它们的外引脚排列和功能都相同，如图 2.9.1 所示。

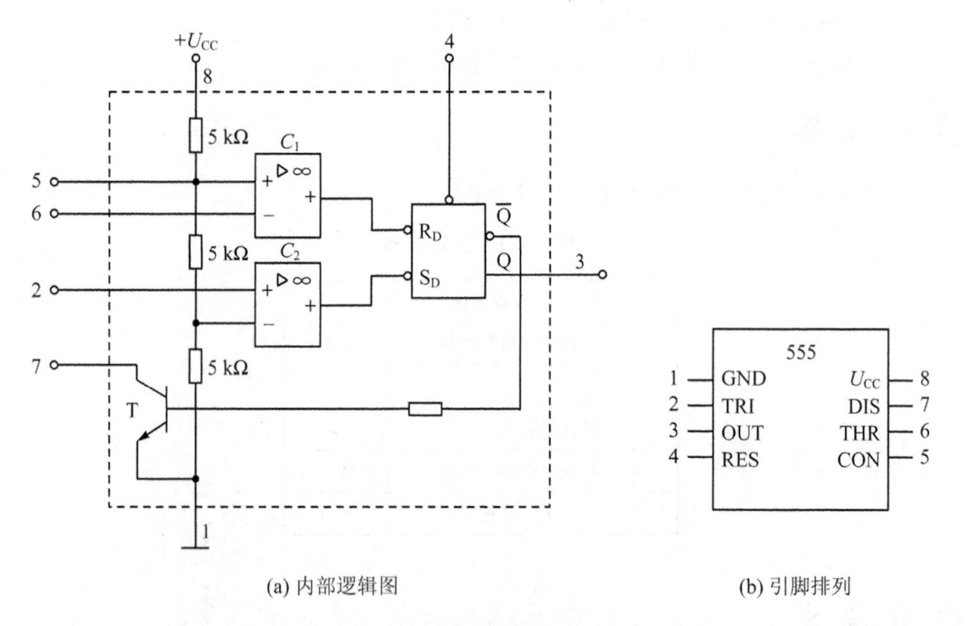

图 2.9.1　555 定时器内部逻辑电路和外引线排列

在该器件的内部含有两个电压比较器（C_1，C_2）和一个由“与非门”组成的基本 RS 触发器；T 为放电晶体管；三个电阻组成分压器，取得 $\frac{2}{3}U_{CC}$ 和 $\frac{1}{3}U_{CC}$ 电压，分别作为 C_1，C_2 比较器的参考电压。其各引脚的名称及功能如下：

① “1”为接地端。

② “2”(TR)为低电平触发端。在该端输入电压高于$\frac{1}{3}U_{CC}$时，比较器C_2输出为“1”；当输入电压低于$\frac{1}{3}U_{CC}$时，比较器C_2输出为“0”，使RS触发器置“1”。

③ “3”(U_o)为输出端。输出为“1”时的电压比电源电压U_{CC}低2 V左右。输出最大电流为200 mA。

④ “4”(R_0)为复位端。在此端输入负脉冲(“0”电平，低于0.7 V)可使触发器直接置“0”，“555”正常工作时，应将它接高。

⑤ “5”(C_O)为电压控制端。静态时，此端电位为$\frac{2}{3}U_{CC}$。若在此端外加直流电压，可改变分压器各点电位值。在没有其他外部联线时，应在该端与地之间接入0.01 μF的电容，以防干扰引入比较器C_1的同相端。

⑥ “6”(TH)为高电平触发器。该端输入电压低于$\frac{2}{3}U_{CC}$时，比较器C_1输出为“1”，当输入电压高于$\frac{2}{3}U_{CC}$时，C_1输出为“0”。使RS触发器置“0”。

⑦ “7”(D)为放电端，当输出$U_o=0$，触发器$Q=0$，$\bar{Q}=1$，放电晶体管T导通，相当7端对地短接。当$U_o=1$，即$\bar{Q}=0$时，T截止，7端与地隔离。

⑧ “8”为电源端。CMOS555集成定时器的电源电压在4.5～18 V范围内使用。

555集成定时器的功能如表2.9.2所列。

表 2.9.2　555 集成定时器功能表

$\bar{R}_D$	TH	TR	U_o	T
0	×	×	0	导通
1	大于$\frac{2}{3}U_{CC}$	大于$\frac{1}{3}U_{CC}$	0	导通
1	小于$\frac{2}{3}U_{CC}$	小于$\frac{1}{3}U_{CC}$	1	截止
1	小于$\frac{2}{3}U_{CC}$	大于$\frac{1}{3}U_{CC}$	保持	保持

2. 用 555 定时器组成的多谐振荡器

多谐振荡器电路如图2.9.2(a)所示。刚接通电源时，C未充电，因此电容C上的电压$U_C=0$，所以TH及TR的电位均小于$\frac{1}{3}U_{CC}$，此时输出$U_o=1$，555器件内部的放电三极管截止。此后，电源通过R_1和R_2对电容C充电，u_C充电到$\frac{2}{3}U_{CC}$之前$U_o=1$的状态保持不变。当电容C充电到$\frac{2}{3}U_{CC}$以上时，TH和TR的电位均大于$\frac{2}{3}$

U_{CC}，555 输出端 $U_o=0$，内部放电三极管 T 导通，电容器 C 经过电阻 R_2 至三极管 T 而放电，电压 u_C 下降，当下降到 $\frac{1}{3}U_{CC}$ 以下时，U_o 再次变为 1，于是电容 C 再次充电。如此周而复始，使输出 U_o 为连续方波。

方波周期取决于 R_1，R_2 和 C 的大小，在充电过程中，电容电压从 $\frac{1}{3}U_{CC}$ 增大到 $\frac{2}{3}U_{CC}$ 所需时间为 $T_1=(R_1+R_2)\cdot C\ln\left[\frac{U_C(\infty)-U_C(0)}{U_C(\infty)-U_C(t_1)}\right]$，式中 $U_C(0)=\frac{1}{3}U_{CC}$，$U_C()=U_{CC}$，$U_C(t_1)=\frac{2}{3}U_{CC}$，因此 $T_1=0.7(R_1+R_2)C$。在放电过程中，$U_C(0)=\frac{2}{3}U_{CC}$，$U_C(t_2)=\frac{1}{3}U_{CC}$，$U_C()=0$。

所以 $T_2=R_2C\ln\left[\frac{u_C(\infty)-u_C(0)}{u_C(\infty)-u_C(t_2)}\right]=0.7R_2C$。这样，多谐振荡器的振荡周期为：

$$T=T_1+T_2=0.7(R_1+2R_2)C$$

振荡频率为：

$$f=\frac{1}{T}=\frac{1}{0.7(R_1+2R_2)C}$$

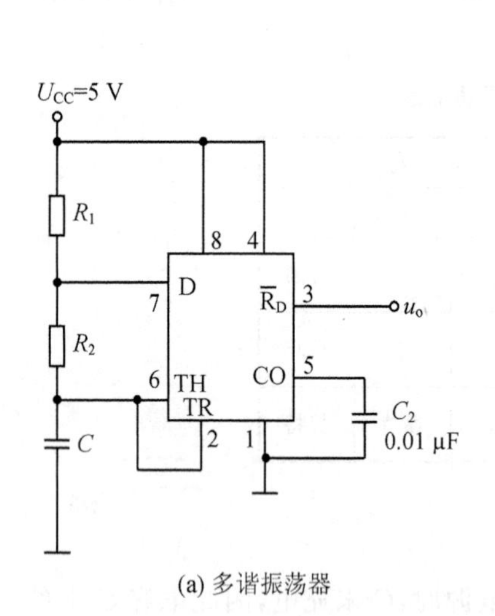

(a) 多谐振荡器

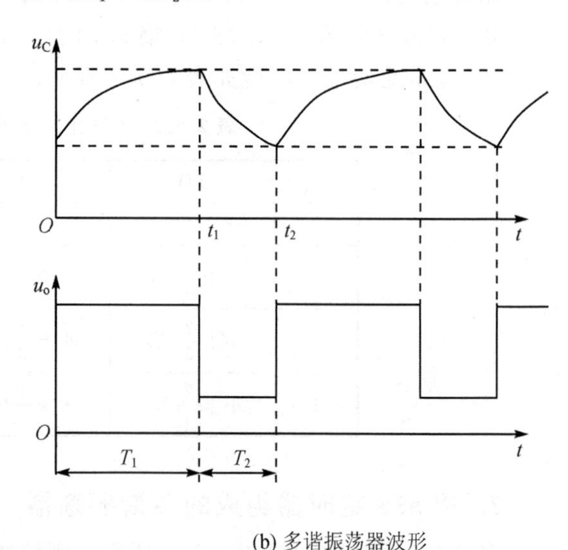

(b) 多谐振荡器波形

图 2.9.2 555 集成定时器构成多谐振荡器

如果将积分电路的电阻、电容通过开关控制切换，改变其值，就可改变它的输出频率。按此思路，我们便可以设计一个电子琴电路。

图 2.9.3 是一简易电子琴电路，$S_1\sim S_7$ 表示琴键开关，按下不同琴键时，振荡器接入不同的阻值，从而形成不同的振荡频率。定时器的输出送扬声器，我们就能听到

不同音调的声音。

C 调的七个音符对应的频率如表 2.9.3 所列。

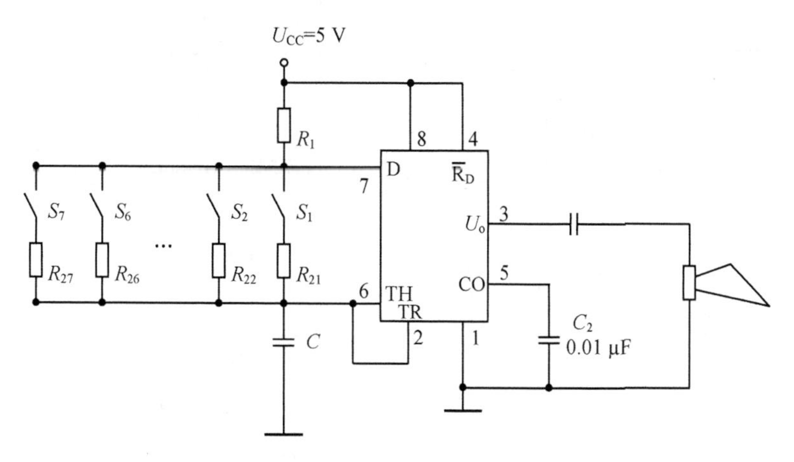

图 2.9.3　简易电子琴电路

表 2.9.3　七个音符的频率

C 调音符	1	2	3	4	5	6	7
音频 f/Hz	264	297	330	352	396	440	495

3. 用 555 定时器组成单稳态触发器

单稳态触发器如图 2.9.4(a)所示。当电路接通电源而没有输入信号 u_i 时，TR 端为高电平，电容 C 被充电；在 U_C 上升到超过$\frac{2}{3}U_{CC}$后，555 的输出 U_o 为低电平，同时内部三极管导通，使电容经 7 脚对地放电，TH 端变为低电平，但输出电压 U_o 仍保持为低电平。

在 t_1 时刻，TR 端输入一个负脉冲后，TR 的电位小于$\frac{1}{3}U_{CC}$，输出端电压 $U_o=1$，三极管 T 截止，电源经 R 对 C 充电，U_C 增加，但只要电压 $u_C<\frac{2}{3}U_{CC}$，输出电压 U_o 便保持不变，$U_o=1$，电路处于暂稳定状态，随着 C 的充电，U_C 逐渐升高，如图 2.9.4(b) 所示，到 t_3 时刻，$U_C>\frac{2}{3}U_{CC}$ 时，此时输入的负脉冲已不存在，TR 恢复为大于$\frac{1}{3}U_{CC}$，U_o 自动由 1 变为 0。由上述分析可看出，每输入一个窄的负脉冲，则输出端 U_o 得到一个较宽的正脉冲。该正脉冲宽度 t_p 与 RC 充电时间常数有关。由此波形图可见，电容器 C 两端电压初始值 $U_C(0)=0$ V，终值 $U_C(\infty)=U_{CC}$。在 t_3

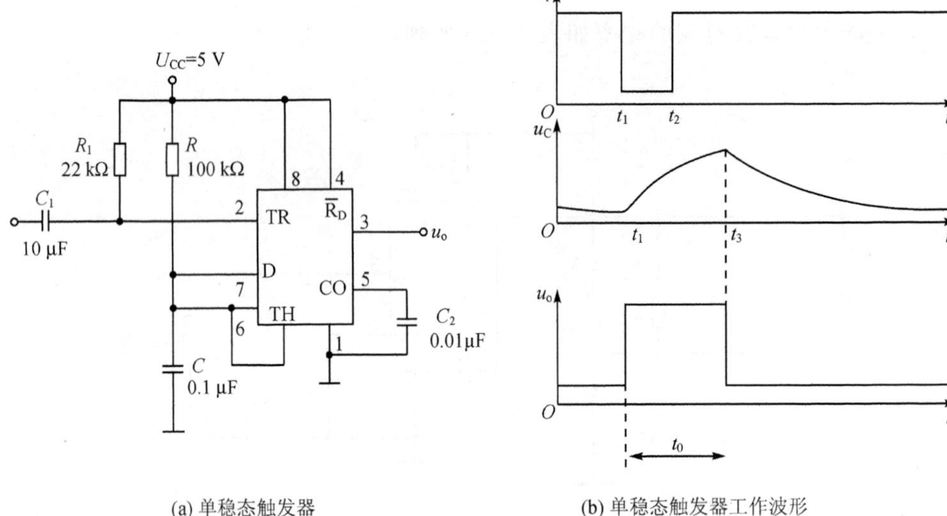

(a) 单稳态触发器　　　　(b) 单稳态触发器工作波形

图 2.9.4　555 集成定时器构成单稳态触发器

时，$U_C(t_3)=\dfrac{2}{3}U_{CC}$，所以输出矩形正脉冲宽度。

$$t_p=RC\ln\left[\frac{U_C(\infty)-U_C(0)}{U_C(\infty)-U_C(t_2)}\right]=RC\ln 3=1.1RC$$

实验内容及步骤

1. 555 多谐振荡器实验

(1) 按图 2.9.2 连接电路。取电源 $U_{CC}=5$ V，R_1 为 200 Ω，R_2 为 27 kΩ，$C=0.1$ μF。

(2) 用双踪示波器观察并记录 6 端 U_C 及 3 端 U_o 的波形。测定其频率并记录。

2. 简易电子琴实验

(1) 根据预习时算出的 $R_{21}\sim R_{27}$ 阻值，用万用表进行挑选。无此电阻值时，可采用电阻的串、并联或电位器调节来获得。

(2) 按图 2.9.3 连接线路。

(3) 试音：按下 $S_1\sim S_7$ 琴键开关，试听 C 调的 1,2,3,4,5,6,7 音调。并用示波器测声音的频率。

3. 555 单稳态触发器实验

(1) 按图 2.9.4 选取元件，并搭试电路。

(2) 令 $U_i=0$ V，用万用表测量“3” 端(输出端)的电压 U_o；“5” 端(控制电压端)的电位 U_5 及电容 C 两端的电压 U_C，并与理论计算值相比较。

(3) 取 U_i 频率为 $f=500$ Hz 的 TTL 矩形脉冲，占空比为 70%，用双踪示波器观察并记录 U_i 和 3 端 U_o 的波形。测量 U_o 正脉冲宽度。

思考题

(1) 不用 555 定时器而用其他器件能不能组成多谐振荡器？如何组成？

(2) 不用 555 定时器而用其他器件能不能组成单稳态触发器？如何组成？

(3) 多谐振荡器可以用来做电子琴，还可以做什么？

(4) 单稳态触发器可以用来做什么？举例说明。

(5) 多谐振荡器的频率 f 与 R_1，R_2，C 各参数的关系是什么？若改变电源电压 U_{CC}，频率 f 是否变化？

实验报告要求

本次实验的实验报告应包括以下内容：

(1) 整理实验中记录的波形、数据。

(2) 根据实验内容 1 所测得的 U_C 和 U_o 波形，分析其对应关系。

(3) 将示波器测得的电子琴输出音频与计算值比较。

(4) 回答预习问题。

(5) 回答以上思考题。

实验十　晶体管多级放大电路

(1) 掌握多级放大电路的电压放大倍数的测量方法。
(2) 测量多级放大电路的频率特性。
(3) 了解工作点对动态范围的影响。

实验设备

本实验需要的实验设备如表 2.10.1 所列。

表 2.10.1　实验设备

序　号	设备名称	数　量
1	模拟(模数综合)电子技术实验箱	1台
2	数字式直流电压、电流表	1台
3	函数发生器及数字频率计	1台
4	电子管毫伏表	1台
5	双踪示波器	1台

预习内容

(1) 预习有关多级放大电路的理论。
(2) 预习实验原理和步骤。
(3) 计算多级放大电路的电压放大倍数。

实验原理

实验电路如图 2.10.1 所示。总的电压放大倍数

$$A_0=\frac{U_{o2}}{U}=\frac{U_{o1}}{U}\cdot\frac{U_{o2}}{U_{o1}}=A_{u1}\cdot A_{u2}$$

本实验电路输入端加入了一个$\frac{R_2}{R_1+R_2}=\frac{51\ \Omega}{5.1\times10^3\ \Omega+51\ \Omega}\approx\frac{1}{100}$的分压器，其目的是为了使交流毫伏表可在同一量程下测 U_S 和 U_{o2}，以减少因仪表不同量程带来的附加误差。电阻 R_1、R_2 应选精密电阻，且 $R_2\ll r_{i1}$。接入 $C_7=6\ 800$ pF 是为了使放大电路的 f_H 下降，便于用一般实验室仪器进行测量。

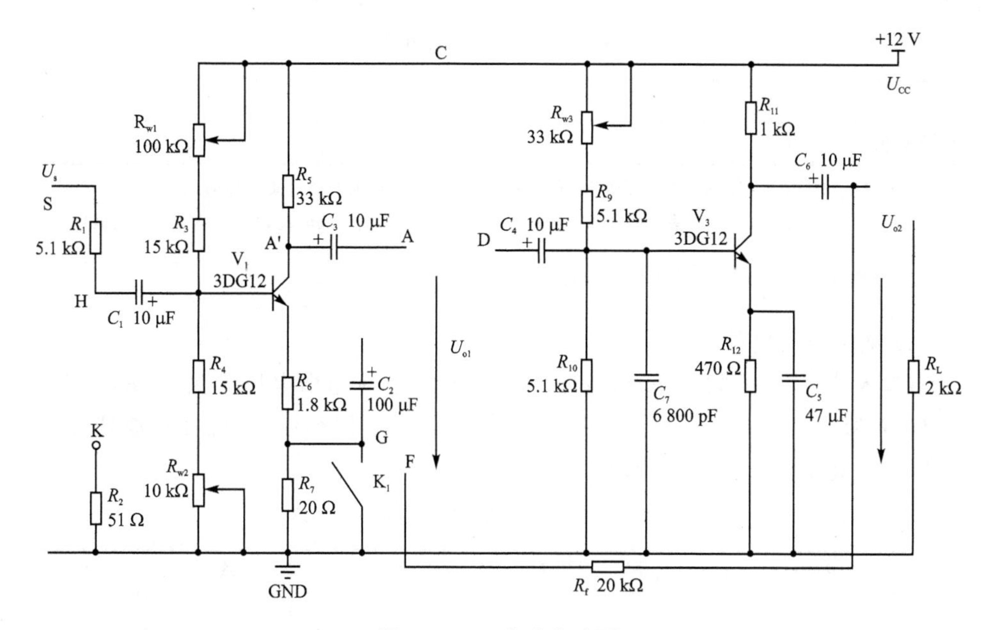

图 2.10.1　实验电路图

必须指出，当改变信号源频率时，其输出电压的大小略有变化，测放大电路幅频特性时，应予以注意。

实验步骤

（1）测量三极管 V_1、V_2 和 V_3 的 β 值，本实验中再测三极管 V_2 和 V_3 的 β 值，记入表 2.10.2 中。

表 2.10.2　β 值测量

变　量	β_1	β_2	β_3
实验值			

（2）调节工作点。

① 按图 2.10.1 接线，图中 H、K 用线接起来，R_{W2} 两端用线短接，与 R_7 并联的小开关合上，连接 R_6 和 C_2 的上面两端，将 V_1 的集电极与 C_4 电容正极接通，就组成了图 2.10.1 的两级阻容耦合放大电路。

② 调节 R_{W1} 和 R_{W3}，使 $I_{E1} \approx 1.3$ mA，$I_{E3}=4.9$ mA（通过测量 R_6、R_{12} 上电压求得），将在三极管 V_1、V_3 的工作点记入表 2.10.3 中。

表 2.10.3　工作点测试

		U_{B1}/V	U_{E1}/V	U_{C1}/V	I_{C1}/mA	U_{B3}/V	U_{E3}/V	U_{C3}/V	I_{C3}/mA
实验值									

表中：U_{B1}、U_{E1}、U_{C1} 分别代表三极管 V_1 的基极对地电位，发射极对地及集电极对地电位。

U_{B3}、U_{E3}、U_{C3} 分别代表三极管 V_3 的基极、发射极、集电极对地电位，I_{C1} 为 V_1 的集电极电流，$I_{C1}=\frac{V_{E1}}{R_6}$；$I_{C3}$ 的集电极电流 $I_{C3}=\frac{V_{E3}}{R_{12}}$。

（3）测量放大倍数。

当输入信号 U_i 的频率 $f=1$ kHz，U_i 的大小应使输出电压不失真，$R_L=2$ kΩ 时，测试各级放大倍数。测得的数据填入表 2.10.4。但须注意，应在示波器监视输出波形不失真条件下，才能读取数据。

表 2.10.4　各级放大倍数测试（$R_L=2$ kΩ）

	U_i/mV	U_{o1}/mV	U_{o2}/mV	A_{u1}	A_{u2}	$A_{u总}$
实验值						
计算值						

（4）测量幅频特性。

保持 $U_s=100$ mV 的条件下，改变输入信号的频率，先找出本放大电路的 f_L 和 f_H，然后测试多级放大电路的幅频特性。

测放大电路下限频率 f_L 和上限频率 f_H 的方法是：在前面测量放大倍数实验中，已测出了中频段的电压放大倍数 A_u，和此时放大电路的输出电压 $U_o=U_{o2}$ 的值。调节函数发生器输出正弦波频率，若先降低频率，且保持 U_i 大小不变，测 U_o 的值，当输出电压的值降到中频段输出电压值的 0.707 倍时，此时对应的频率即为下限频率。再将信号源的频率升高，当 f 升高到一定值，若输出电压值再度降到中频段输出电压的 0.707 倍时，此时对应的频率即为上限频率 f_H。实验数据记录在表 2.10.5 中。

表 2.10.5　频率特性测试　f_L=________　f_H=________

f/Hz	1000									
U_{o2}/mV										
A_u										

注：用双对数坐标纸画出幅频特性。

（5）末级动态范围测试（$R_L=2$ kΩ）。

用示波器观察 U_{o2} 的波形，输入信号频率 $f=1$ kHz，调节 U_s 从 100 mV 逐渐增大，直到 U_{o2} 的波形在正或负峰值附近开始产生削波，这时适当调节 R_{W3}，直到在某一个 U_s 下，U_{o2} 的波形在正、负峰值附近同时开始削波，这表明 V_3 的静态工作点正

好处于动态(交流)负载的中点。再缓慢减小 U_s 到 U_{o2} 无明显失真,将 V_3 的工作点(U_{B2}、U_{C2}、U_{E2})以及 U_{o2P-P} 记入表 2.10.5 中。

表 2.10.6　末级动态范围测试

实验值	
图解法	

实验报告要求

本次实验的实验报告应包括以下内容：

(1) 整理实验结果,总结多级放大电路的功能和特点。

(2) 总结多级放大电路的电压放大倍数的测量方法。

(3) 总结多级放大电路的频率特性的测量方法。

(4) 说明工作点对动态范围的影响。

实验十一　用SSI设计组合逻辑电路的实验分析

实验目的

1. 掌握组合逻辑电路的分析方法；
2. 掌握组合逻辑电路的设计方法及检测方法。

实验设备

本实验需要的实验设备如表2.11.1所列。

表2.11.1　实验设备

序　号	设备名称	数　量
1	数字电子技术实验箱	1台
2	数字万用表	1台
3	7400	3个
4	7420	2个

预习内容

(1) 预习有关组合逻辑电路的理论。

(2) 画出设计的电路逻辑图,图中必须标明引脚号。

实验原理

1. 分析方法

组合逻辑电路的分析方法是根据组合逻辑电路的逻辑图,研究电路在各种输入组合状态下的输出值,作出相应的真值表和逻辑函数表达式。

① 根据给定的逻辑图写出输出函数的逻辑表达式。

② 进行化简,求出输出函数的最简表达式。

③ 列出输出函数的真值表。

④ 说出给定电路的基本功能。

2. 组合逻辑电路设计的一般步骤

① 根据任务要求列出输入与输出间的真值表。

② 把真值表用卡诺图或逻辑函数表达式表示。

③ 用卡诺图或公式法化简函数。

④ 根据简化的逻辑表达式构成逻辑电路。

实验步骤

(1) 分析全加器的逻辑功能

① 写出图 2.11.1 所示电路的逻辑表达式。

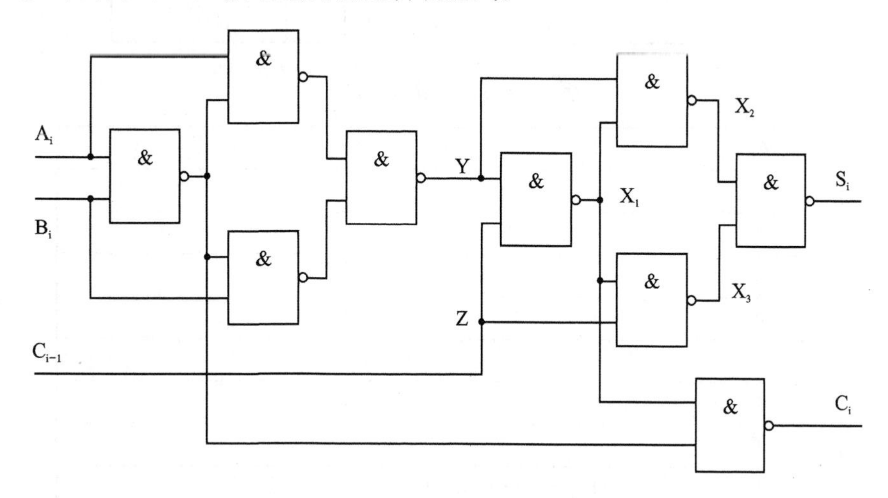

图 2.11.1　与非门实现全加器逻辑图

② 根据逻辑表达式列出真值表,并填入表 2.11.2 中。

表 2.11.2　实验数据(一)

A_i	B_i	C_{i-1}	Y	Z	X_1	X_2	X_3	S_i	C_i
0	0	0							
0	0	1							
0	1	0							
0	1	1							
1	0	0							
1	0	1							
1	1	0							
1	1	1							

③ 根据真值表画出逻辑函数 S_i、C_i 的卡诺图,并填入表 2.11.3 中。

④ 按图 2.11.1 对电路进行测试,并将结果记录在表 2.11.4 中,与表 2.11.2 比较逻辑功能是否相符。

表 2.11.3　实验数据(二)

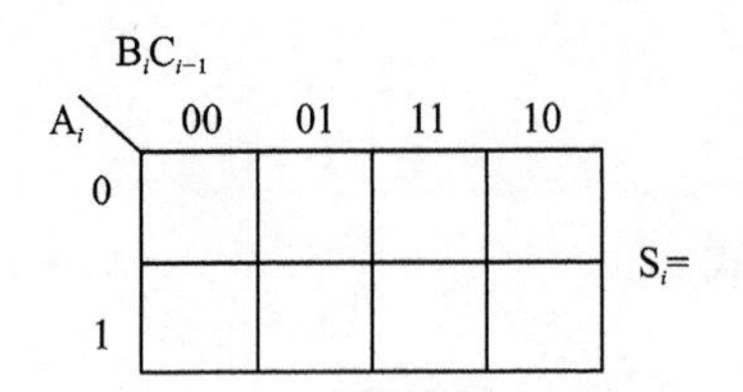

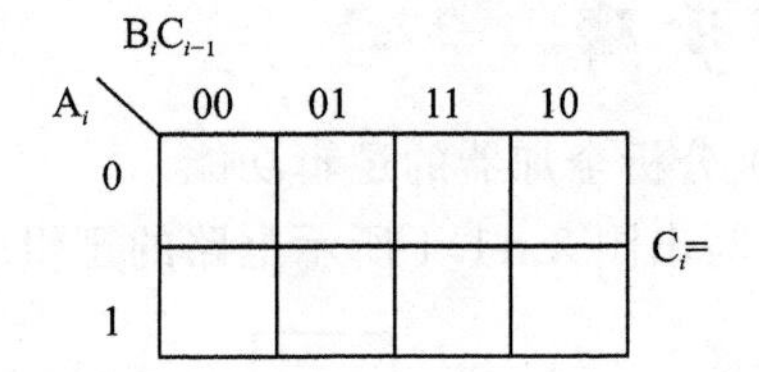

表 2.11.4　实验数据(三)

A_i	B_i	C_{i-1}	S_i	C_i
0	0	0		
0	0	1		
0	1	0		
0	1	1		
1	0	0		
1	0	1		
1	1	0		
1	1	1		

(2) 人类有四种血型：A、B、AB 和 O 型。输血时，输血者和受血者必须符合图 2.11.2的规定，否则有生命危险，试用与非门设计一个电路，判断输血者和受血者的血型是否符合规定。（提示：可用两个自变量的组合代表输血者的血型，另外两个自变量的组合代表受血者的血型，用输出变量代表是否符合规定。）

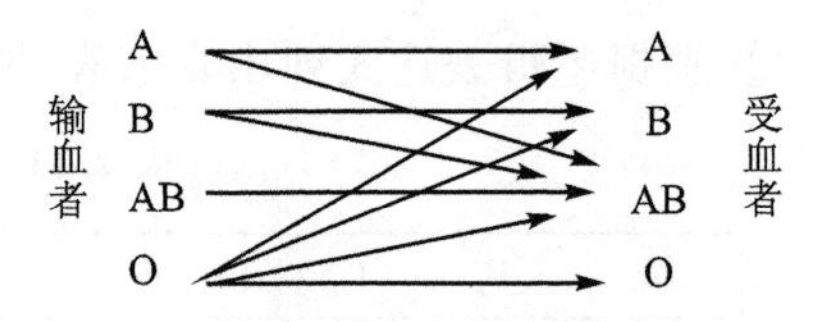

图 2.11.2　正确的输血流程图

实验报告要求

本次实验的实验报告应包括以下内容：

(1) 整理实验结果，总结逻辑功能。

(2) 在实验内容(2)中，如何选择两个自变量的组合与血型的对应关系，使得电路为最简？

(3) 你认为何种实验方式收获较大？存在什么问题？如何改进？

实验十二　MSI 组合功能件的应用 I

实验目的

(1) 掌握应用异或门电路设计构成半加器、原码/反码发生器、奇偶校验器。

(2) 掌握半加器和全加器的逻辑功能及测试方法。

(3) 用中规模集成全加器 CD4008 构成三位并行加法电路。

实验设备

本实验需要的实验设备如表 2.12.1 所列。

表 2.12.1　实验设备

序　号	设备名称	数　量
1	数字(模数综合)电子技术实验箱	1 台
2	数字万用表	1 块
3	7408,7432,7486,CD4008	各 1 个

预习内容

(1) 复习有关加法器部分内容。

(2) 能否用其他逻辑门实现半加器和全加器?

(3) 三位加法电路是如何实现三位二进制数相加的?

实验原理

在数字系统中,经常需要进行算术运算,逻辑操作及数字大小比较等操作,实现这些运算功能的电路是加法器。加法器是一般组合逻辑电路,主要功能是实现二进制数的算术加法运算。

半加器完成两个一位二进制数相加,而不考虑由低位来的进位。半加器逻辑表达式为

$$S_n = A_n\overline{B}_n + \overline{A}_nB_n = A_n \oplus B_n$$

$$C_n = A_nB_n$$

逻辑符号如图 2.12.1 所示,$A_n B_n$ 为输入端,S_n 为本位数据输出端,C_n 为向高位进位输出端。图 2.12.2 为用与门和异或门实现半加器的电路图。

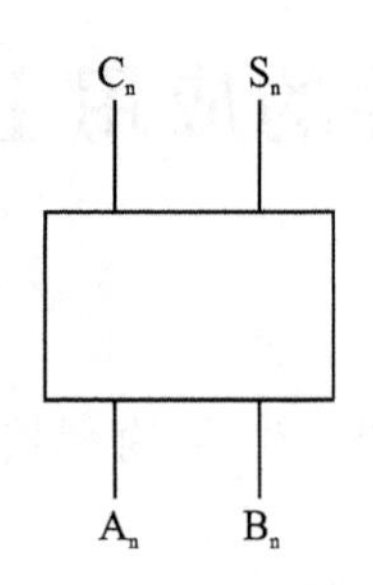

图 2.12.1　半加器逻辑符号

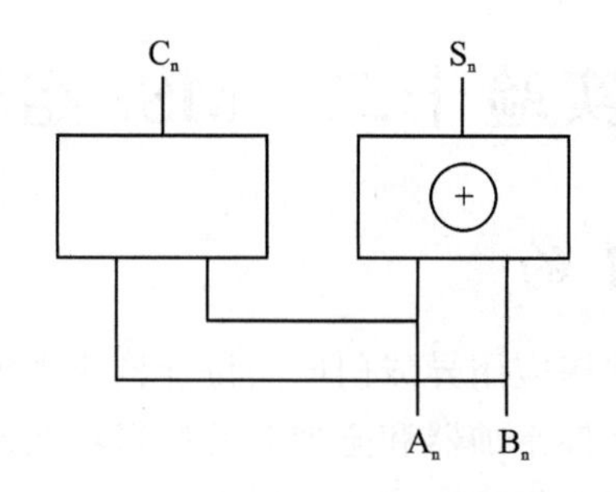

图 2.12.2　半加器电路图

全加器是带有进位的二进制加法器，全加器的逻辑表达式为逻辑符号如图 2.12.3 所示，它有三个输入端 A_n、B_n、C_{n-1}，C_{n-1} 为低位来的进位输入端，两个输出端 S_n、C_n。实现全加器逻辑功能的方案有多种，图 2.12.4 为用与门、或门及异或门构成的全加器。

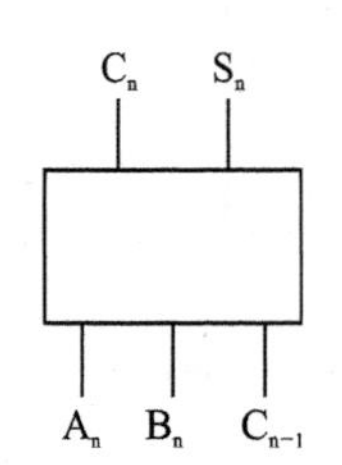

图 2.12.3　全加器逻辑符号

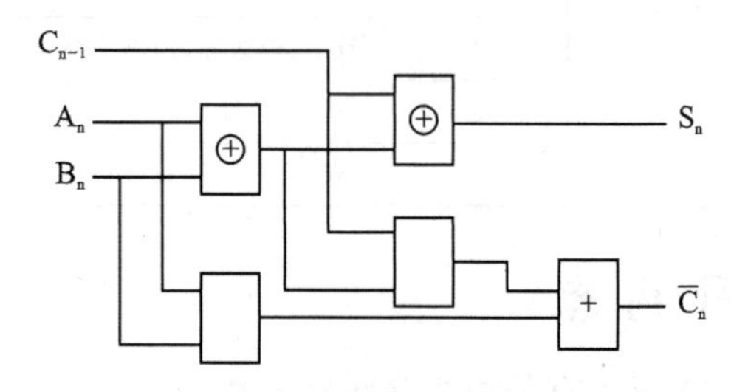

图 2.12.4　全加器电路图

中规模集成电路四位全加器 CD4008 内部逻辑图及引脚排列如图 2.12.5(a)、(b)所示。

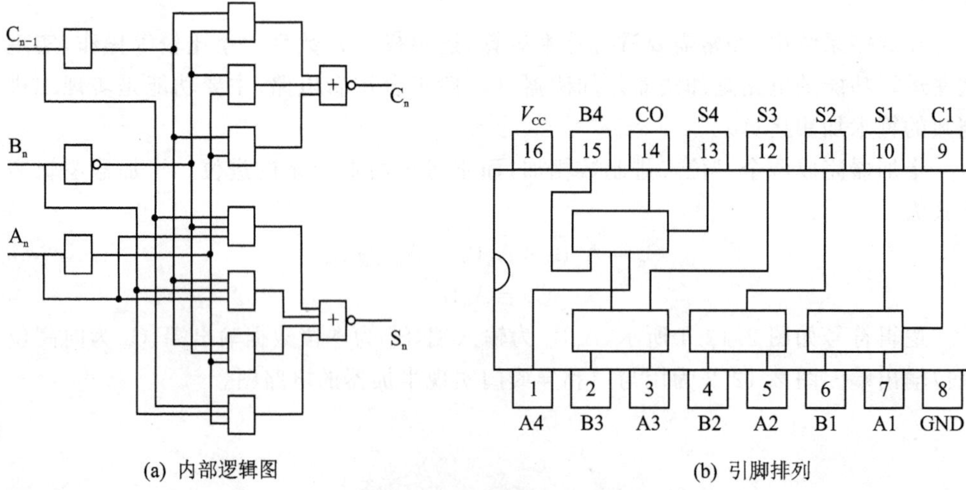

(a) 内部逻辑图　　(b) 引脚排列

图 2.12.5　全加器 CD4008

实现多位二进制数相加有多种形式电路，其中比较简单的一种电路是采用并行相加，逐位进位的方式。图 2.12.6 所示为三位并行加法电路，能进行两个三位二进制数 A_2、A_1、A_0 和 B_2、B_1、B 相加，最低位由于没有来自更低位的进位，故采用半加器。如果把全加器 C_{n-1} 端接地，即可作为半加器使用。作为一种练习，本实验采用异或门和与门作为半加器，并采用 CD4008 的中的两位全加器分别作为三位加法器中的次高位和最高位。

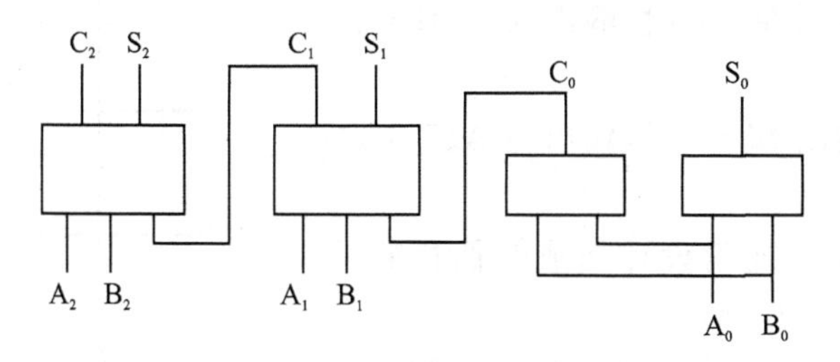

图 2.12.6　三维并行加法电路

它们的引脚排列相同，故只给出 7408 引脚图，如图 2.12.7 所示。

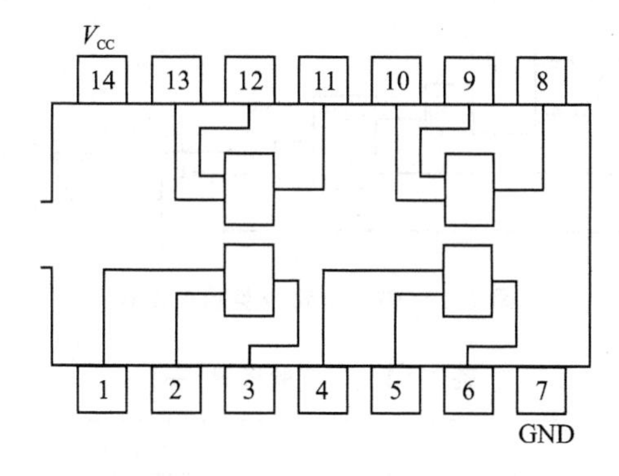

图 2.12.7　7408 引脚图

本实验采用的与门型号为 2 输入四与门 7408，或门型号为 2 输入四或门 7432，异或门型号为 2 输入四异或门 7486，如图 2.12.8 所示。

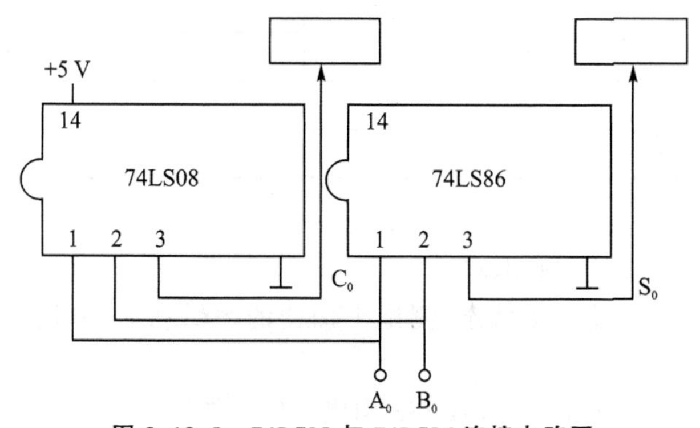

图 2.12.8　74LS08 与 74LS86 连接电路图

实验步骤

(1) 分别检查 7408、7432、7486 的逻辑功能门的输入端接逻辑开关，输出端接电平指标器，并记录之。

(2) 用 7486 异或门设计构成原码/反码发生器(参考电路如图 2.12.9 所示)。

① 当模式控制 M=0 时，输出为 A、B、C、D(原码输出)；

② 当模式控制 M=1 时，输出为 A、B、C、D(反码输出)。

(3) 用 7486 异或门设计构成奇偶校验器(参考电路如图 2.12.10)。

该电路用来决定每一组(4 位)二进制数的奇偶数结果，可用于一些数据交换电路中。将实验结果记录在表 2.12.2 中。

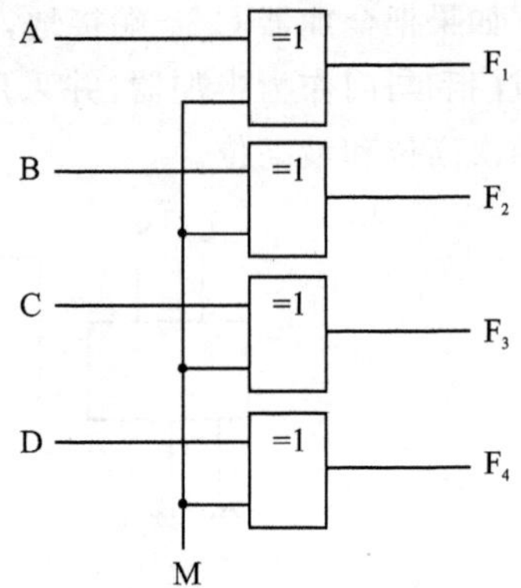

图 2.12.9　原码/反码发生器电路图

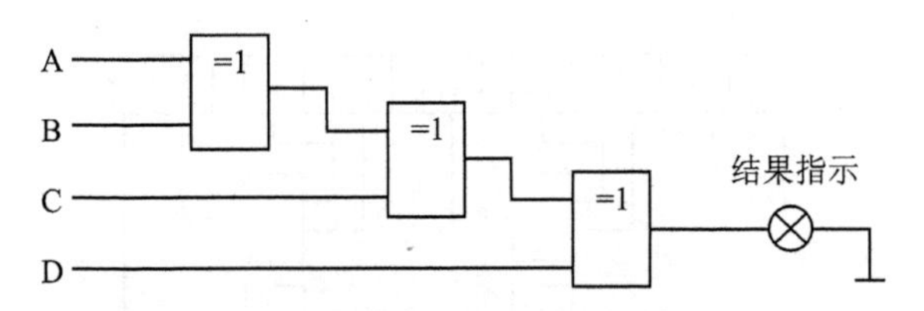

图 2.12.10　奇偶校验器电路图

表 2.12.2　实验数据(一)

A	B	C	D	奇偶性	"1"的个数	指示结果
1	0	0	0	奇	1	
0	1	1	0	偶	2	
1	1	0	1	奇	3	
0	0	0	1	奇	1	
0	0	1	1	偶	2	
1	0	0	1	偶	2	
1	0	1	0	偶	2	

(4) 用 7408 及 7486 构成一位半加器。

参考图 2.12.8 连接实验电路。

按表 2.12.3 改变输入端状态，测试半加器的逻辑功能，并记录之。(此线路保留，下面要用)。

(5) 用 74LS08、74LS86 及 74LS32 构成一位全加器。

参考图 2.12.4 连接实验电路。

按表 2.12.4 改变输入端状态，测试全加器的逻辑功能，并记录之。

表 2.12.3　半加器实验数据

输　入		输　出	
A_o	B_o	S_o	C_o
0	0		
0	1		
1	0		
1	1		

表 2.12.4　全加器实验记录

输　入			输　出	
A_n	B_n	C_{n-1}	S_n	C_n
0	0	0		
0	0	1		
0	1	0		
0	1	1		
1	0	0		
1	0	1		
1	1	0		
1	1	1		

(6) 使用一个 4 位二进制全加器，设计将 8421 码转换成余 3 码的电路，画出设计的电路图，检测电路功能，完成表 2.12.5 中二进制码的运算并将结果记录在其中。

表 2.12.5　二进制全加器实验数据

8421 码				余 3 码			
D	C	B	A	Z_4	Z_3	Z_2	Z_1
0	0	0	0				
0	0	0	1				
0	0	1	0				
0	0	1	1				
0	1	0	0				
0	1	0	1				
0	1	1	0				
0	1	1	1				
1	0	0	0				
1	0	0	1				

(7) 三位加法电路。

参考图 2.12.11 构成三位加法电路。

按表 2.12.6 改变加数和被加数，记录相加结果。

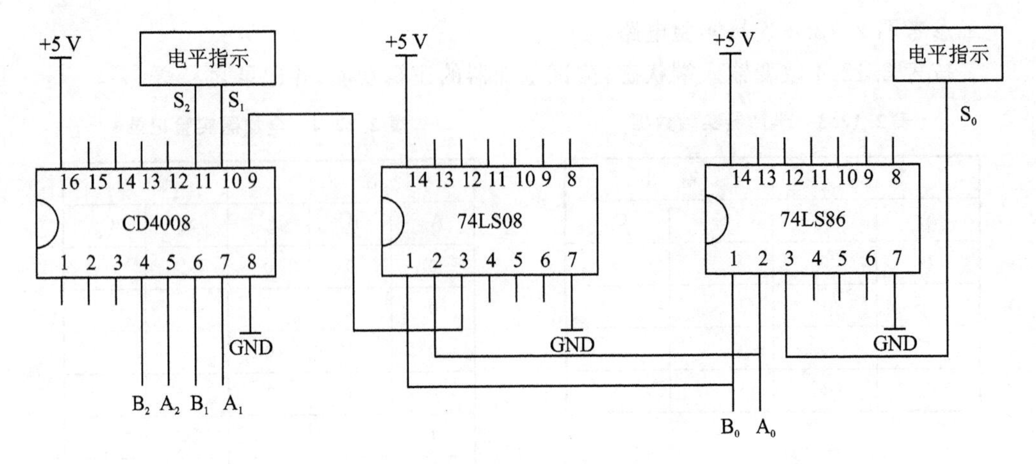

图 2.12.11　三维加法电路

表 2.12.6　三维加法电路实验数据

加　数			被加数			相加结果		
A_2	A_1	A_0	B_2	B_1	B_0	S_2	S_1	S_0
0	1	1	0	1	0			
0	1	1	1	0	0			
1	0	1	1	1	0			
1	1	1	1	1	1			

实验报告要求

本次实验的实验报告应包括以下内容：

(1) 整理实验结果，总结逻辑功能。

(2) 对用 7408、7486 及 7432 构成的全加器与集成全加器 CD4008 进行比较。

(3) 讨论三位加法电路实验结果的正确性。

实验十三　MSI 组合功能件的应用Ⅱ

实验目的

(1) 掌握译码器的逻辑功能及使用方法。

(2) 熟悉中规模集成数据选择器的逻辑功能及测试方法。

(3) 学习用集成数据选择器进行逻辑设计。

实验设备

本实验需要的实验设备如表 2.13.1 所列。

表 2.13.1　实验设备

序　号	设备名称	数　量
1	数字(模数综合)电子技术实验箱	1 台
2	数字万用表	1 块
3	74138、74153、74151	各 1

预习内容

(1) 复习数据选择器有关内容。

(2) 设计用四选一数据选择器实现三人表决电路。画出接线图,列出测试表格。

(3) 设计用八选一数据选择器实现三人表决电路。画出接线图,列出测试表格。

实验原理

译码器是一种具有“翻译”功能的逻辑电路,这种电路能将输入二进制代码的各种状态,按照其原意翻译成对应的输出信号。有一些译码器设有一个和多个使能控制输入端,又成为片选端,用来控制允许译码或禁止译码。

74138 是一个 3 线—8 线译码器,它是一种通用译码器,其逻辑符号如图 2.13.1 所示,其功能表如表 2.13.2 所示。

译码器的每一路输出,实际上是各地址变量组成函数的一个最小项的反变量,利用其中一部分输出端输出的与非关系,也就是它们相应最小项的或逻辑表达式,能方便的实现逻辑函数。

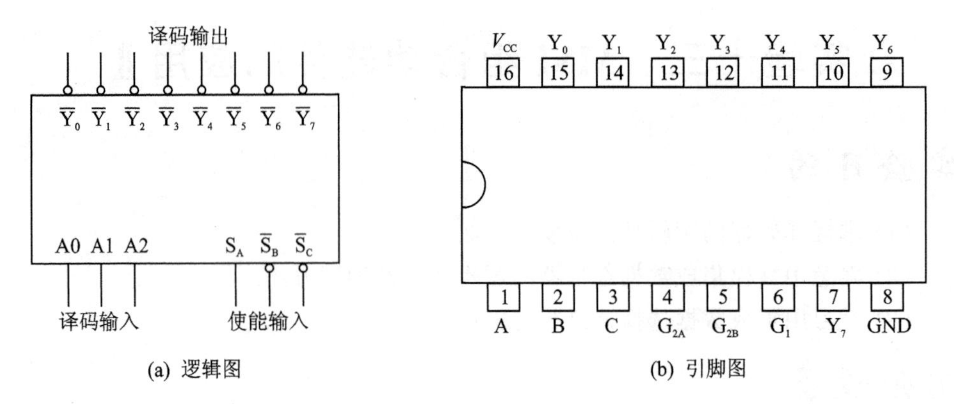

图 2.13.1　74138 3 线—8 线译码器

表 2.13.2　3 线—8 线译码器 74138 功能表

输　入					输　出							
S_A	$\overline{S}_B+\overline{S}_C$	A_2	A_1	A_0	$\overline{Y}_0$	$\overline{Y}_1$	$\overline{Y}_2$	$\overline{Y}_3$	$\overline{Y}_4$	$\overline{Y}_5$	$\overline{Y}_6$	$\overline{Y}_7$
×	1	×	×	×	1	1	1	1	1	1	1	1
0	×	×	×	×	1	1	1	1	1	1	1	1
1	0	0	0	0	0	1	1	1	1	1	1	1
1	0	0	0	1	1	0	1	1	1	1	1	1
1	0	0	1	0	1	1	0	1	1	1	1	1
1	0	0	1	1	1	1	1	0	1	1	1	1
1	0	1	0	0	1	1	1	1	0	1	1	1
1	0	1	0	1	1	1	1	1	1	0	1	1
1	0	1	1	0	1	1	1	1	1	1	0	1
1	0	1	1	1	1	1	1	1	1	1	1	0

数据选择器是常用的组合逻辑部件之一。它由组合逻辑电路对数字信号进行控制来完成较复杂的逻辑功能。它有若干个数据输入端 D_0、D_1、……，若干个控制输入端 A_0、A_1，……和一个输出端 Y_0。在控制输入端加上适当的信号，即可从多个输入数据源中将所需的数据信号选择出来，送到输出端。使用时也可以在控制输入端加上一组二进制编码程序的信号，使电路按要求输出一串信号，所以它也是一种可编程序的逻辑部件。

中规模集成芯片 74153 为双四选一数据选择器，引脚排列如图 2.13.2 所示，其中 D_0、D_1、D_2、D_3 为四个数据输入端，Y 为输出端，A_1、A_2 为控制输入端（或称地址端）同时控制两个四选一数据选择器的工作，$\overline{G}$ 为工作状态选择端（或称使能端）。74153 的逻辑功能如表 2.13.3 所列，当 $1\overline{G}(=2\overline{G})=1$ 时电路不工作，此时无论 A_1、

A_0 处于什么状态，输出 Y 总为零。即禁止所有数据输出，当 $1\overline{G}(=2\overline{G})=0$ 时，电路正常工作，被选择的数据送到输出端，如 $A_1A_0=01$，则选中数据 D_1 输出。

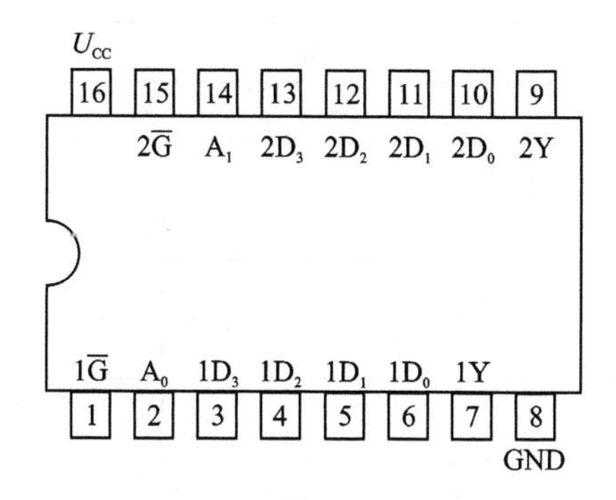

图 2.13.2　74153 引脚图

表 2.13.3　74153 逻辑功能

输　入			输　出
$\overline{G}$	A_1	A_0	Y
1	×	×	0
0	0	0	D_0
0	0	1	D_1
0	1	0	D_2
0	1	1	D_3

$$Y=\overline{A}_2\overline{A}_1\overline{A}_0D_0+\overline{A}_2\overline{A}_1A_0D_1+\overline{A}_2\overline{A}_1D_2+\overline{A}_2A_1A_0D_3+A_2\overline{A}_1\overline{A}_0D_4+A_2\overline{A}_2A_0D_5+A_2A_1\overline{A}_0D_6+A_2A_1A_0D_7$$

当 $\overline{G}=0$ 时，74153 的逻辑表达式为

$$Y=\overline{A}_1\overline{A}_0D_0+\overline{A}_2A_0D_1+A_1\overline{A}_0D_2+A_0A_1A_3$$

中规模集成芯片 74151 为八选一数据选择器，引脚排列如图 2.13.3 所示。其中 $D_0\sim D_7$ 为数据输入端，$Y(\overline{Y})$ 为输出端，A_2、A_1、A_0 为地址端。74151 的逻辑功能如表 2.13.4 所列。

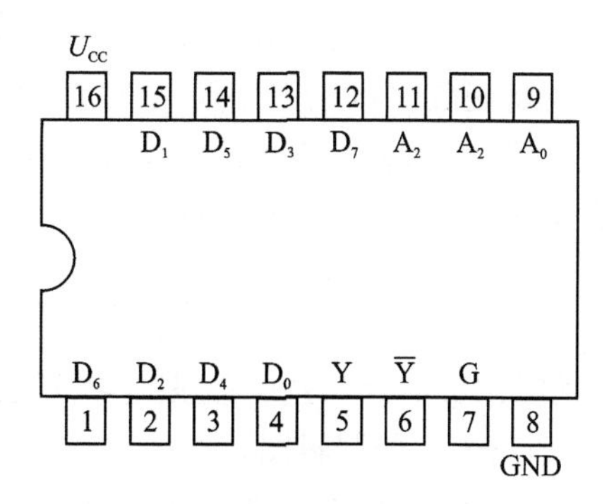

图 2.13.3　74151 引脚图

表 2.13.4　74151 逻辑功能

输　入				输　出	
$\overline{G}$	A_2	A_1	A_0	Y	$\overline{Y}$
1	×	×	×	0	1
0	0	0	0	D_0	$\overline{D_0}$
0	0	0	1	D_1	$\overline{D_1}$
0	0	1	0	D_2	$\overline{D_2}$
0	0	1	1	D_3	$\overline{D_3}$
0	1	0	0	D_4	$\overline{D_4}$
0	1	0	1	D_5	$\overline{D_5}$
0	1	1	0	D_6	$\overline{D_6}$
0	1	1	1	D_7	$\overline{D_7}$

数据选择器是一种通用性很强的中规模集成电路，除了能传递数据外，还可用它设计成数码比较器，变并行码为串行及组成函数发生器。本实验内容为用数据选择器设计函数发生器。

用数据选择器可以产生任意组合的逻辑函数，因而用数据选择器构成函数发生器方法简便，线路简单。对于任何给定的三输入变量逻辑函数均可用四选一数据选择器来实现，同时对于四输入变量逻辑函数可以用八选一数据选择器来实现。应当指出，数据选择器实现逻辑函数时，要求逻辑函数式变换成最小项表达式，因此，对函数化简是没有意义的。

例：用八选一数据选择器实现逻辑函数

$$F=AB+BC+CA$$

写出 F 的最小项表达式

$$F=AB+BC+CA=\overline{A}BC+A\overline{B}C+\overline{ABC}+ABC$$

先将函数 F 的输入变量 A、B、C 加到八选一的地址端 A_2、A_1、A_0，再将上述最小项表达式与八选一逻辑表达式进行比较（或用两者卡诺图进行比较）不难得出

$$D_0=D_1=D_2=D_4=0$$

$$D_3=D_5=D_8=D_7=1$$

图 2.13.4 为八选一数据选择器实现 F=AB+BC+CA 的逻辑图。

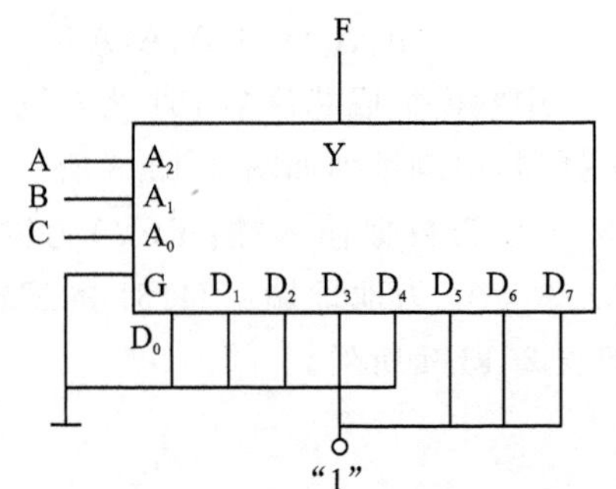

图 2.13.4　八选一数据选择器逻辑图

如果用四选一数据选择器实现上述逻辑函数，由于选择器只有两个地址端 A_1、A_0，而数 F 有三个输入变量，此时可把变量 A、B、C 分成两组，任选其中两个变量（如 A、B）作为一组加到

选择器的地址端，余下的一个变量(如 C)作为另一组加到选择器的数据输入端，并按逻辑函数式的要求求出加到每个数据输入端 $D_0 \sim D_7$ 的 C 的值。选择器输出 Y 便可实现逻辑函数 F。

当函数 F 的输入变量小于数据选择器的地址端时，应将不同的地址端及不用的数据输入端都作接地处理。

实验步骤

(1) 测试 74138 译码器的逻辑功能。按照图 2.13.1 连线，并验证芯片的功能。

(2) 使用一个 3 线—8 线译码器和与非门设计一位二进制全加器，画出设计的电路逻辑图，检测电路功能，并将结果记录。

(3) 使用一个 3 线—8 线译码器和与非门设计一位二进制全减器，画出设计的电路逻辑图，检测电路功能，并将结果记录。

(4) 测试 74153 双四选一数据选择器的逻辑功能。地址端、数据输入端、使能端接逻辑开关，输出端接电平指示器。按表 2.13.3 逐项进行功能验证。

(5) 用 74153 实现下列函数

① 构成全加器。全加器和数 S 及向高位进位数 C_n 的逻辑方程为

$$S_n = \overline{A}\ \overline{B}\ \overline{C}_{n-1} + \overline{A}\ \overline{B}C_{n-1} + \overline{A}B\overline{C}_{n-1} + ABC_{n-1}$$

$$C_n = \overline{A}BC_{n-1} + A\overline{B}C_{n-1} + ABC_{n-1}$$

图 2.13.5 为用 74153 实现全加器的接线图，按图连接实验电路，测试全加器的逻辑功能，并记录之。

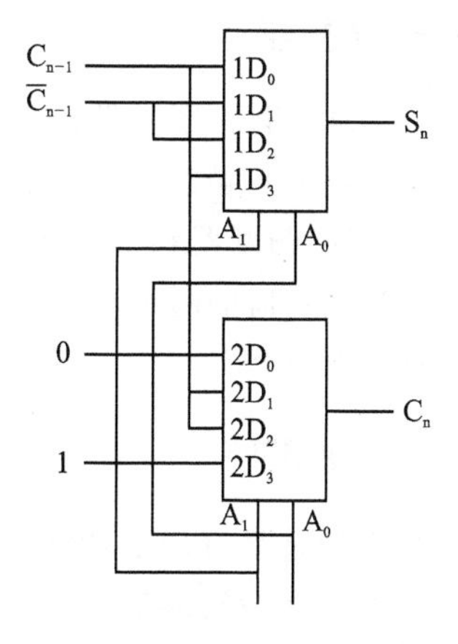

图 2.13.5　全加器接线图

② 构成三人表决电路。按自己设计用四选一构成三人表决电路接线，测试逻辑功能，并记录之。

(6) 测试 74151 八选一数据选择器的逻辑功能。按表 2.13.4 逐项进行功能验证。

(7) 用 74151 实现三人表决电路。按自己设计用八选一构成三人表决电路接线，测试逻辑功能，并记录之。

实验报告要求

本实验的实验报告应包括以下内容：

(1) 总结译码器和数据选择器的逻辑功能。

(2) 总结用数据选择器构成全加器的优点，并与实验三进行比较。

(3) 论证自己设计各逻辑电路的正确性及优缺点。

实验十四　触发器的研究

实验目的

（1）掌握基本 RS 触发器、JK 触发器、D 触发器和 T 触发器的逻辑功能。

（2）熟悉各触发器之间逻辑功能的相互转换方法。

实验设备

本实验需要的实验设备如表 2.14.1 所列。

表 2.14.1　实验设备

序　号	设备名称	数　量
1	数字(模数综合)电子技术实验箱	1 台
2	双踪示波器	1 台
3	数字万用表	1 块
4	74112,7474,7400	各 1 个

预习内容

（1）复习有关触发器的部分内容。

（2）列出各触发器功能测试表格。

（3）JK 触发器和 D 触发器在实现正常逻辑功能时 $\overline{R}_D$、$\overline{S}_D$ 应处于什么状态？

（4）触发器的时钟脉冲输入为什么不能用逻辑开关作脉冲源，而要用单次脉冲源或连续脉冲源

实验原理

触发器是具有记忆功能的二进制信息存贮器件，是时序逻辑电路的基本单元之一。触发器按逻辑功能可分 RS、JK、D、T 触发器；按电路触发方式可分为主从型触发器和边沿型触发器两大类。

图 2.14.1 所示电路由两个与非门交叉耦合而成的基本 R 触发器，它是无时钟控制低电平直接触发的触发器，有直接置位、复位的功能，是组成各种功能触发器的最基本单元。基本 RS 触发器也可以用两个“或非”门组成，它是高电平直接触发的触发器。

JK 触发器是一种逻辑功能完善，通用性强的集成触发器。在结构上可分为主从型 JK 触发器和边沿型 JK 触发器。在产品中应用较多的是下降边沿触发的边沿型 JK 触发器。JK 触发器的逻辑符号如图 2.14.2 所示。它有三种不同功能的输入端，第一种是直接置位、复位输入端，用 $\overline{R}$ 和 $\overline{S}$ 表示。在 $\overline{S}=0,\overline{R}=1$ 或 $\overline{R}=0,\overline{S}=1$ 时，触发器不受其他输入端状态影响，使触发器强迫置“1”（或置“0”），当不强迫置“1”（或置“0”）时，$\overline{S}$、$\overline{R}$ 都应置高电平。第二种是时钟脉冲输入端，用来控制触发器翻转（或称作状态更新），用 CP 表示（在国家标准符号中称作控制输入端，用 C 表示），逻辑符号中 CP 端处若有小圆圈，则表示触发器在时钟脉冲下降沿（或负边沿）发生翻转，若无小圆圈，则表示触发器在时钟脉冲上升沿（或正边沿）发生翻转。第三种是数据输入端，它是触发器状态更新的依据，用 J、K 表示。JK 触发器的状态方程为

$$Q^{n+1}=J\overline{Q}^{n}+\overline{K}Q^{n}$$

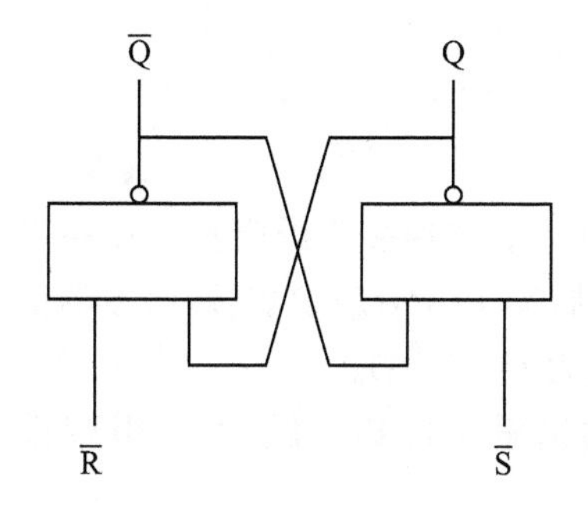

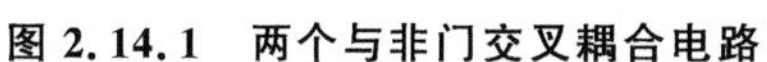

图 2.14.1　两个与非门交叉耦合电路

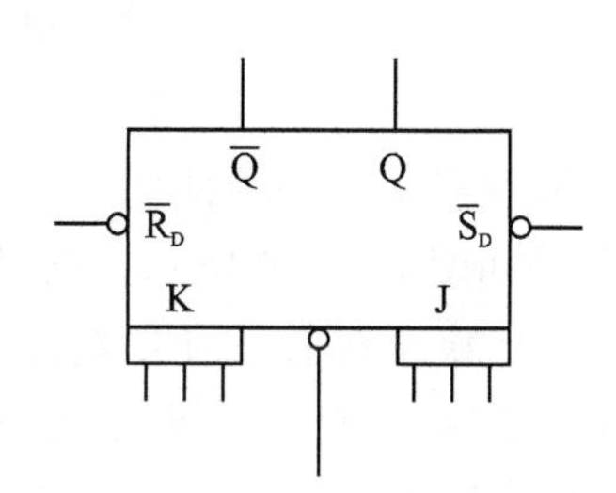

图 2.14.2　JK 触发器的逻辑符号

本实验采用 74112 型双 JK 触发器，是下降边沿触发的边沿触发器，引脚排列如图 2.14.3 所示。表 2.14.2 为其功能表。

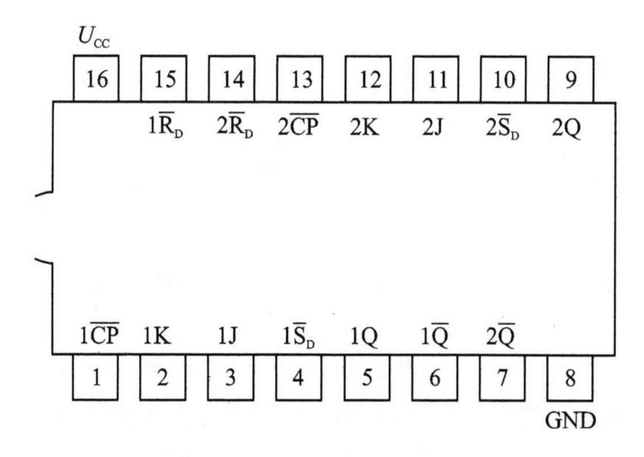

图 2.14.3　74112 引脚图

表 2.14.2　74112 型双 JK 触发器功能表

输入					输出	
$\overline{S}_D$	$\overline{R}_D$	$\overline{CP}$	J	K	Q^{n+1}	$\overline{Q}^{n+1}$
0	1	×	×	×	1	0
1	0	×	×	×	0	1
0	0	×	×	×	φ	φ
1	1	↓	0	0	Q^n	$\overline{Q}_n$
1	1	↓	0	0	1	0
1	1	↓	0	1	0	1
1	1	↓	1	1	$\overline{Q}^n$	Q^n
1	1	↓	×	×	Q^n	$\overline{Q}^n$

注：×——任意态；↓——高到低电平跳变；Q^n（$\overline{Q}^n$）——现态；

Q^{n+1}（$\overline{Q}^{n+1}$）——次态；φ——不定态。

D触发器是另一种使用广泛的触发器，它的基本结构多为维阻型。D触发器的逻辑符号如图 2.14.4 所示。D触发器是在 CP 脉冲上升沿触发翻转，触发器的状态取决于 CP 脉冲到来之前 D 端的状态，状态方程为 $Q^{n+1}=D$。

本实验采用 7474 型双 D 触发器，是上升边沿触发的边沿触发器，引脚排列如图 2.14.5 所示。表 2.14.3 为其功能表。

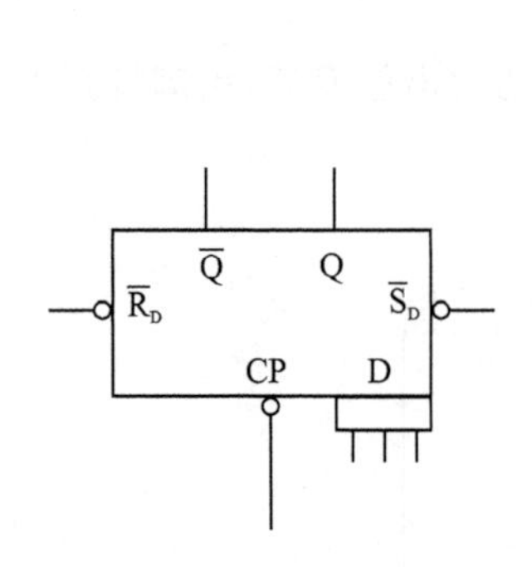

图 2.14.4　触发器逻辑符号

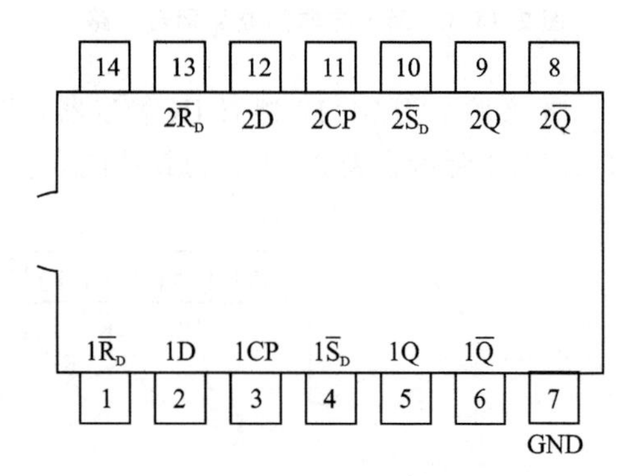

图 2.14.5　7474 引脚图

不同类型的触发器对时钟信号和数据信号的要求各不相同，一般说来，边沿触发器要求数据信号超前于触发边沿一段时间出现（称之为建立时间），并且要求在边沿到来后继续维持一段时间（称之为保持时间）。对于触发边沿陡度也有一定要求（通常要求≤100 ns）。主从触发器对上述时间参数要求不高，但要求在 CP=1 期间，外加的数据信号不容许发生变化，否则将导致触发错误输出。

表 2.14.3　7474 型双 D 触发器功能表

输　入				输　出	
$\overline{S}_D$	$\overline{R}_D$	CP	D	Q^{n+1}	$\overline{Q}^{n+1}$
0	1	×	×	1	0
1	0	×	×	0	1
0	0	×	×	φ	φ
1	1	↑	1	1	0
1	1	↑	0	0	1

注：↑——低到高电平跳变。

实验步骤

(1) 测试基本 RS 触发器的逻辑功能。按图 2.14.1 用与非门 7400 构成基本 R 触发器。输入端 $\overline{R}$、$\overline{S}$ 接逻辑开关，输出端 Q、$\overline{Q}$ 接电平指示器，按表 2.14.4 要求测试逻辑功能，并记录之。

表 2.14.4　基本 RS 触发器实验数据

$\overline{R}$	$\overline{S}$	Q	$\overline{Q}$
1	1→0		
	0→1		
1→0	1		
0→1			
0	0		

(2) 测试双 JK 触发器 74112 逻辑功能。

按表 2.14.5 要求改变 J、K、CP 端状态，观察 Q、$\overline{Q}$ 状态变化，观察触发器状态更新是否发生在 CP 脉冲的下降沿(即 CP 由 1→0)，并记录之。

表 2.14.5　双 JK 触发器实验数据

J	K	CP	Q^{n+1}	
			$Q^n=0$	$Q^n=1$
0	0	0→1		
		1→0		
0	1	0→1		
		1→0		

续表 2.14.5

J	K	CP	Q^{n+1}	
			$Q^n=0$	$Q^n=1$
1	0	0→1		
		1→0		
1	1	0→1		
		1→0		

(3) 测试双D触发器7474的逻辑功能。按表2.14.6要求进行测试，并观察触发器状态更新的是否发生在CP脉冲的上升沿(即由0→1)，并记录之。

表 2.14.6　双D触发器实验数据

D	CP	Q^{n+1}	
		$Q^n=0$	$Q^n=1$
0	0→1		
	1→0		
1	0→1		
	1→0		

(4) 设计广告流水灯。共有4个灯，始终使其中1暗3亮，且这1个暗灯循环右移。要求：单脉冲观察(用指示灯)；连续脉冲观察(用示波器对应地观察时钟脉冲CP和4个灯的波形)。

(5) 设计一个3人智力竞赛抢答电路。具体要求如下：每个抢答人操纵一个单脉冲开关，以控制自己的一个指示灯，抢先按动开关者能使自己的指示灯亮，并封锁其余2个人的动作(即其余2个人即使再按动开关也不再起作用)，主持人可在最后按"主持人"单脉冲开关使指示灯熄灭，并可重新开始抢答。所用的触发器可选用JK触发器74112或D触发器7474；也可采用与非门构成基本触发器。

实验报告

本实验的实验报告应包括以下内容：

(1) 列表整理各类型触发器的逻辑功能。

(2) 总结JK触发器74112和D触发器7474的特点。

第三篇　例题与习题

第9章　电子实验例题

9.1　电路部分

【例1】三级放大电路如图3.1.1所示。各晶体管的参数$\beta_1=\beta_2=\beta_3=50$，$r_{be1}=4.7\ k\Omega$，$r_{be2}=3\ k\Omega$，$r_{be3}=0.8\ k\Omega$。

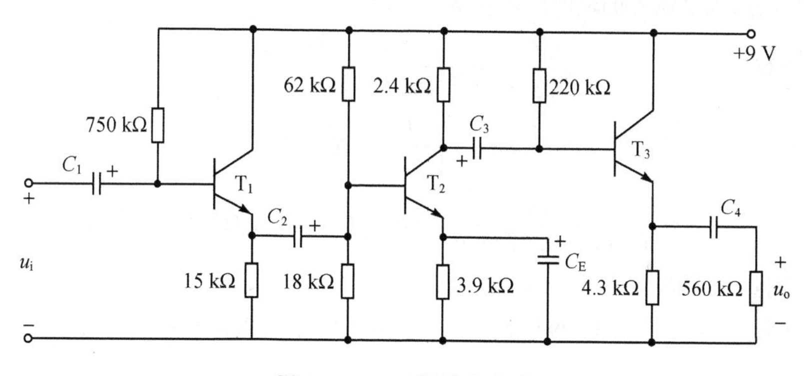

图3.1.1　三级放大电路

（1）根据电路图提供的参数，求此多级放大电路的输入电阻r_i与输出电阻r_o。

（2）采用实验手段如何测算该放大电路的输入电阻r_i与输出电阻r_o？

解：

1）理论计算输入电阻r_i和输出电阻r_o

（1）输入电阻r_i

① $r_{i2}=(18/\!/62/\!/3)\ k\Omega=2.47\ k\Omega$

② $R'_{E1}=(15/\!/r_{i2})\ k\Omega=(15/\!/2.47)\ k\Omega=2.12\ k\Omega$

③ $r_i=(750/\!/(4.7+51\times2.12))\ k\Omega=98\ k\Omega$

（2）输出电阻r_o：

① $r_{o2}=2.4\ k\Omega$

② $r_o=\left\{4.3/\!/\frac{1}{51}\cdot[0.8+(220/\!/2.4)]\right\}\ \text{k}\Omega\approx0.06\ \text{k}\Omega$

2）实验测算输入电阻 r_i 与输出电阻 r_o

(1) 选择测量电路如图 3.1.2，在放大器与信号源之间串入电阻 $R_s=1000\ \Omega$，在放大器输出端与负载电阻 R_L 之间串入开关 K。

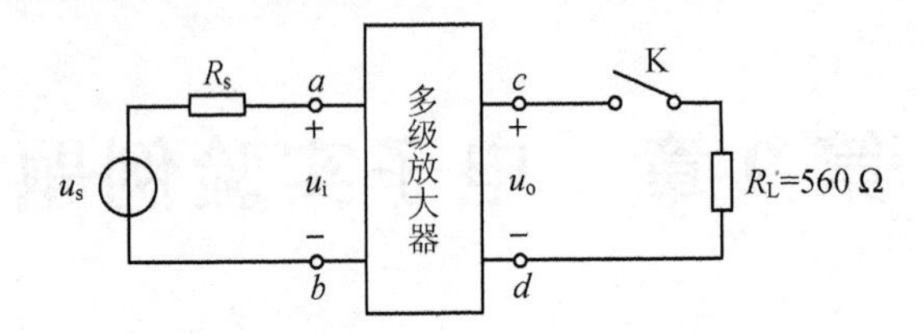

图 3.1.2　输入电阻与输出电阻的测量电路

(2) 测量输入电阻 r_i：

① 用毫伏表检测信号源 u_s 输出端，并调节使信号源 u_s 的输出电压 U_s 为 1 mV，频率 f 为 1000 Hz。

② 再测放大器输入的端电压，U_{ab} 为 0.68 mV。

③ 计算：

$$\frac{U_s}{U_s-U_{ab}}=\frac{R_s+r_{ab}}{R_s}$$

$$r_i=r_{ab}=\frac{U_s}{U_s-U_{ab}}R_s-R_s$$

$$r_i=\frac{1\ \text{mV}}{1\ \text{mV}-0.67\ \text{mV}}\times1000\ \Omega-1000\ \Omega\approx2030\ \Omega$$

(3) 测量输出电阻 r_o：

① 在开关 K“通”、“断”两状态下，用毫伏表检测放大器输出端的电压，并记录于表 3.1.1。

表 3.1.1　输出端电压测量值

开关 K 工作状态	通	断
输出端电压测量值/V	2.55	2.8

② 分析计算。设放大器输出电压为 U_o，输出等效电阻为 r_o，因而有：

$$U_{o断}\approx U_o\qquad U_{o通}\approx U_o-U_{r_o}=U_{R_L}$$

在开关 K 连通时：

$$I_o=\frac{U_{o通}}{R_L}\qquad U_{ro}=U_{o断}-U_{o通}$$

$$r_o=\frac{U_{r_o}}{I_o}=\frac{U_{o断}-U_{o通}}{U_{o通}}R_L$$

$$r_o = \frac{2.8\ \text{V} - 2.5\ \text{V}}{2.5\ \text{V}} \times 560\ \Omega \approx 55\ \Omega$$

【例 2】某电器维修部常检修一种直流电源，该电源采用稳压管稳压电路，原理电路如图 3.1.3 所示。用示波器观察电路 u_A 和 u_o 两电压波形，常有如图 3.1.4 所示几种状况。其中，图 3.1.4(a)为电路正常工作时波形图，另外三组为有故障时的波形图，试判断引起各故障状况的原因。

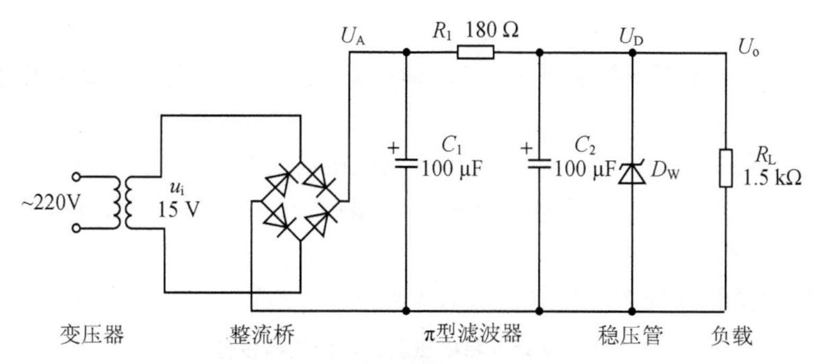

图 3.1.3　稳压管稳压电路原理图

解

(1) 观察图 3.1.4(a)可知，稳压二极管正常工作时的稳压值 $U_D = 10$ V。

图 3.1.4(b)所示 $U_o = 16$ V，说明稳压二极管没有起稳压作用，因而可断定故障原因是稳　　压二极管支路断路所至。

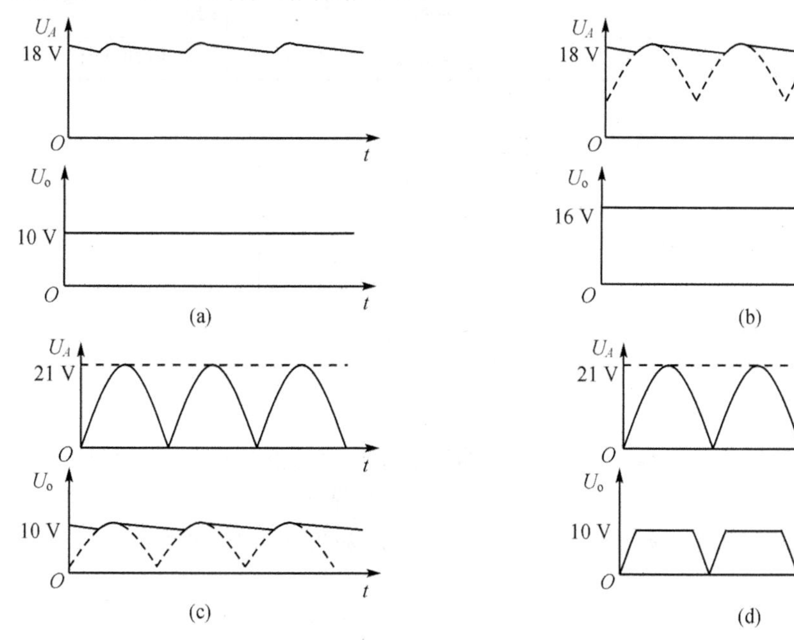

图 3.1.4　示波器观察波形图

(2) 观察图 3.1.4(a)可知，稳压二极管正常工作时 A 点电压波形为锯齿波，这是因电容 C_1 的滤波作用所至。而图 3.1.4(c)中 U_A 为半正弦波，说明电容 C_1 没起滤波作用，故而可断定故障原因是电容 C_1 支路断路所至。由于 C_1 没起滤波作用，在输出端尽管有电容 C_2 进行滤波，但滤波效果不佳，仍有纹波。

(3) 图 3.1.4(d)中的 U_o 为幅值是 10 V 的脉冲波。说明稳压二极管有限幅作用，但电容 C_1 和 C_2 没起滤波作用。因而故障原因是电容 C_1 和 C_2 两支路断路所造成的。

确定了故障部位后，再分析是元件故障还是线路连接不良或其他原因，然后进行修复。

【例 3】某控制电路中需要设计一个反相电压放大器，放大倍数为 10。请根据提供的材料进行电路设计并用实验方法验证结果(搭试电路：加信号观察输入输出波形；测量放大倍数)。

所提供的仪器设备和材料如表 3.1.2 所列。

表 3.1.2　设计反相电压放大器的仪器设备和材料

仪器名称及型号	数　量	仪器名称及型号	数　量
示波器 SS-5702	1 台	色环电阻	1 kΩ、2.2 kΩ、3.3 kΩ、6.8 kΩ、10 kΩ 若干
信号发生器 XD22A	1 台		
双路稳压电源 SX2172	1 台	连接线	若干
毫伏表 HY1071	1 台	面板	1 块
万用表 MF-30	1 块	运放集成电路(LM324)	1 块(引脚图见图 3.1.5)

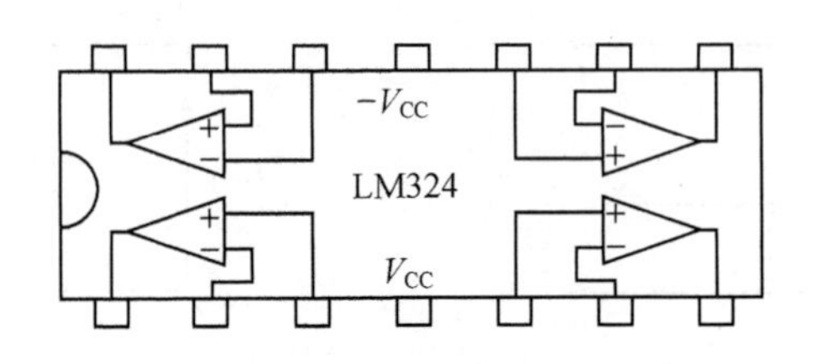

图 3.1.5　LM324 的引脚图

解

本题为一设计性实验题，关于实验电路和实验步骤的设计从略，同学们可参考实验指导书完成；在此仅提供实验原理图，如图 3.1.6 所示。

注意：在搭接运算放大器电路时，应给 LM324 加供电电源，不要忽略。

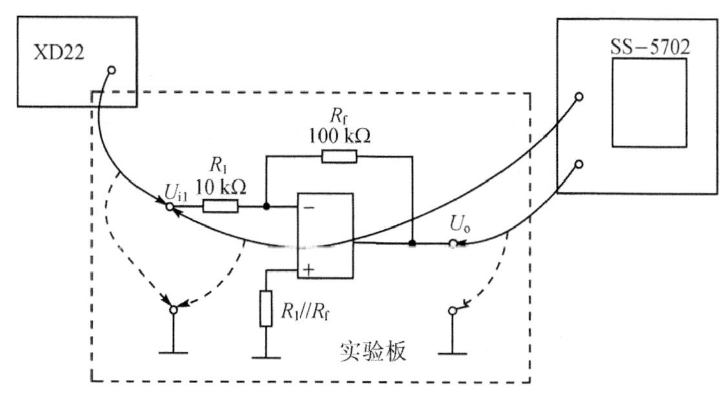

图 3.1.6　反相比例运算放大器原理图

9.2　仪器使用练习

【例 1】 某种型号示波器其屏幕 x 方向可用宽度为 10 DIV，其最高扫描速度(TIME/DIV)为 0.01 μs，如果要求能观察到两个完整周期的波形。示波器最高被测信号频率是多少？如果其最低扫描速度(TIME/DIV)为 0.5 s，要求观察两个完整周期的波形，则示波器的最低被测信号频率是多少？

解

1）示波器最高扫速时被测信号频率计算

根据题意 10 DIV 显示两个完整周期的波形，所以一个周期占有 5 DIV；又因最高扫描速度(TIME/DIV)为 0.01 μs/DIV，则该被测信号电压的一个周期为：

$$5\ \text{DIV} \times 0.01\ \mu\text{s/DIV} = 0.05\ \mu\text{s}$$

所以此时频率值为

$$\frac{1}{0.05\ \mu\text{s}} = 20\ \text{MHz}$$

2）示波器最低扫速时被测信号频率计算

根据题意 10 DIV 显示两个完整周期的波形，所以一个周期占有 5 DIV；又因最低扫描速度(TIME/DIV)为 0.5 s/DIV，则该被测信号电压的一个周期为：5 DIV×0.5 s/DIV = 2.5 s，所以此时频率值为

$$\frac{1}{2.5\ \text{s}} = 0.4\ \text{Hz}$$

【例 2】 用某示波器测量某一电路的输入输出电压信号，测前校准时，将两通道的信号耦合方式选择开关至 GND 挡，再调整扫描轨迹线到中心(基准线在 $y = 0$ 位置)。测量时，将 TIME/DIV 位置在 0.1 ms 处；再将 CH1 通道的信号耦合方式选择开关置于 DC 挡，VOLT/DIV 位置在 0.1 V 处；CH2 通道的信号耦合方式选择开关

置于 AC 挡，VOLT/DIV 位置在 1 V 处；测得波形如图 3.1.7 所示。

请从图 3.1.7 所示的示波器屏幕上读出输入信号的频率、输入信号交直流分量的电压幅度、输出信号的频率、输出信号交直流分量的电压幅度及两输入信号的相位差。

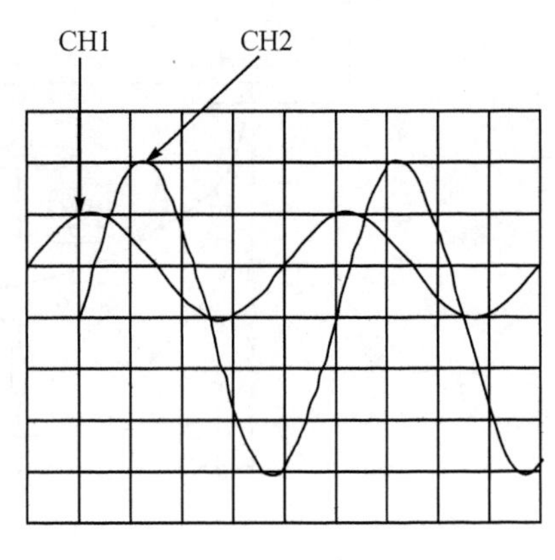

图 3.1.7　示波屏显示波形

解

1) CH1 通道信号的频率

由图 3.1.7 可见，被测信号电压的一个周期共有 5 个格，而 TIME/DIV 位置在 0.1 ms 处，所以该被测信号电压的一个周期为：

$$5\times0.1\ \text{ms}=0.5\ \text{ms}$$

则频率值为

$$\frac{1}{0.5\ \text{ms}}=2000\ \text{Hz}$$

2) CH1 通道电压幅度

(1) 交流分量

由图 3.1.7 可见，被测信号电压的幅度共占 2 DIV；而 VOLT/DIV 位置在 0.1 V 处，所以该被测信号电压交流分量峰-峰值为：

$$2\times0.1\ \text{V}=0.2\ \text{V}$$

则交流有效值为：

$$0.2/2.8\approx0.07\ \text{V}$$

(2) 直流分量

由图 3.1.7 可见，VOLT/DIV 位置在 0.1 V 处，而被测信号电压的中心点在基准线上 1 格；所以该被测信号电压直流分量幅度为：

$$1\times0.1=0.1\ \text{V}$$

3) CH2 通道信号的频率

由图 3.1.7 可见，CH2 通道信号电压的一个周期也占 5 个格，而 TIME/DIV 位置在 0.1 ms 处。所以 CH2 通道信号电压的周期和频率与 CH1 通道相同，频率值为 2000 Hz。

4) CH2 通道电压幅度

因为 CH2 通道的信号耦合方式选择开关置于 AC 挡，所以 CH2 通道输入的只是交流电压。

CH2 通道的 VOLT/DIV 位置在 1 V 处，由图 3.1.7 可见，CH2 通道信号被测信号电压的幅度共占 6 DIV；所以该 CH2 通道被测交流电压峰-峰值为 6 V，交流有效值为：

$$6\ \text{V}/2.8=2.14\ \text{V}$$

5）两信号的相位差

示波器的 X 轴扫描选择 TIME/DIV 位置在 0.1 ms 处，由图 3.1.7 可见，两被测信号电压的相位时间差为 1 DIV，即 0.1 ms；所以两信号的相位差为：

$$\Delta\varphi=\frac{\Delta t}{T_{\text{信号末期}}}\cdot 2\pi=\frac{0.1}{0.5}\cdot 2\pi=1.26\ \text{rad}=72^\circ$$

【例 3】用模拟通用示波器观察 XD22A 型发生器输出的方波信号电压波形，该示波器的 y 与 x 通道工作正常。但示波器荧光屏上显示波形横向颤动不稳，方波信号的上升沿与下降沿形成多条闪动轨迹，如图 3.1.8 所示。试分析原因，并说明调节步骤。

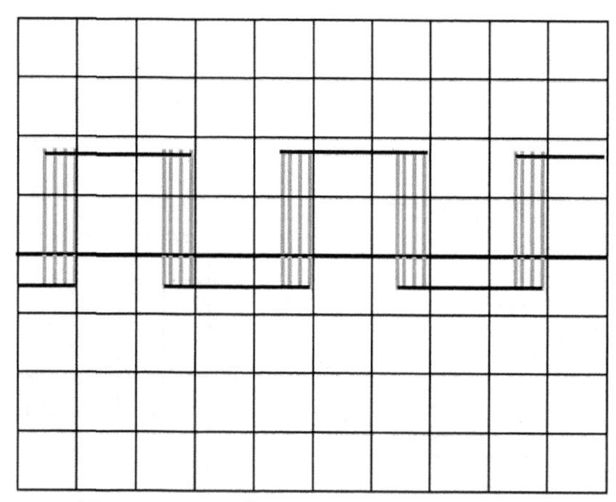

图 3.1.8　示波屏上 XD22 输出信号显示

解

1）原因分析

从题中介绍与题图电压波形显示看，应是 X 轴扫描不同步所至。如图 3.1.8 所示，示波器显示的方波信号电压幅度中等，y 与 x 通道工作正常，X 轴扫描不同步一般是同步触发信号没有或太弱引起。

2）调　节

调节触发控制的开关、旋钮，使显示波形稳定。操作如下：

① 检查 SOURSE 触发源是否选择在当前信号输入通道挡，若不是就调节到该挡。

② 检查 COUPPING 触发耦合方式开关是否选择在 AC(EXT DC)挡。若不是就调节到该挡。这样就确定采用内触发交流耦合。

③ 调节 LEVER 触发电平调节钮，使波形稳定。

经过这三个步骤的调节，屏幕上就可显示一个稳定、清晰的方波信号。

【例 4】用示波器测量某电压信号，得到图 3.1.9 所示屏幕显示。此时示波器的输入耦合开关置于 AC 位置；TIME/DIV 位置在 0.2 ms 处；扫描速度微调垂直灵敏度微调处于锁定位置；VOLT/DIV 位置在 1 V 处；垂直灵敏度微调处于锁定位置。

如果其他控件状态不变，仅将输入耦合开关置于 DC 位置，得到图 3.1.10 所示显示。请写出该被测信号的表达式。

解

由图 3.1.9 和图 3.1.10 可见，被测信号电压的一个周期共有 6 个格，而 TIME/DIV 位置在 0.2 ms 处，所以该被测信号电压的一个周期为：

$$6\times0.2\ \text{ms}=1.2\ \text{ms}$$

故频率值

$$f=\frac{1}{1.2\ \text{ms}}=833\ \text{Hz}$$

图 3.1.9 是在示波器输入耦合开关置于 AC 位置时测得的波形，说明"0"电压轨迹线在示波屏的中心横轴上；还说明被测交流电压的 $U_{\text{P-P}}$ 共占 4 DIV；而 VOLTIL/DIV 位置在 1 V 处。所以该被测信号电压交流分量峰-峰值为：

$$U_{\text{P-P}}=4\times1\ \text{V}=4\ \text{V}$$

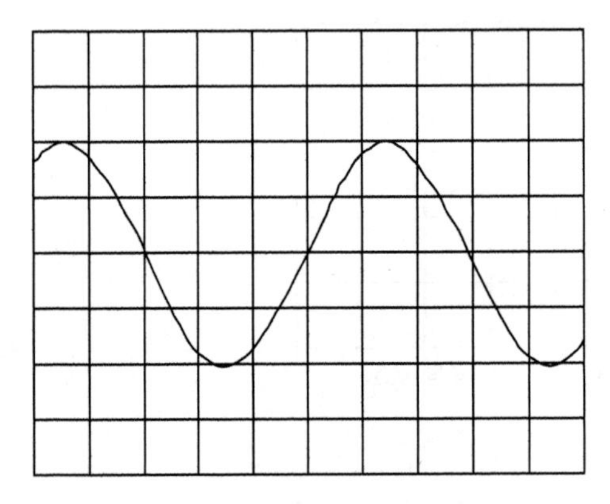

图 3.1.9　示波器屏幕波形显示 1

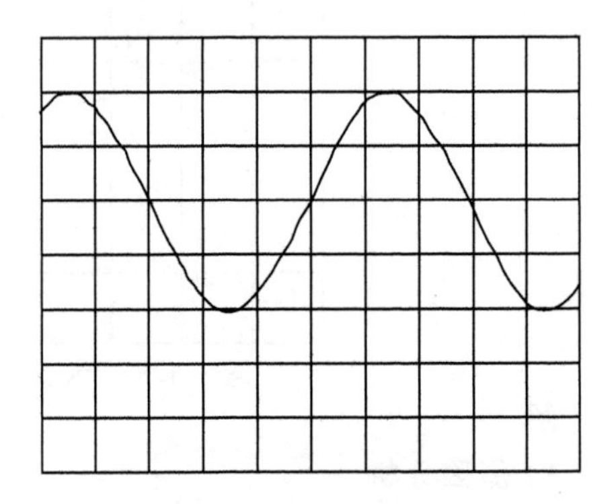

图 3.1.10　示波器屏幕波形显示 2

峰值为：

$$U_{\text{m}}=\frac{1}{2}\times U_{\text{P-P}}=2\ \text{V}$$

图 3.1.10 与图 3.1.9 显示的差别是多了一个直流分量，该直流分量幅度为 1 DIV，即：

$$U_{\text{o}}=1\ \text{V}$$

图 3.1.10 是在示波器输入耦合开关置于 DC 位置时测得的波形，说明图 3.1.10 显示的是被测的全电压信号。所以该被测信号电压的表达式为：

$$u(t)=U_{\text{o}}+U_{\text{m}}\sin 2\pi ft=$$
$$1+2\sin(2\pi\times833t)$$

【例 5】若希望 XD22A 型信号发生器精确输出 10 mV、10 kHz 的正弦波，将采用什么方法与步骤？

【解】

用 XD22A 型信号发生器输出 10 mV、10 kHz 正弦波的方法与步骤如下所述。

1) 选用晶体管毫伏表监测 XD22A 输出，线路连接如图 3.1.11(也可选用示波器监测 XD22A 输出)。此时一定要注意共地连接(探头的黑色接地夹与接地夹相连，红色的信号夹与信号夹相连)。

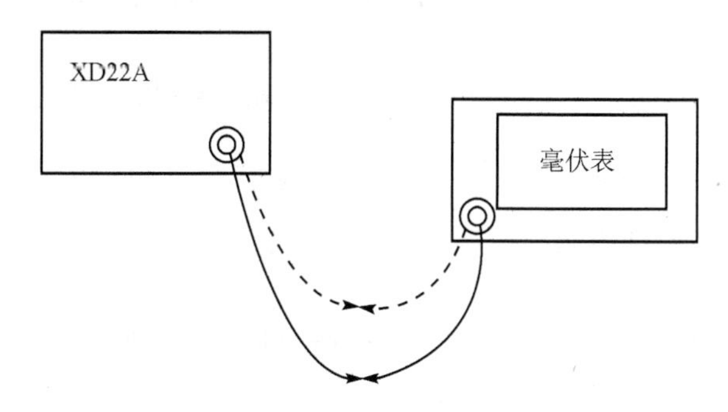

图 3.1.11　测试 XD22 输出信号连线图

(2) 调节。

① 置晶体管毫伏表的波段开关于 10 V 以上挡。

② 波形选择：置波形选择开关于正弦波输出状态。

③ 频率调节：置频率波段开关于第Ⅶ(10 kHz～100 kHz)挡；再调节频率细调旋钮组为“1”、“0”、“0”、“0”；此时数码显示为“10.0”，单位指示灯“kHz”亮。

④ 为能获得准确的输出幅度，应先将输出衰减开关置 60 dB 或 50 dB 挡(衰减 1 000 倍或约 316 倍)。

⑤ 调节晶体管毫伏表的波段开关到 10 mV 挡或 30 mV 挡。

⑥ 注视晶体管毫伏表的电压表头，同时调节 XD22A 的输出细调旋钮，当晶体管毫伏表的表头指示为 10 mV 时，信号发生器较准确的输出 10 kHz、10 mV 正弦波。

【例 6】信号发生器 XD22A 的表头显示为 1.5 V，输出衰减波段开关置于 30 dB；波形选择开关处于正弦波输出状态，频率波段开关在第 4 挡，频率细调组处于“1”、“2”、“5”、“0”。请描述 XD22A 的输出频率与幅度。

用示波器观测该输出波形，并验测其幅度与频率。示波器的相关控件状态及屏幕显示状态应怎样？

解

1) 输出信号的电压值

查 XD22A 使用说明书中的“输出衰减分贝值与电压衰减倍数的关系”表可知：衰减 30 dB 即为衰减 31.6 倍。所以输出电压约为：

$$U_o=\frac{X}{S}=\frac{1.5\ \text{V}}{31.6}\approx 0.047\ \text{V}=47\ \text{mV}$$

式中，X 为表头指示值，S 为衰减倍数。

2）输出信号的频率

$$f_o=(\text{频率细调组值})\times 10^{(\text{频率波段值}-1)}=1.25\times 10^3\ \text{Hz}=1250\ \text{Hz}$$

3）示波器观其波形

XD22A 输出信号参数分析：

由 XD22A 表头显示的电压值是有效值，所以 U_o 也是有效值。该 XD22A 输出信号的峰-峰值为：

$$U_{P-P}=2.8\times U_o=2.8\times 4.7\ \text{mV}=132\ \text{mV}$$

又：输出信号 $f_o=1250\ \text{Hz}$，$T_o=\frac{1}{f_o}\frac{1}{1250\ \text{Hz}}=0.8\ \text{ms}$

所以，应将扫描速度粗调旋钮调至 0.1 ms 挡，当扫描速度微调旋到锁定位置时，该正弦波的一个周期横向占 8 DIV。

若将垂直灵敏度粗调旋钮调至 20 mV 挡，当垂直灵敏度微调旋到锁定位置时，该正弦波的纵向约占 6.6 DIV。

【例 7】JH811 晶体管毫伏表面板上的表头用于指示被测数据的有效数字。表盘中有两条刻度尺线，如图 3.1.12 所示。这两条刻度线的作用是什么？

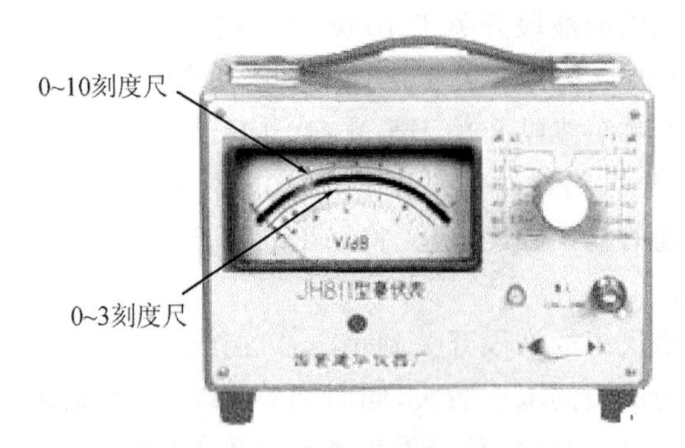

图 3.1.12　JH811 晶体管毫伏表

解

JH811 有 12 个测量量程(1 mV，3 mV，10 mV，30 mV，100 mV，300 mV，1 V，3 V，10 V，30 V，100 V，300 V)。为了方便使用者读数，其电压表头提供两个刻度标尺，分别为 0～10 和 0～3。当使用以“1”开头的量程时，直接读取 0～10 刻度标尺读数，并乘以 10^n 的倍率就得到测量值；当使用以“3”开头的量程时，直接读取 0～3 刻度标尺读数，并乘以 10^n 的倍率就得到测量值。

【例 8】实验室提供的直流稳定电源，可输出两路独立的 0～15 V 稳定电压，用其实验板提供各种需要的直流电压。现有三种直流电压需求，如图 3.1.13 所示。

① 需要给实验板施加 18 V 直流电压；

② 需要给实验板施加－15 V 直流电压；

③ 需要给实验板施加±12 V 直流电压。

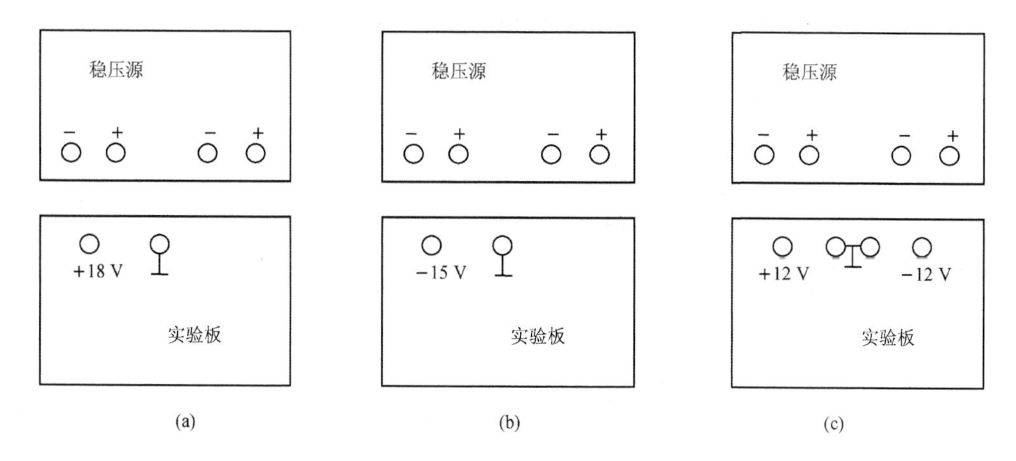

图 3.1.13　实验用稳定电源和实验板

请设计操作步骤，使各实验板获相应电压。

解

根据题意，设计操作步骤如下所述。

① 分别调节两路独立输出为 9 V 的直流电压；再将两路独立电压源串联，即得 18 V 直流电压。将 18 V 电压的低端接实验板的"地"，而高端接实验板的"＋18 V"端，连线如图 3.1.14(a)所述，实验板获得＋18 V 电压输入。

② 调节一路电压输出为 9 V，调节另一路电压输出为 6 V；再作如图 3.1.14(b)连线，实验板获得－15 V 电压输入。

③ 分别调节两路独立输出为 12 V 直流电压；再作如图 3.1.14(c)连线，实验板获得±12 V 电压输入。

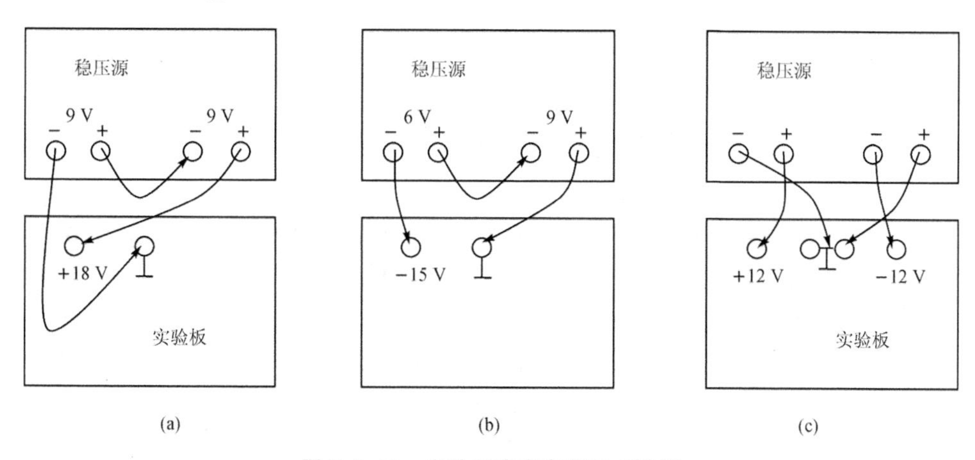

图 3.1.14　实验用稳定电源和实验板

【例 9】 MF－30 型万用表表面如图 3.1.15 所示。

(1) 在使用交流 10 V 挡测量时，应读取哪一条刻度线上的值？在使用交流 500

V 挡测量时，又应读取哪一条刻度线上的值？

(2) 在使用直流 0.5 mA 挡测量时，应读取哪一条刻度线上的值？

(3) 试说明虚线框①和虚线框②中文字的含义。

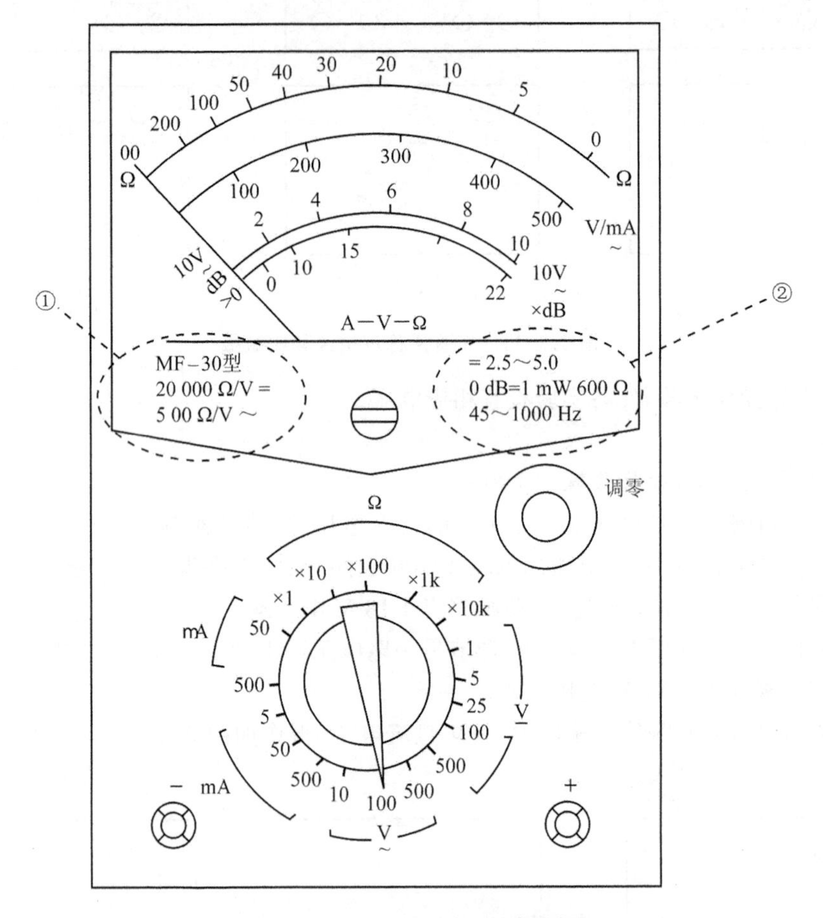

图 3.1.15　MF-30 型万用表面板图

解

(1) MF-30 型万用表的表盘中共有 4 条刻度线。若从上至下将其排序，第一条刻度线为“Ω”刻度线；第二条刻度线为交、直流通用刻度线；第三条刻度线为交流 10 V 挡专用刻度线；最下面的第四条刻度线为音频功率测量刻度线。

所以，在使用交流 10 V 挡测量时，应读取第三条刻度线上的值。在使用交流 500 V 挡测量时，又应读取第二条交、直流通用刻度线上的值。

(2) 在使用直流 0.5 mA 档测量时，也应读取第二条交、直流通用刻度线上的值。

(3) 虚线框①中文字及含义如表 3.1.3 所列。

只有在仪表内阻远大于被测电路的等效电阻时，才可保证测量数据具有一定的

准确度。该组数据为选择测量仪表提供了参考。在选择该仪表测量时，还可计算因仪表内阻分流而产生的影响误差。

虚线框②中文字及含义如表 3.1.4 所列。

表 3.1.3　虚线框①中文字含义

虚线框①中文字	文字含义
MF-30 型	万用表的型号
20000 Ω/V =	直流电压测量时的单位内阻，用以计算各量程的内阻 例：直流电压 5 V 量程的等效内阻为 5 V×20000 Ω/V=100 kΩ 直流电压 25 V 量程的等效内阻为 25 V×20000 Ω/V=500 kΩ 直流电压 100 V 量程的等效内阻为 100 V×20000 Ω/V=2 MΩ
5000 Ω/V ～	交流电压测量时的单位内阻，用以计算各交流电压量程的内阻 例：交流电压 100 V 量程的等效内阻为 100 V×5000 Ω/V=500 kΩ 交流电压 500 V 量程的等效内阻为 500 V×5000 Ω/V=2.5 MΩ

表 3.1.4　虚线框②中文字含义

虚线框②中文字	文字含义
=2.5	直流电压/电流挡位的测量准确度
～5.0	交流电压挡位的测量准确度
0 dB=1 mW、600 Ω	音频功率测量时，0 dB 表示被测电路等效电阻为 600 Ω 时其功率为 1 mW
45～1000 Hz	仪表测量交流电压时的频率范围

【例 10】已知 MF-30 型万用表共有五挡测直流电压的挡位（1 V、5 V、25 V、100 V、500 V），直流电压测量精确度是 2.5 级。预用它测量约 12 V 的直流电压，试选择合适的量程并计算因仪表自身误差而产生的相对误差。

解

1）量程选择

可测 12 V 的直流电压的量程有 25 V、100 V、500 V，其中因 MF-30 引用误差而产生的相对误差最小的是直流 25 V 量程挡。所以较合适的量程为 25 V 挡。

2）测量误差计算：

已知 MF-30 直流电压测量精确度是 2.5 级，即引用误差 $r_m=2.5\%$。因为

$$r_m=\frac{\Delta x_m}{x_m}$$

式中，Δx_m 为量程内最大绝对误差，x_m 为量程值。

所以 $$\Delta x_m = r_m \cdot x_m = 25\ \text{V} \times 2.5\% = 0.625\ \text{V}$$

本次测量因仪表固有误差而产生的相对误差为：

$$r = \frac{\Delta x_m}{12} \times 100\% = 5.2\%$$

【例 11】用一只四位数字电压表的 5 V 量程分别测量 5 V 和 0.1 V 电压，已知该仪表的准确度为 $\pm 0.01U_x \pm 1$ 个字，求由仪表的固有误差引起的测量误差的大小。

解

1）测量 5 V 电压时的误差

因为该仪表是四位的，用 5 V 量程时，±1 个字相当于±0.001 V，所以绝对误差

$$\begin{aligned}\Delta U &= (\pm 0.01\% \times 5 \pm 1\ \text{个字})\text{V} \\ &= (\pm 0.0005 \pm 0.001)\text{V} = \pm 0.0015\ \text{V}\end{aligned}$$

仪表的固有误差引起的相对测量误差为：

$$r_U = \frac{\Delta U}{U_x} \times 100\% = \pm\frac{0.0015}{5} \times 100\% = \pm 0.03\%$$

2）测量 0.1 V 电压时的最差计算

绝对误差为：

$$\begin{aligned}\Delta U &= (\pm 0.01\% \times 0.1 \pm 1\ \text{个字})\text{V} \\ &= (0.00001 \pm 0.001)\text{V} \approx \pm 0.001\ \text{V}\end{aligned}$$

仪表的固有误差引起的相对测量误差为：

$$r_U = \frac{\Delta U}{U_x} \times 100\% = \pm\frac{0.001\ \text{V}}{0.1\ \text{V}} \times 100\% = \pm 0.1\%$$

由仪表的“±1 个字”误差可见，当被测值远小于满量程时，该误差是很大的，为此，当测量小电压时，应当用较小的量程。

【例 12】有一放大电路工作频率为 10 kHz，要求在输出波形基本不失真情况下测其电压增益与最大输出范围，测试连线如图 3.1.16 所示。

（1）图 3.1.16 中各仪器在测试中有何作用？

（2）图 3.1.16 测试连线有错吗？若有错请纠正。

（3）被测放大电路的信号电压输出幅度极限为多少？

（4）在测量不失真电压增益时，没有示波器行吗？

解：

（1）图 3.1.16 中：

① 信号发生器为被测电路提供电压信号；

② 直流电源为被测电路提供直流电压，使被测电路获得电能并建立静态工作点；

③ 示波器用以监测输入/输出信号电压的波形，用以测得不失真输入/输出信号

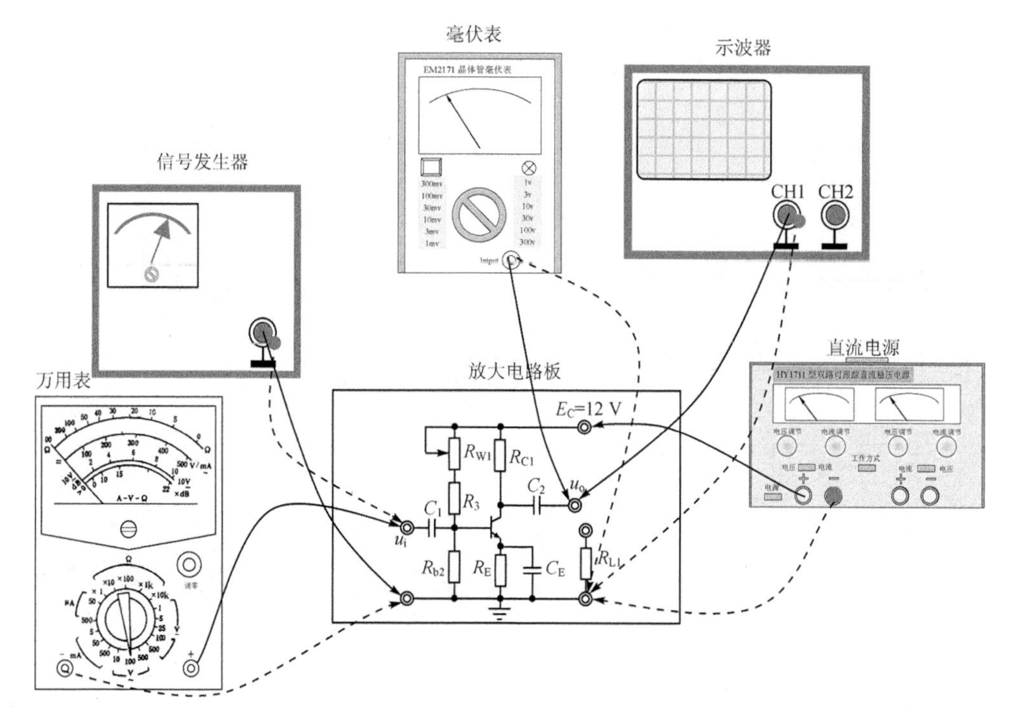

图 3.1.16　测试连线图

电压；

④ 毫伏表用以测量放大电路的输入/输出信号电压的有效值，从而可计算其电压增益；

⑤ 万用表用来测量与调节放大电路的直流电压参数，保证放大电路工作在线性放大状态。

(2) 图 3.1.16 所示测试连线的错误如下：

① 万用表不能用来测量输入信号电压，原因是输入信号电压的幅度很小，万用表没有相适应的量程。另外，一般万用表的工作频率很低，如 MF－30 型万用表其交流电压测量频率在 45～1000 Hz，当被测信号电压频率不在此范围时，就不能获得准确的测量值。图 3.1.16 的测量中，万用表只可用以测量放大电路的直流电压。

② 信号发生器的输入连接不对。在搭接测试电路时，要尊重“共地”原则。正确的测量电路如图 3.1.17 所示。

(3) 由放大电路板可见，其供电电源电压 E_C = 12 V。所以被测放大电路的输出信号电压幅度一定小于 12 V。

(4) 在测量不失真电压增益时，没有示波器就没法判断放大电路是否工作于不失真放大状态，也就不能判别是否是不失真放大增益。

【例 13】 用万用表的电阻挡测二极管的正向电阻时发现，用×100 Ω 挡与×10 Ω

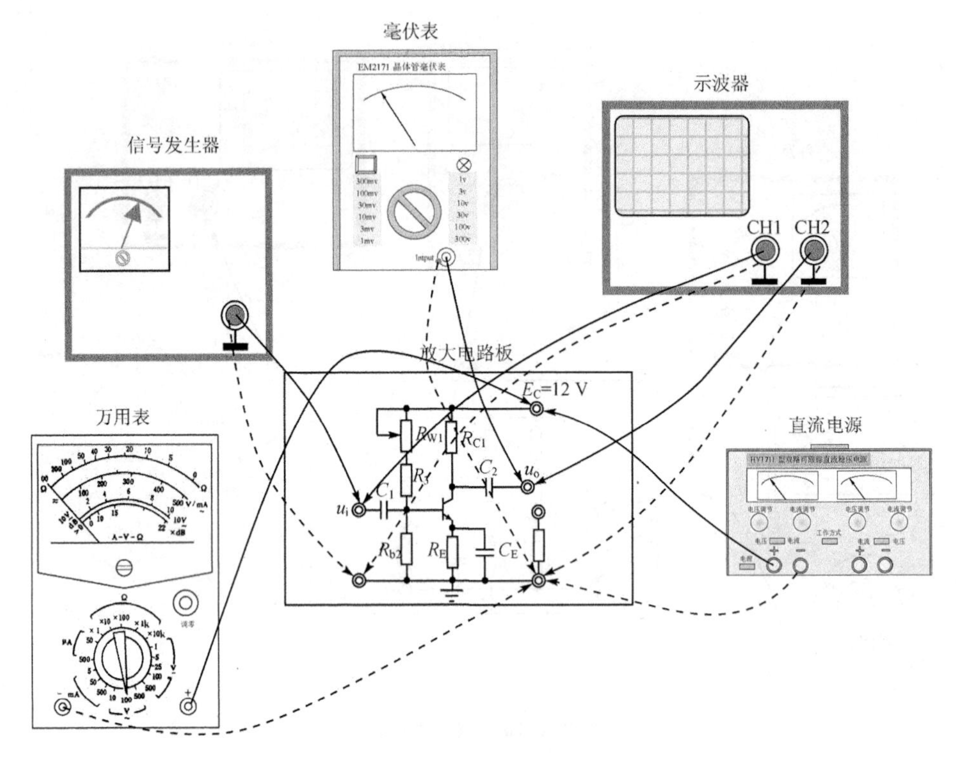

图 3.1.17　测试连线图

挡测得的电阻值相差很远。是二极管坏了还是万用表的电阻挡坏了，或是其他原因？

解：

用万用表电阻×100 Ω 挡与×10 Ω 挡去测二极管的正向电阻时的电路如图 3.1.18 与图 3.1.19 所示，图中 R_{01} 和 R_{02} 分别为各挡中值电阻，E 为测量电路供电电池。

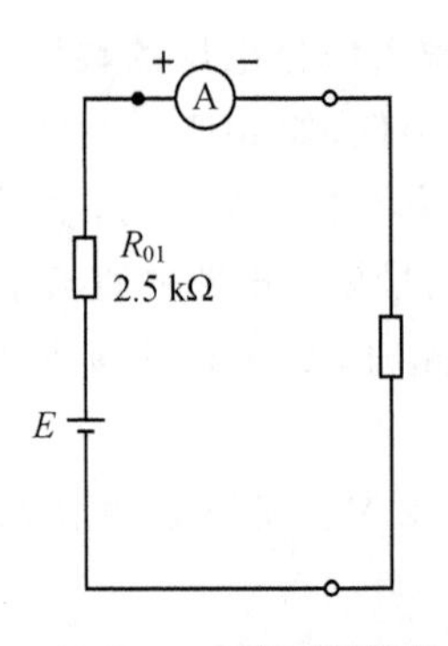

图 3.1.18　×100 挡测量等效电路

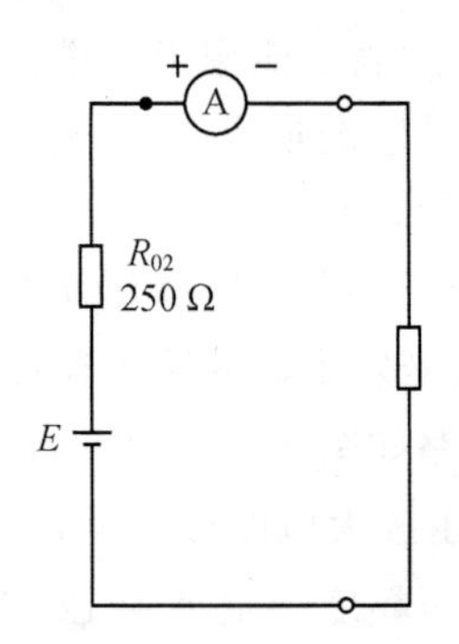

图 3.1.19　×10 挡测量等效电路

在被测电阻 R_x 两端获得的电压 $U_x = E - R_0 I$，测量工作电流 $I = E/(R_0 + R_x)$。

可见，在一定范围内的被测电阻 R_x 接入 ×100 Ω 挡时的测量工作电流小于 ×10 Ω 挡的，×100 Ω 挡时 R_x 两端获得的电压也小于 ×10 Ω 挡的。

二极管是非线性电阻器件，其伏安特性如图 3.1.20 所示。由该图可见，二极管在较小工作电流电压时的静态电阻 R_{x1} 较大。

由此得出结论：

不同电阻挡测量二极管的正向电阻值不同，是因为二极管的非线性电阻特性所导致。

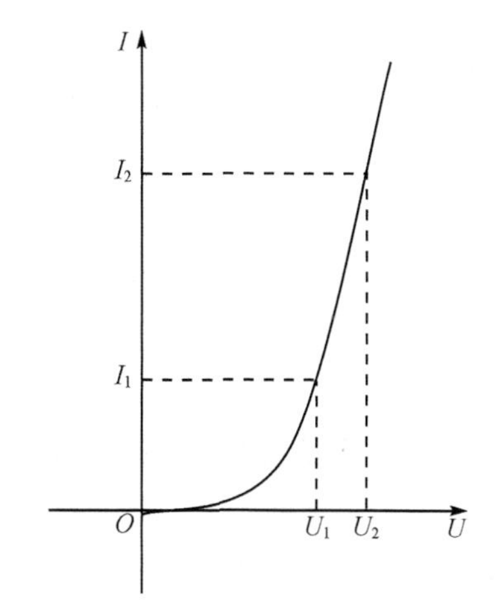

图 3.1.20　二极管的伏安特性曲线

第10章　电子实验习题

10.1　电子实验习题

一、单项选择题(将唯一正确的答案代码填入下列各题括号内)

1. 为测量如图3.2.1所示稳压管稳压电路中通过稳压管的电流,将直流电流表串入稳压管支路,若电流表的内阻不可忽略,则结果是(　　)。

(a) 使稳压电路的稳压性能变好

(b) 使稳压电路的稳压性能变坏

(c) 不影响稳压电路的稳压性能

(d) 使稳压管的稳定电压减小

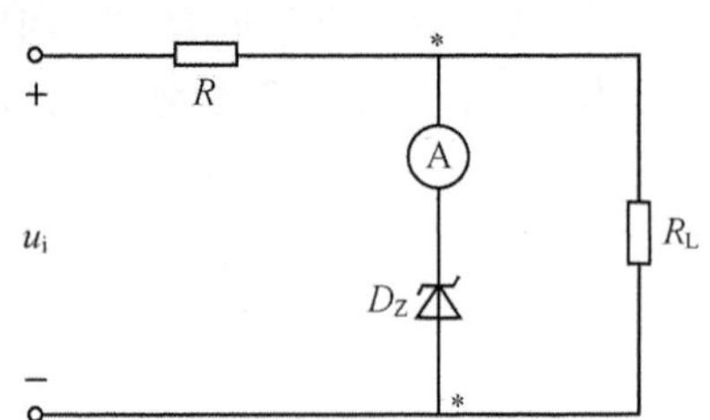

图3.2.1　稳压管稳压电路

2. 整流滤波电路如图3.2.2所示,变压器副边电压 u_2 的有效值是20 V,二极管所承受的最高反向电压是(　　)。

(a) 7.07 V　　(b) 12 V　　(c) 14.14 V　　(d) 28.28 V

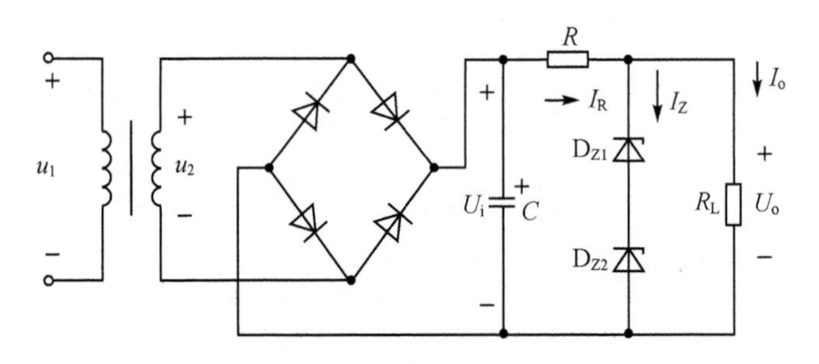

图3.2.2　整流滤波电路

3. 三端集成稳压器的应用电路如图3.2.3所示,外加稳压管 D_Z 的作用是(　　)。

(a) 提高输出电压　　(b) 提高输出电流　　(c) 提高输入电压

4. 两个整流滤波电路如图3.2.4所示,变压器副边电压有效值相等,若忽略滤波电感的电阻和滤波电容的漏电,则两个电路的负载电压平均值 U_{o1} 和 U_{o2} 的大小关系是(　　)。

(a) $U_{o1}=U_{o2}$　　(b) $U_{o1}<U_{o2}$　　(c) $U_{o1}>U_{o2}$

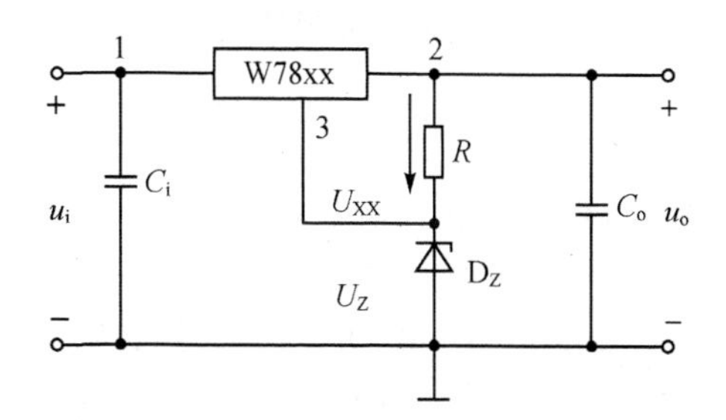

图 3.2.3　三端集成稳压器

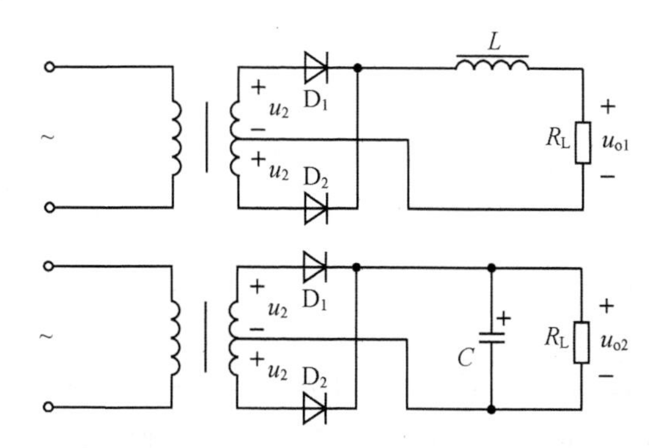

图 3.2.4　两个整流滤波电路

5. 放大电路如图 3.2.5 所示，设晶体管 $\beta=50$，$R_C=1.5\ k\Omega$，$U_{BE}=0.6\ V$，为使电路在可变电阻 $R_W=0$ 时，晶体管刚好进入饱和状态，电阻 R 应取(　　)。

(a) 72 kΩ　　(b) 100 kΩ　　(c) 25 kΩ

6. 在进行晶体管放大电路(如图 3.2.6 所示)的实验时，发现直流静态工作点电位正常稳定，但电压放大倍数非常低。此时电路的故障原因可能是：① 发射极交流旁路电容 C_E 支路开路，不能稳定静态工作点；② 偏置电阻 R_{B_1} 短路；③ 晶体管已损坏；④ 耦合电容 C_1、C_2 工作不正常。

问：以上叙述正确的是(　　)。

(a) ①;②　　(b) ③;④　　(c) ②;④　　(d) ①;③

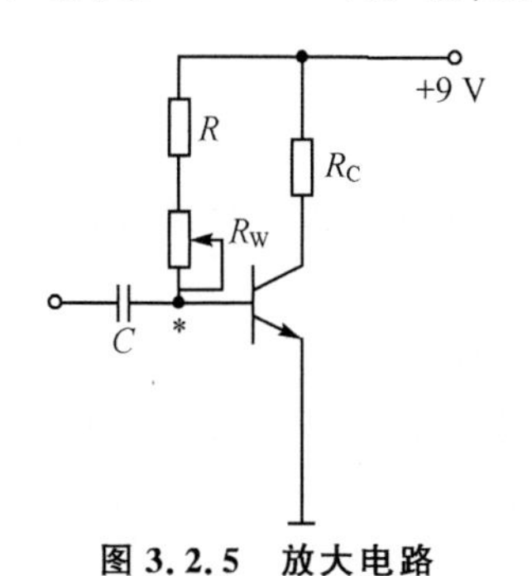

图 3.2.5　放大电路

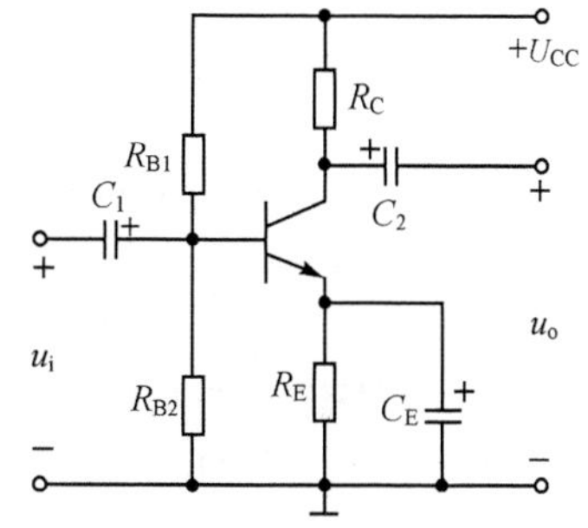

图 3.2.6　晶体管放大电路

7. 电路如图 3.2.7 所示，若发射极交流旁路电容 C_E 因介质失效而导致电容值近似为零，此时电路(　　)。

(a) 不能稳定静态工作点

(b) 能稳定静态工作点，但电压放大倍数降低

(c) 能稳定静态工作点，电压放大倍数升高

8. 放大电路如图 3.2.8 所示，已知：$R_B=240\ \text{k}\Omega$，$R_C=3\ \text{k}\Omega$，晶体管 $\beta=40$，$U_{CC}=12$ V，现该电路中的三极管损坏，换上一个 $\beta=80$ 的新管子，若要保持原来的静态电流 I_C 不变且忽略 U_{BE}，应把 R_B 调整为(　　)。

(a) 480 kΩ　　(b) 120 kΩ　　(c) 700 kΩ　　(d) 240 kΩ

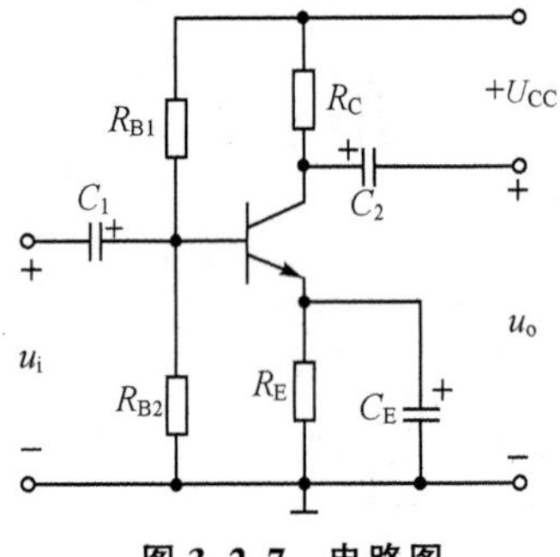

图 3.2.7　电路图

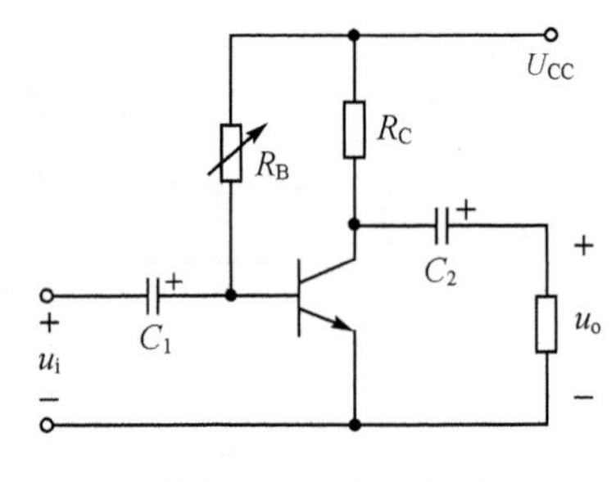

图 3.2.8　放大电路

9. 放大电路如图 3.2.9 所示，由于 R_{B1} 和 R_{B2} 阻值选取得不合适而产生了饱和失真，为了改善失真，正确的做法是(　　)。

(a) 适当增加 R_{B2}，减小 R_{B1}

(b) 保持 R_{B1} 不变，适当增加 R_{B2}

(c) 适当增加 R_{B1}，减小 R_{B2}

(d) 保持 R_{B2} 不变，适当减小 R_{B1}

10. 电路如图 3.2.10 所示，R_F 引入的反馈为

(　　)。

(a) 串联电压负反馈

(b) 正反馈

(c) 并联电压负反馈

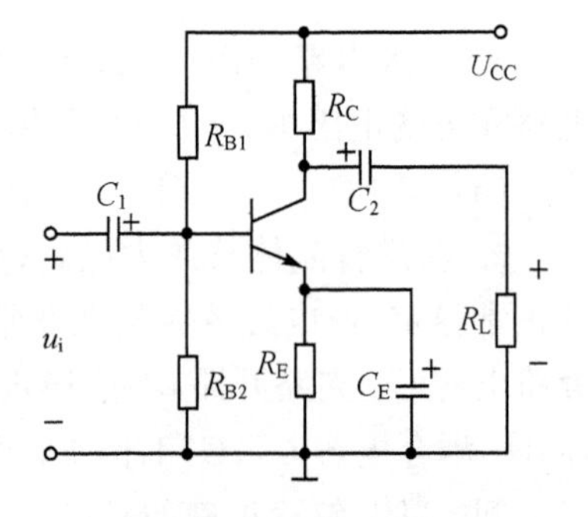

图 3.2.9　放大电路

11. 如图 3.2.11 所示电路为一反相比例运算放大器。该运算放大器的正向输入端的电阻 R_2 的值为(　　)。

(a) 10 kΩ　　(b) 100 kΩ　　(c) 9.1 kΩ

12. TTL 电路输出的高电平(　　)V，输出的低电平(　　)V。

(a) $=U_{CC}$，$=0$　　(b) $=5$，$=0$　　(c) $\geqslant 2.4$，$\leqslant 0.4$　　(d) $\approx U_{CC}$，≈ 0

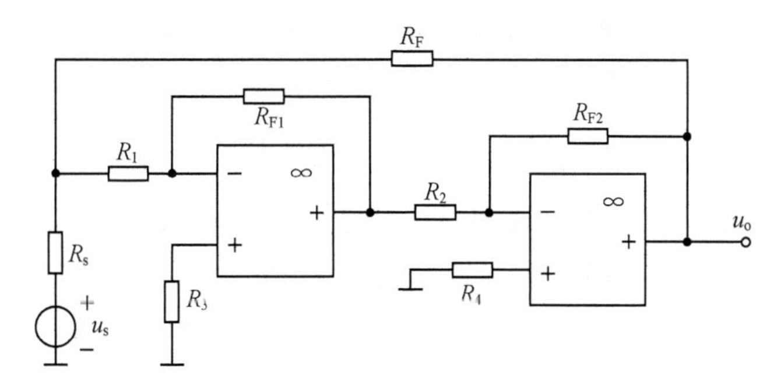

图 3.2.10　电路图

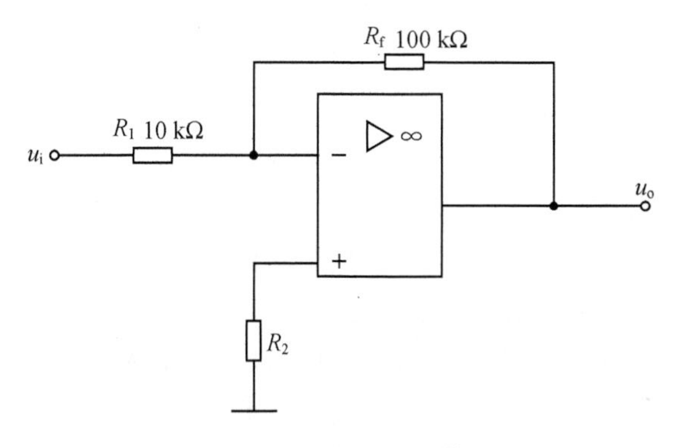

图 3.2.11　反相比例运算放大

13. CMOS 电路输出的高电平约为(　　)V。

(a) 0.3　　(b) 5　　(c) 12

(d) U_{CC}(与 CMOS 电路使用的电源电压有关)

14. 图 3.2.12 是某双列直插式集成电路的俯视图,括号位置的引脚号正确的是(　　)。

(a) (10)　　(b) (1)　　(c) (4)　　(d) (2)

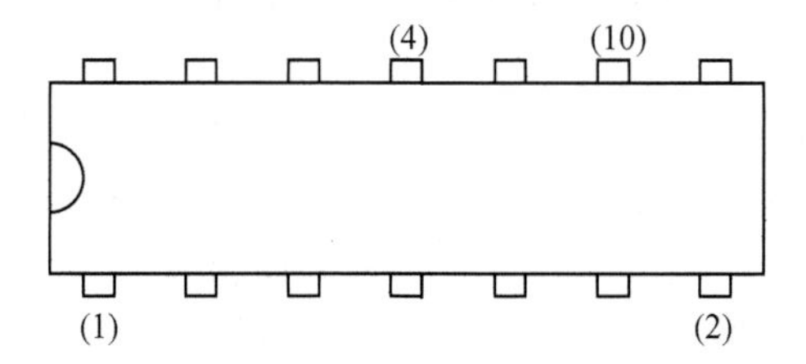

图 3.2.12　双列直插式集成电路的俯视图

15. 关于数字电路,以下叙述正确的是(　　)。

① CMOS 逻辑电路的输入端悬空时,当作输入逻辑“1”处理

② 要使 CMOS 输出电平值更高,可将其 U_{CC} 端接更高的电源电压

③ 要使 TTL 集成电路输出电平值更高，可将其 U_{CC} 端接更高的电源电压

④ 避免 TTL 电路输出端短路，是指要避免输出端与地，或 U_{CC}，或其他输出端短路

(a) ①；②　　(b) ③；④　　(c) ②；④　　(d) ①；③

16. 将学习机上的 CP 信号送到一个二输入端 TTL 或非门中的一个输入端，该门的另一个输入端接地，或非门的输出端接学习机上的某一个逻辑检测指示灯。CP 信号频率调节为 1 kHz，占空比约为 50%，则指示灯看上去(　　)。

(a) 亮　　(b) 灭

(c) 一亮一灭(闪烁)　　(d) 亮，但低于高电平亮度

17. 将学习机上 1 Hz 的 CP 信号送到一个二输入端 TTL 与非门的一个输入端，该门的另一个输入端接 GND，与非门的输出端接学习机上的某一个逻辑检测指示灯，则该逻辑检测指示灯(　　)。

(a) 亮　　(b) 灭

(c) 一亮一灭(闪烁)　　(d) 亮，但低于高电平亮度

18. 对一个 16 脚的 TTL 或 CMOS 数字集成电路，其电源引出端(　　)。

(a) 第 1 脚　　(b) 在第 8 脚　　(c) 在第 16 脚　　(d) 位置不一定

19. 当 TTL 门电路的输入端子有多余时，该多余输入端可(　　)。

(a) 悬空　　(b) 接 GND

(c) 接 U_{CC}　　(d) 并接到另一个输入端

20. 关于 TTL 电路和 CMOS 电路，下列提法不正确的是(　　)。

(a) TTL 电路和 CMOS 电路一样，都只能使用 5 V 电源

(b) TTL 电路和 CMOS 电路一样，输出端不允许与电源或与地短路

(c) TTL 电路的静态功耗比 CMOS 电路大

(d) TTL 电路的输入端吸收电流 I_i 比 CMOS 电路大

21. 如果用示波器(如 SS－5702)来读 XD22 信号发生器 TTL 输出口的高电平和低电平的电平值，则该示波器相应通道的输入耦合开关应置于(　　)位置。

(a) AC　　(b) DC　　(c) GND　　(d) 任意

22. 在示波器上观察某交流信号源输出的电压波形的峰-峰值为 15 V、频率为 1 000 Hz，试问：若选用交流电压毫伏表 JH810 来测量，其表头显示为(　　)。

(a) 21 V　　(b) 15 V　　(c) 10.8 V　　(d) 5.4 V

23. 用示波器(如 SS－5702)观察一个连续的 TTL 脉冲信号，发现屏幕上显示的是一条虚直线，如图 3.2.13 所示。此时应该调节示波器的(　　)。

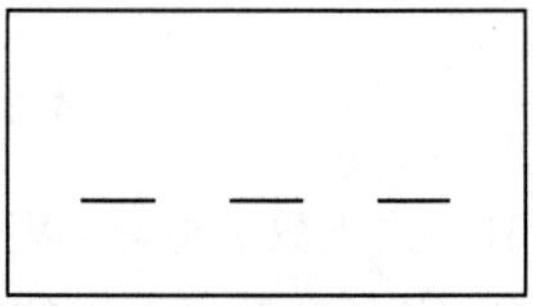

(a) 扫描速度开关，使其 TIME/DIV 值增大

(b) 扫描速度开关，使其 TIME/DIV 值减小

(c) 通道灵敏度开关，使其 VOLT/DIV 值增大

图 3.2.13　不合适的波形显示

(d) 通道灵敏度开关，使其 VOLT/DIV 值减小

24. 用示波器(如 SS－5702)测量一个正弦波信号，如图 3.2.14 所示。已测出该正弦波峰-峰值 U_{P-P} 为 8 V，周期 T 为 10 ms，此时示波器垂直显示幅度控制旋钮和扫描速率调节旋钮在(　　)。

(a) 1 V/DIV 挡，1 ms/DIV 挡

(b) 2 V/DIV 挡，2 ms/DIV 挡

(c) 4 V/DIV 挡，2 ms/DIV 挡

(d) 2 V/DIV 挡，1 ms/DIV 挡

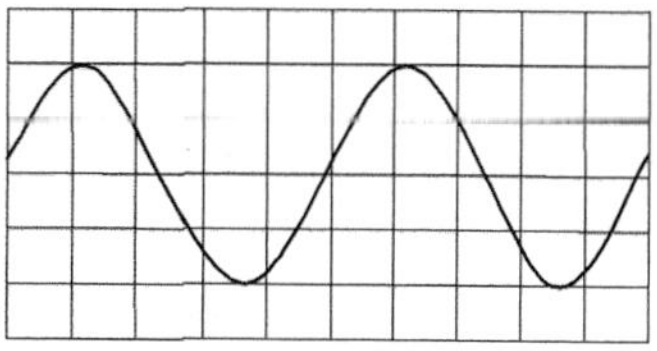

图 3.2.14　不合适的波形显示

25. 以下叙述正确的是(　　)。

① 示波器可以测量直流电压的大小

② 万用表可测量 500 V 以下的交流电压

③ 晶体管毫伏表测取的是交流电压的有效值

④ 直流稳压电源可提供稳定的电压和电流

(a) ①；②　　(b) ③；④　　(c) ②；④　　(d) ①；③

二、非客观题

1. 在如图 3.2.15 所示电路中，已知 $U_i=30$ V，稳压管 D_Z(2CW18)的稳定电压 $U_Z=10$ V，最小稳定电流 $I_{Zmin}=5$ mA，最大稳定电流 $I_{Zmax}=20$ mA，负载电阻 $R_L=2$ kΩ。

(1) 当 U_i 变化±10%时，求电阻 R 的取值范围。

(2) 求变压器变比 $k=6$ 时，变压器原边电压有效值 U_1。

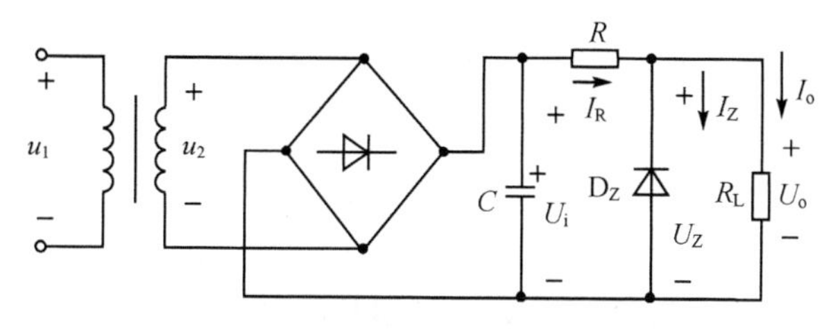

图 3.2.15　电路图

2. 采用如图 3.2.16 所示电路设计整流滤波，变压器副边电压 u_2 的有效值为 40 V，试问：

(1) 二极管所承受的最高反向电压是多少，若选用反向耐压为 100 V 的二极管是否满足其耐压要求？

(2) 负载电阻 $R_L=1$ kΩ，若要保证 $U_{R_L}\geqslant 40$ V，滤波电容的电容量应确定为多大？

3. 在如图 3.2.17 所示电路中，稳压电路由两个稳压管串联而成，稳压管的稳定电压均为 6.5 V，负载电阻 $R_L=450$ Ω，限流电阻 $R=180$ Ω，如果稳压管电流 I_Z 的

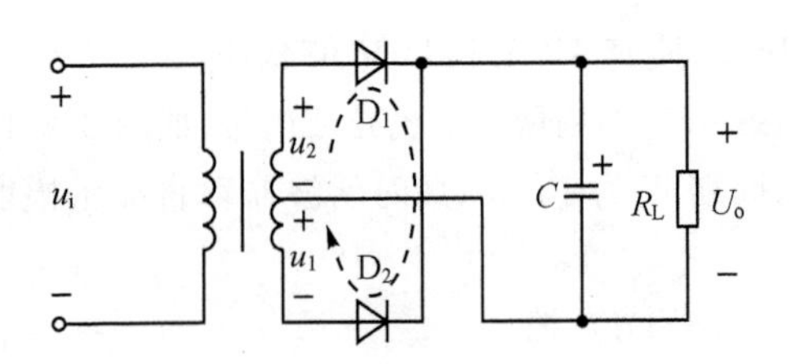

图 3.2.16　设计整流滤波的电路

范围是 10～40 mA。

(1) 试求允许的输入电压 U_i 变化范围。

(2) 如果 $U_i=21$ V,试求允许的负载电阻变化范围。

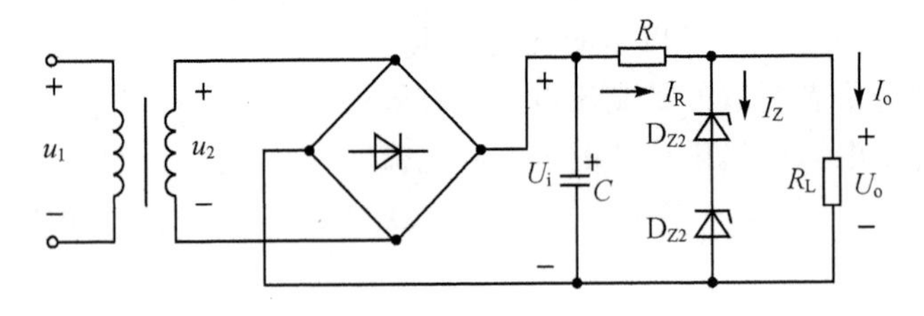

图 3.2.17　电路图

4. 某交流信号源输出的电压波形如图 3.2.18 所示,试问:

(1) 该交流信号源此时输出的信号频率为多少?

(2) 若选用交流电压毫伏表 JH810 来测量,其表头显示是多少?

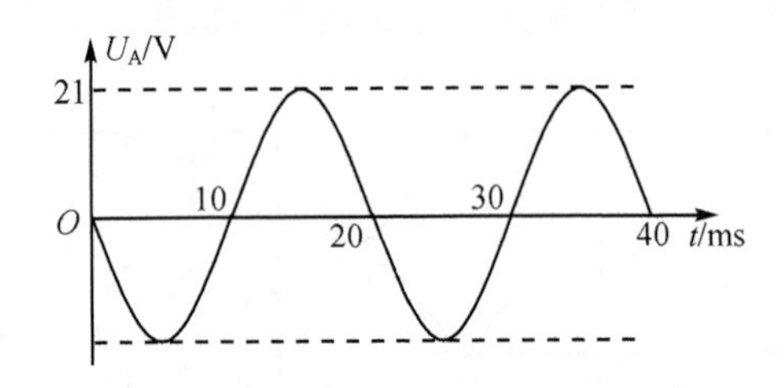

图 3.2.18　交流信号源输出的电压波形

5. 三级放大电路如图 3.2.19 所示。请观察该放大电路设计有何不妥,并说明原因。

6. 某实验电路需用正负电源供电。现用一台双路稳压电源为其供电,如图 3.2.20 所示。请在该图中画出稳压电源与实验电路的正负电源输入端的连线图。

7. 试用 TTL 四二输入与非门(74LS00)组成下列逻辑关系的电路(输入只提供原变量):

(1) $Y= A$　　　　(2) $Y= A\ B$

(3) $Y=A \oplus B$　　　　(4) $Y= A \odot B$

请设计电路,并画出逻辑连线图。

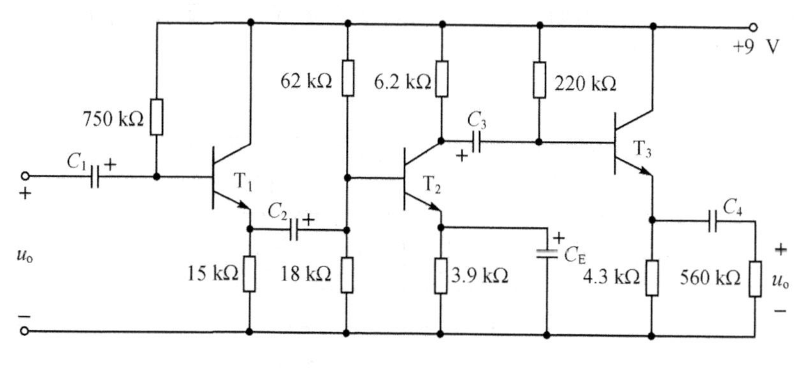

图 3.2.19　三级放大电路

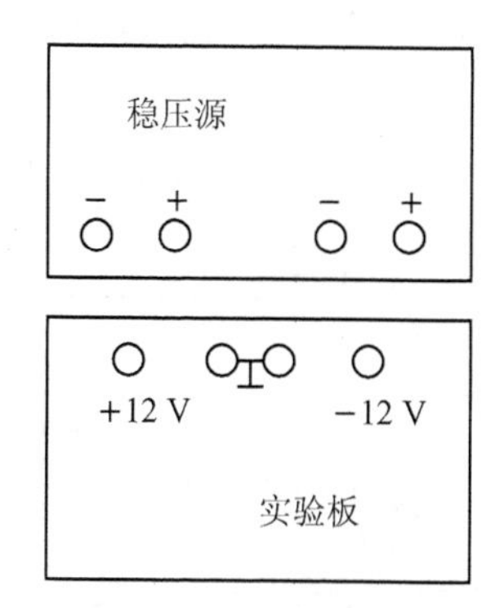

图 3.2.20　待接线的稳压电源和实验板

8. 实验中测得某电压的波形如图 3.2.21 所示。请将该电压的幅度与频率等记录于表 3.2.1 中。

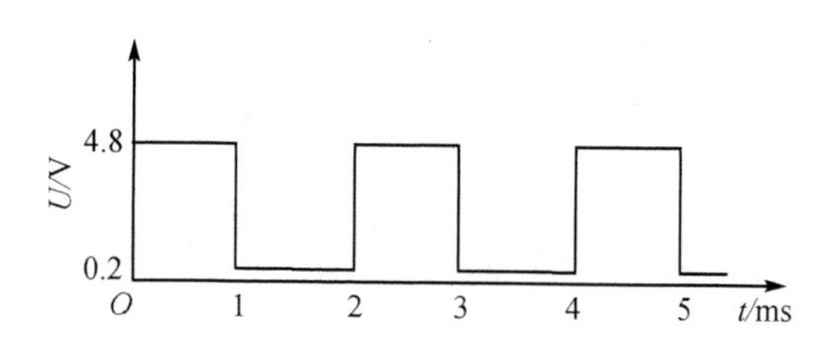

图 3.2.21　电压波形图

表 3.2.1　测量结果

U_{oH}	U_{oL}	T	f	占空比

9. 用示波器观察到正弦电压波形如图 3.2.22 所示。如果示波器垂直显示幅度控制旋钮在 1 V/DIV 挡，扫描速率调节旋钮在 1 ms/DIV 挡，则该信号的峰-峰值

U_{P-P}、幅值 U_m、有效值 U、周期 T、频率 f，若要在荧光屏上显示四个周期波形，则扫描速率调节旋钮应置于何挡位？

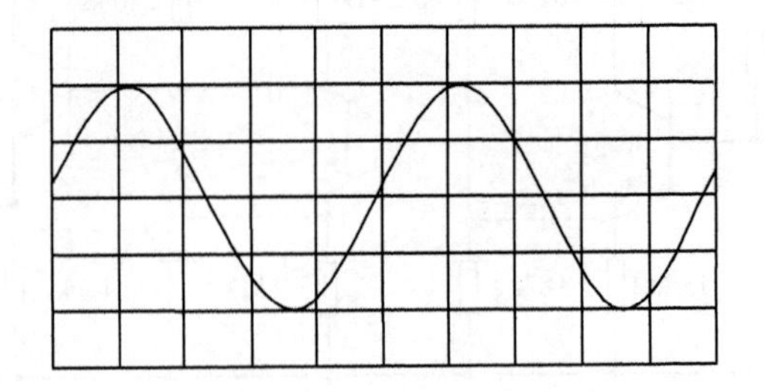

图 3.2.22　正弦波形

10. 如图 3.2.23 所示为一次实验的连线图，请找出图中的错误，并加以改正。

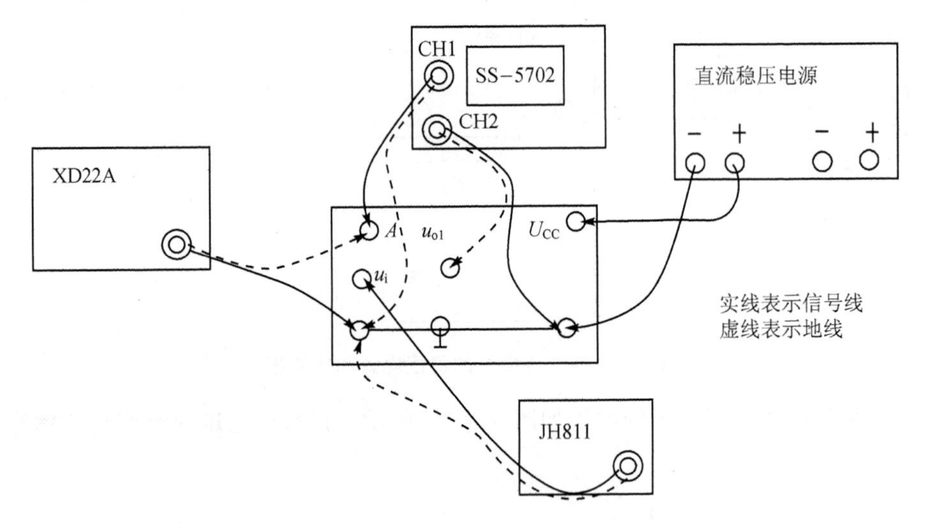

图 3.2.23　仪器设备连线图

10.2　电子实验习题答案

一、单项选择题

1. (b)　2. (d)　3. (a)　4. (b)　5. (a)　6. (d)　7. (b)　8. (a)
9. (c)　10. (b)　11. (c)　12. (c)　13. (d)　14. (b)　15. (c)　16. (d)
17. (a)　18. (d)　19. (d)　20. (a)　21. (b)　22. (d)　23. (c)　24. (b)
25. (d)

二、非客观题

1. (1) R 的取值范围是 $1.7\ k\Omega > R > 0.92\ k\Omega$

(2) $U_1 = KU_2 = 6 \times 25 = 150\ V$

2. (1) 反向电压 $U_{D2}=113.12\ V$，选反向耐压为 100 V 的二极管不能满足安全使用的要求。

(2) 取 $C=47\ \mu F$。

3. (1) U_i 允许的输入电压变化范围是 20～25.4 V。

(2) 允许的负载电阻变化范围是 382 Ω～3.52 kΩ。

4. $f=\dfrac{1}{T}=\dfrac{1}{20\ ms}=50\ Hz$；

表头显示为：$U=\dfrac{U_P}{\sqrt{2}}=\dfrac{21\ V}{\sqrt{2}}\approx 15\ V$。

5. 图 3.2.19 为典型的多级交流放大电路，该电路图不妥之处如下：

(1) 如图 3.2.19 所示的 T_3 与 T_2 两级晶体管放大电路间不能直接耦合，否则两级间的直流电位相互牵扯。

(2) T_2 放大器的发射级与地之间最好应加一个旁路电容，这样可使该放大器在获得大的直流负反馈(以稳定工作点)的同时，又获得较高的交流信号放大倍数。

(3) 负载电阻与 T_3 放大器的发射级之间应加一个耦合电容，这样可使该放大器获得稳定的工作点。即使负载变化，放大电路的工作点也不受影响。

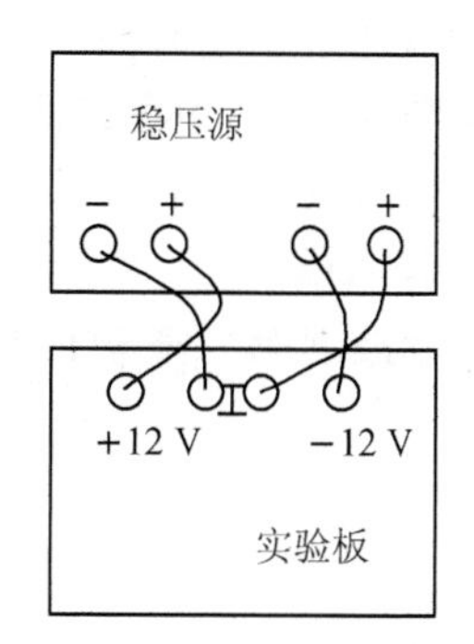

图 3.2.24　待接线的稳压电源和实验板

6. 稳压电源与实验电路的正负电源输入端的连线如图 3.2.24 所示。

7. 实现题述逻辑关系的逻辑连线图如图 3.2.25 所示。

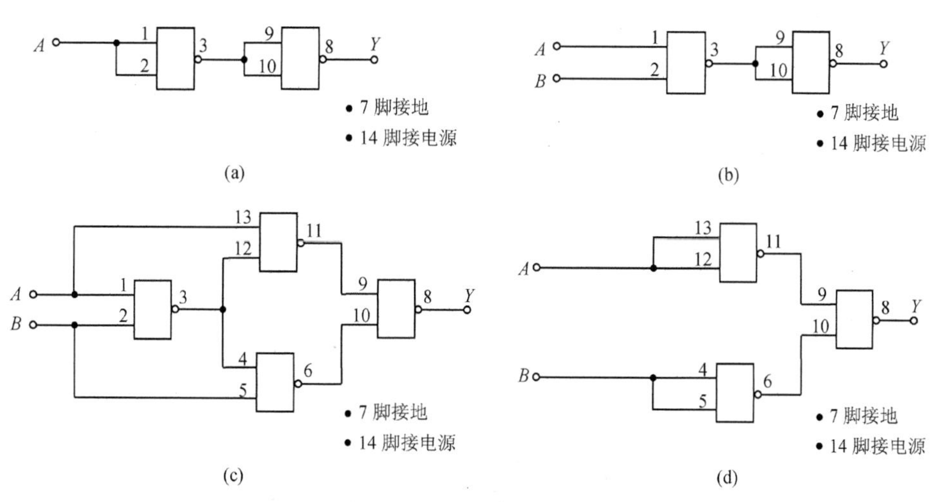

图 3.2.25　逻辑连线图

8. 该电压的幅度与频率等值如表 3.2.2 所列。

表 3.2.2　测量结果

U_{oH}/V	U_{oL}/V	T /mA	f/Hz	占空比
4.8	0.2	2	500	50%

9. 图 3.2.22 所示正弦电压波形的参数如下，该信号的：

- 峰-峰值　$U_{P-P}=$ <u>4</u> V
- 幅值　$U_m=$ <u>2</u> V
- 有效值　$U=$ <u>1.43</u> V
- 频率　$f=$ <u>200</u> Hz
- 周期　$T=$ <u>5</u> ms

若要在荧光屏上显示四个周期波形，则扫描速率调节旋钮应置于 2 ms/DIV 挡。

10. 图 3.2.23 中存在两处错误：

(1) 信号发生器的信号线接到了实验板的地端；信号发生器的地线接到了实验板的信号输入端。

(2) 示波器第二通道的信号线接到了实验板的地端；而地线接到了实验板的 u_{o1} 端。

第 11 章　电子实验理论考卷(样卷)

试卷 1

一、单项选择题:在下列各题中,将唯一正确的答案代码填入括号内(本大题共 4 小题,总计 8 分)

1. 为测量如图 3.3.1 所示稳压管稳压电路中通过稳压管的电流,将直流电流表串入稳压管支路,若电流表的内阻不可忽略,则结果是(　　)。

(a) 使稳压电路的稳压性能变好

(b) 使稳压电路的稳压性能变坏

(c) 不影响稳压电路的稳压性能

(d) 使稳压管的稳定电压减小

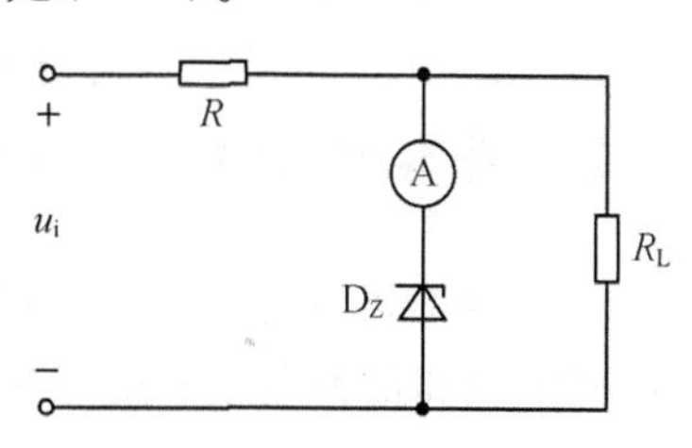

图 3.3.1　稳压管稳压电路

2. 整流滤波电路如图 3.3.2 所示,变压器副边电压 u_2 的有效值是 10 V,二极管所承受的最高反向电压是(　　)。

(a) 7.07 V　　(b) 12 V

(c) 14.14 V　　(d) 28.28 V

3. 电路如图 3.3.3 所示,若发射极交流旁路电容 C_E 因虚焊开路,此时电路(　　)。

(a) 不能稳定静态工作点

(b) 能稳定静态工作点,但电压放大倍数降低

(c) 能稳定静态工作点,电压放大倍数升高

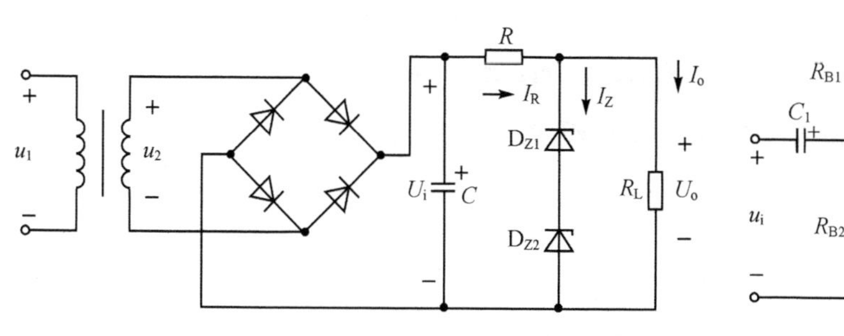

图 3.3.2　整流滤波电路

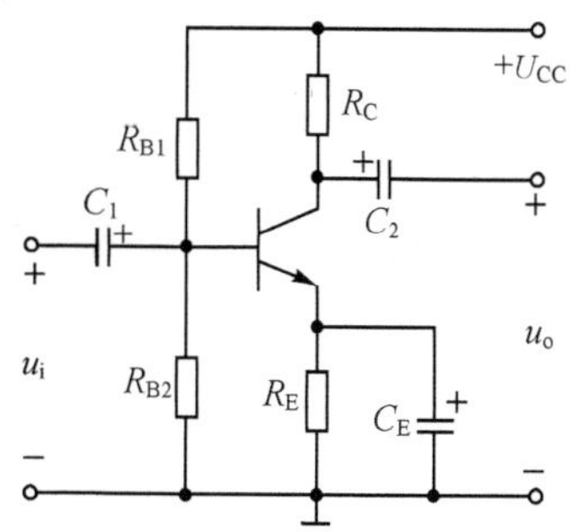

图 3.3.3　交流放大电路

4. 用万用表测二极管的正、反向电阻的方法来判断二极管的好坏，好的管子应为(　　)。

(a) 正、反向电阻相等　　　　(c) 反向电阻比正向电阻大很多倍

(b) 正向电阻大，反向电阻小　(d) 正、反向电阻都等于无穷大

二、非客观题：(本大题 12 分)

试用与非门设计一个有三个输入端和一个输出端的组合逻辑电路，其功能是输入的三个数码中有偶数个 1 时，电路输出为 1，否则为 0。试出写逻辑式；列出真值表；画出逻辑电路图。问：用几片三输入 TTL 四与非门组成？

试卷 1　标准答案和评分标准

一、单项选择题(本大题共 8 分：4×2 分)

1.(b)　　2.(c)　　3.(b)　　4.(c)

二、非客观题(本大题 12 分：3×4 分)

$$F=\bar{A}BC+A\bar{B}C+AB\bar{C}=\overline{\overline{\bar{A}BC+A\bar{B}C+AB\bar{C}}}=\overline{\overline{\bar{A}BC}\cdot\overline{A\bar{B}C}\cdot\overline{AB\bar{C}}}$$

真值表和逻辑电路图如图 3.3.4 所示。

A	B	C	F
0	0	0	0
0	0	1	0
0	1	0	0
0	1	1	1
1	0	0	0
1	0	1	1
1	1	0	1
1	1	1	0

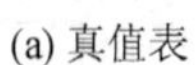
(a) 真值表

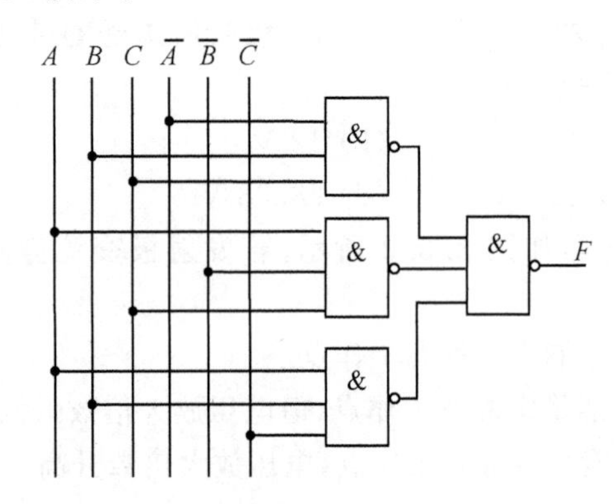

(b) 逻辑电路图

图 3.3.4　组合逻辑电路

答：用 1 片三输入 TTL 四与非门组成。

试卷 2

一、单项选择题：在下列各题中，将唯一正确的答案代码填入括号内（本大题共 5 小题，每小题 2 分，总计 10 分）

1. 在示波器上观察某交流信号源输出的电压波形的峰-峰值为 15 V，频率为 1000 Hz，试问：若选用交流电压毫伏表来测量，其表头显示为(　　)。

(a) 21 V　　(b) 15 V　　(c) 10.7 V　　(d) 5.4 V

2. 放大电路如图 3.3.5 所示，由于 R_{B1} 和 R_{B2} 阻值选取得不合适而产生了截止失真，为了改善失真，正确的做法是(　　)。

(a) 适当增加 R_{B2}，减小 R_{B1}　　(b) 保持 R_{B1} 不变，适当减小 R_{B2}

(c) 适当增加 R_{B1}，减小 R_{B2}　　(d) 保持 R_{B2} 不变，适当增加 R_{B1}

3. 电路如图 3.3.5 所示，若发射极交流旁路电容 C_E 因损坏两端直流电压为零，此时电路(　　)。

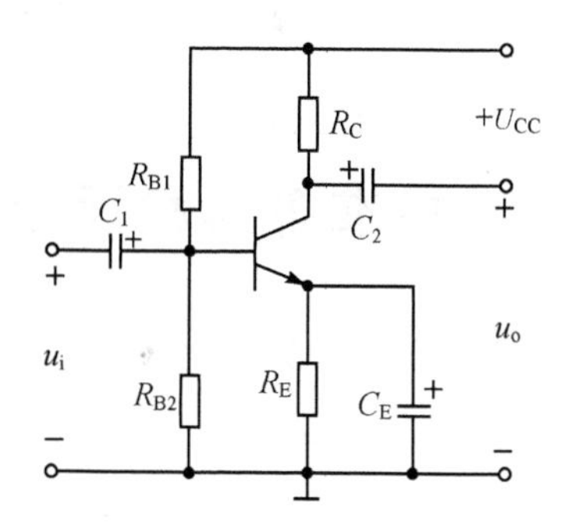

图 3.3.5　晶体管放大电路

(a) 不能稳定静态工作点

(b) 能稳定静态工作点，但电压放大倍数降低

(c) 能稳定静态工作点，电压放大倍数升高

4. 对一个 16 脚的数字集成电路，其电源引出端(　　)。

(a) 在第 1 脚　　(b) 在第 8 脚　　(c) 在第 16 脚　　(d) 位置不一定

5. 输出电压为 −15 V 的三端集成稳压器是(　　)。

(a) 7815　　(b) 7915　　(c) 7805　　(d) 7905

二、非客观题（本大题 20 分）

整流电路如图 3.3.6 所示，二极管为理想元件，已知直流电压表(V)的读数为 45 V，负载电阻 $R_L=5\ k\Omega$，整流变压器的变比 $k=10$，要求：

(1) 说明电压表(V)的极性，此电压表显示什么值？

(2) 应该用什么表测变压器副边电压？能用图中电压表吗？其读数为多少？显

示的是什么值？

（3）应该用什么表测变压器原边电压？能用图中电压表吗？其读数为多少？显示的是什么值？

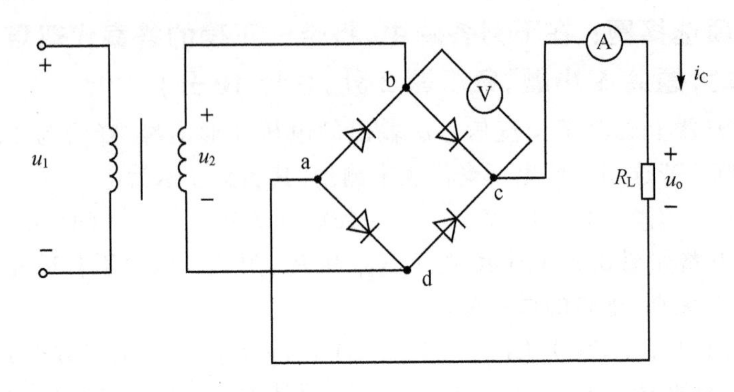

图 3.3.6　整流电路

（4）能用图中电压表测输出电压吗？其读数为多少？显示的是什么值？

（5）电流表(A) 的读数是多少？电流表显示什么值？（设电流表的内阻视为零，电压表的内阻视为无穷大）

试卷 2　标准答案和评分标准

一、单项选择题(本大题 10 分：5×2 分)

1.（d）　2.（a）　3.（a）　4.（d）　5.（b）

二、非客观题(本大题 20 分：5×4 分)

（1）直流电压表(V)的极性 b 端为负，c 端为正，电压表显示平均值。

（2）不能用图中电压表，应该用交流电压表测变压器副边电压。表中读数是 100 V，显示的是有效值。

（3）不能用图中电压表，应该用交流电压表测变压器原边电压。表中读数是 1000 V，显示的是有效值。

（4）能用图中电压表测输出电压。表中读数是 90 V，显示的是平均值。

（5）电流表(A) 的读数是 18 mA，电流表显示平均值。

试卷 3

一、单项选择题：在下列各题中，将唯一正确的答案填入括号内（本大题共 5 小题，每小题 4 分，共计 20 分）

1. 集成运算放大器的反相比例实验时，发现只要有一点微小的输入，输出在 12 V 左右波动，则可能出现的原因是(　　)

(a) 输出端没有稳压管保护　　(b) 没有接反馈电阻

(c) 放大器没有调零

2. 图 3.3.7 是某双列直插式集成电路的俯视图，括号位置的引脚号正确的是(　　)

(a) (1)　　(b) (2)　　(c) (4)　　(d) (10)

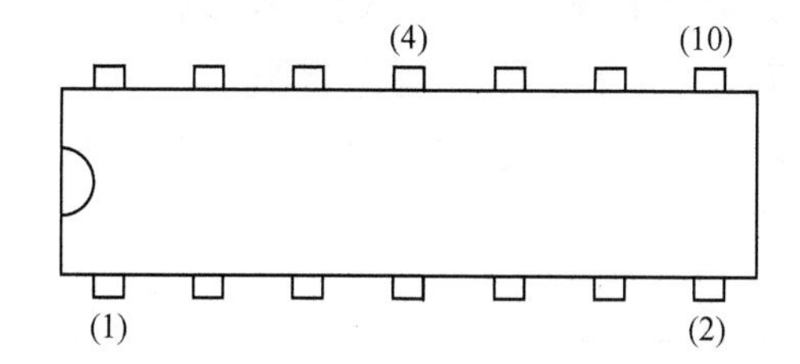

图 3.3.7　双列直插式集成电路的俯视图

3. 如果用示波器同时观察两路电压信号的波形，以下说法正确的是(　　)

(a) 若 1 通道的波形的幅度大于 2 通道，则 1 通道的电压值大于 2 通道

(b) 若 1 通道的波形的幅度大于 2 通道，则 1 通道的电压值小于 2 通道

(c) 若 1 通道的波形的周期大于 2 通道，则 1 通道的电压的频率大于 2 通道

(d) 若 1 通道的波形的周期大于 2 通道，则 1 通道的电压的频率小于 2 通道

4. 以下说法正确的是(　　)

① 示波器可以测量直流电压的大小

② 万用表可测量 500 V 以上的交流电压

③ 晶体管毫伏表测取的是交流电压的有效值

④ 直流稳压电源可提供稳定的电压和电流

(a) ①②　　(b) ③④　　(c) ②④　　(d) ①③

5. 现需要完成一个 7 与非门的数字逻辑电路，则至少需要(　　)74LS00 芯片

(a) 1 块　　(b) 2 块　　(c) 3 块　　(d) 4 块

二、非客观题(本大题 10 分)

用示波器观察到正弦波电压波形如图 3.3.8 所示，如果示波器垂直显示幅度控

制旋钮在 1 V/DIV 挡，扫描速率调节旋钮在 1 ms/DIV 挡，则该信号的

峰-峰值 $U_{P-P}=$ ________(V)；幅值 $U_m=$ ________(V)；有效值 $U=$ ______(V)；周期 $T=$ ______(ms)；频率 $f=$ ________(Hz)。

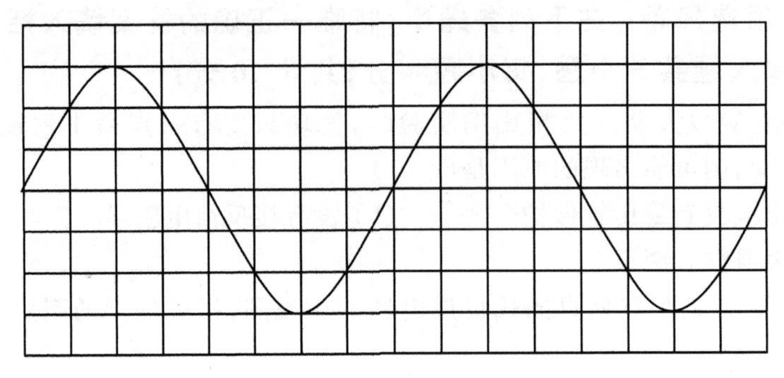

图 3.3.8 正弦波电压波形

三、综合题(本大题 10 分，注：本大题中，题目中有____符号的是填空题；题目中有(　　)符号的是选择题)

如图 3.3.9 所示为固定偏置放大电路，图 3.3.10 所示为晶体管的输出特性曲线和电路的静态工作点 Q。

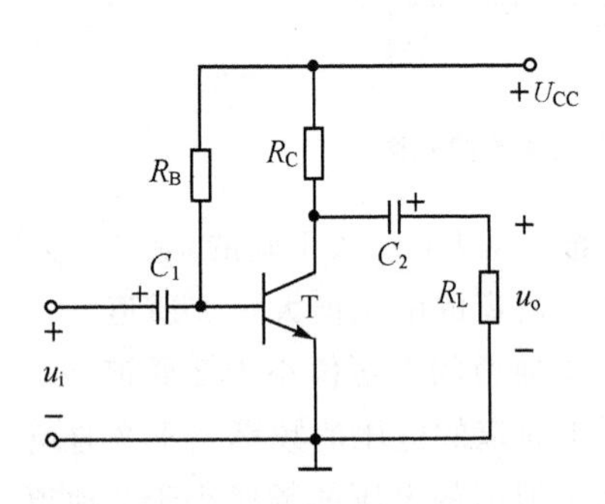

图 3.3.9 固定偏置放大电路

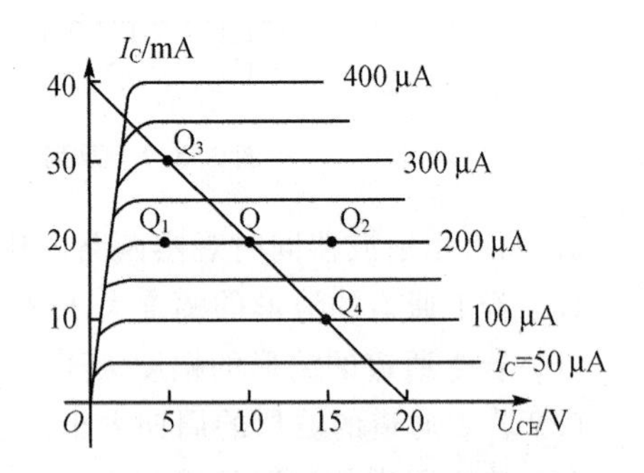

图 3.3.10 输出特性曲线

(1) Q 点讨论

如果适当增加 R_B，则 Q 点移动到______；如果适当减小 R_C，则 Q 点移动到______；如果适当减小电源，则 Q 点移动到______。(从 Q_1 到 Q_4 中选择。)

(2) 测试 Q 点时，如果测出 $U_{CE}\approx 0$，则晶体管工作于________区，导致晶体管工作于这个区的原因是(　　)；如果测出 $U_{CE}\approx U_{CC}$，则晶体管工作于________区，导致晶体管工作于这个区的原因是(　　)。

(a) R_B 过大　　　　(b) R_B 过小

试卷 3　标准答案和评分标准

一、单项选择题(本大题 20 分：5×4 分)

1.（b）　2.（a）　3.（d）　4.（d）　5.（b）

二、非客观题(本大题 10 分：5×2 分)

峰-峰值 U_{P-P} __6__（V）；幅值 U_m = __3__（V）；有效值 U = __2.12__（V）；周期 T = __8__（ms）；频率 f = __125__（Hz）。

三、综合题(本大题 10 分)

（1）Q_4（2 分）、Q_2（2 分）、Q_1（2 分）

（2）饱和区（1 分）、b（1 分）、截止区（1 分）、a（1 分）

试卷 4

一、单项选择题：在下列各题中，将唯一正确的答案代码填入括号内（本大题分 5 小题，每小题 4 分，共 20 分）

1. 工作在开环状态下的比较电路，其输出电压不是$+U_{o(sat)}$，就是$-U_{o(sat)}$，它们的大小取决于(　　)。

(a) 运放的开环放大倍数　　(b) 外电路参数　　(c) 运放的工作电源

2. 某位同学进行晶体管放大电路实验时，发现直流静态工作点电位正常稳定，但电压放大倍数非常低。此时电路的故障原因可能是(　　)。

(a) 发射极交流旁路电容 C_E 支路开路；

(b) 偏置电阻 R_B 短路；　　(c) 耦合电容 C_1、C_2工作不正常；

3. 如图 3.3.11 是某双列直插式集成电路的俯视图，括号位置的引脚号正确的是(　　)。

(a) (1)　　(b) (2)　　(c) (6)　　(d) (3)

4. 用示波器(如 SS－5702)观察一个正弦波信号，发现屏幕上显示的是一条光带，如图 3.3.12 所示。要清楚地观察该波形，此时应该调节示波器的(　　)。

(a) 扫描速度开关，使其 t/DIV 值增大

(b) 扫描速度开关，使其 t/DIV 值减小

(c) 通道灵敏度开关，使其 v/DIV 值增大

(d) 通道灵敏度开关，使其 v/DIV 值减小

5. 下列选项错误的是(　　)。

(a) 示波器可以测量直流电压的大小

(b) 万用表可测量 500 V 以下的交流电压

(c) 晶体管毫伏表测取的是交流电压的有效值

(d) 直流稳压电源可提供稳定的电压

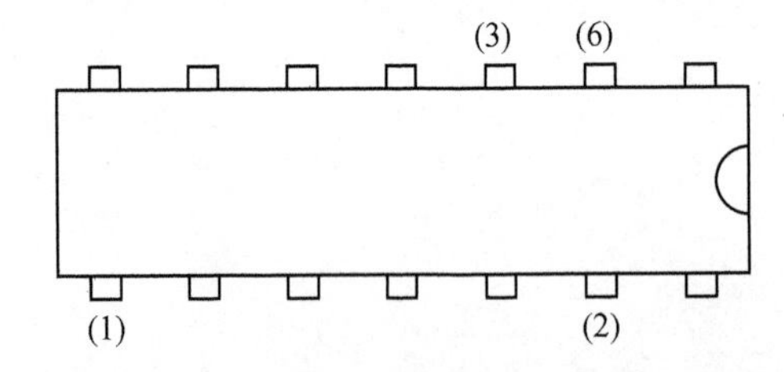

图 3.3.11　双列直插式集成电路的俯视图

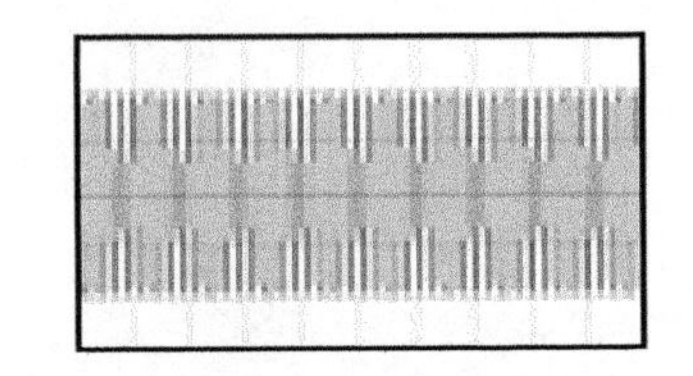

图 3.3.12　不合适的波形显示图

二、非客观题(本大题 30 分)

1. (本题 10 分)用示波器观察到正弦电压波形如图 3.3.13 所示。如果示波器

垂直显示幅度控制旋钮在 2 V/DIV 挡,扫描速率调节旋钮在 2 ms/DIV 挡,则该信号的峰-峰值 U_{P-P}、幅值 U_m、有效值 U、周期 T、频率 f 为多少?若在荧光屏上显示四个周期波形,则扫描速率调节旋钮应置于何挡位?

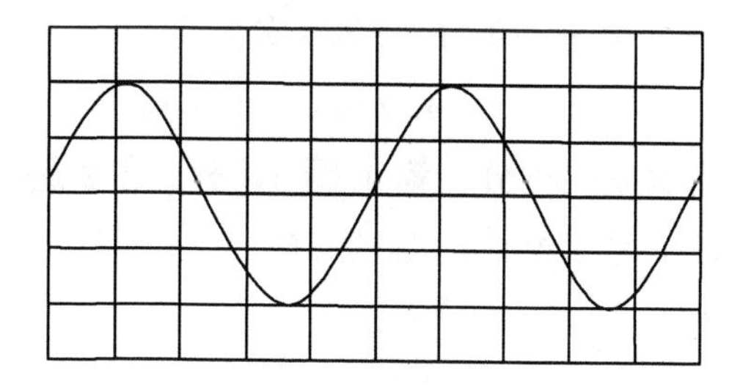

图 3.3.13　正弦电压波形图

2.(本题 20 分)某电器维修部常检修一种直流电源,该电源采用稳压管稳压电路,原理电路如图 3.3.14 所示。如果产生了以下状况,通过分析也判断出引起故障的原因,试分别画出以下几种情况下 u_A 和 u_o 的波形图。

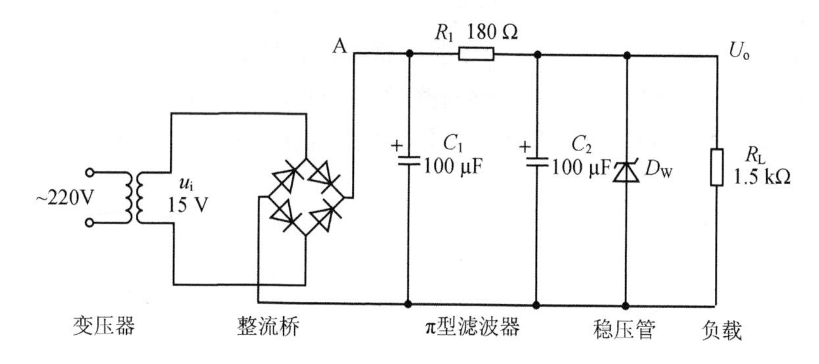

图 3.3.14　稳压管稳压电路原理图

(1) 工作正常,稳压二极管正常工作时的稳压值 $U_D=10$ V。

(2) $U_o=16$ V,稳压二极管没有起稳压作用,故障原因是稳压二极管支路断路所至。

(3) 稳压二极管正常工作时 A 点电压波形为锯齿波,这是因电容 C_1 的滤波作用所至。U_A 为半正弦波,电容 C_1 没起滤波作用,可断定故障原因是电容 C_1 支路断路所至。由于 C_1 没起滤波作用,在输出端尽管有电容 C_2 进行滤波,但滤波效果不佳,仍有纹波。

(4) U_o 为幅值是 10 V 的脉冲波。稳压二极管有限幅作用,但电容 C_1、C_2 没起滤波作用。因而故障原因是电容 C_1、C_2 两支路断路所造成的。确定了故障部位后,再分析是元件故障还是线路连接不良或其他原因,然后进行修复。

试卷4　标准答案和评分标准

一、单项选择题（本大题20分：5×4分）

1.（c）　2.（a）　3.（d）　4.（b）　5.（b）

二、非客观题（本大题30分：第1题10分，第2题20分）

1. 所示正弦电压波形的参数如下，该信号的：

- 峰-峰值　U_{P-P} = 8（V）
- 幅值　U_m = 4（V）
- 有效值　U = 2.83（V）
- 频率　f = 100（Hz）
- 周期　T = 10（ms）

若要在荧光屏上显示四个周期波形，则扫描速率调节旋钮应置于4 ms/DIV档。

2.（1）图3.3.15(a)是工作正常时，u_A和u_o的波形。

（2）图3.3.15(b)是稳压二极管支路断路时，u_A和u_o的波形。

（3）图3.3.15(c)是电容C_1支路断路时，u_A和u_o的波形。

（4）图3.3.15(d)是电容C_1、C_2两支路断路时，u_A和u_o的波形。

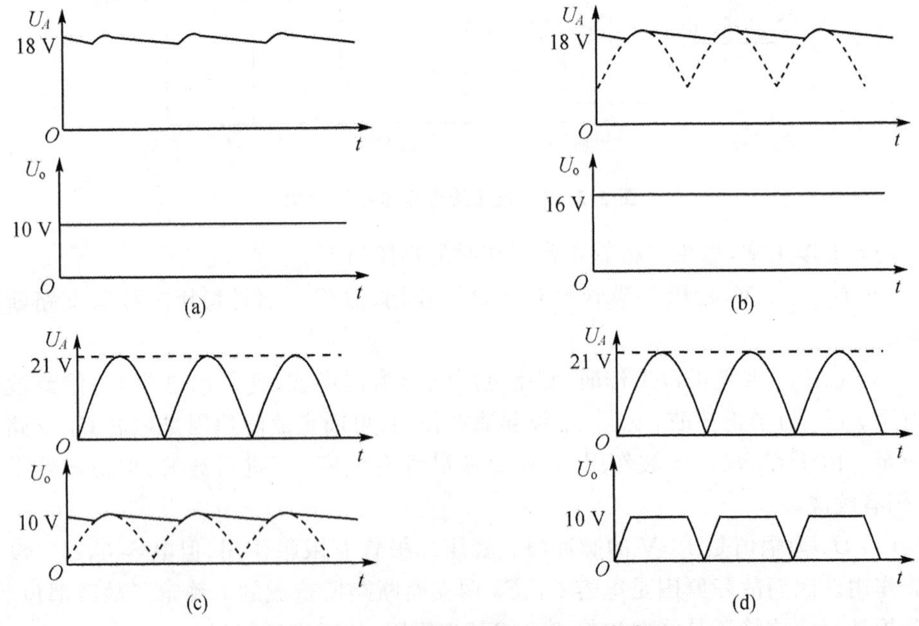

图3.3.15　各种情况下u_A和u_o的波形

参考文献

[1] 秦曾煌. 电工学(下册)[M]. 北京:高等教育出版社,2004.
[2] 秦曾煌. 电子技术[M]. 6版. 北京:高等教育出版社,2004.
[3] 骆雅琴. 电子技术辅导与实习教程[M]. 合肥:中国科学技术大学出版社,2004.
[4] 骆雅琴. 电工实验教程[M]. 2版. 北京:北京航空航天大学出版社,2008.
[5] 从宏寿,程卫群,李绍铭. Multisim 8仿真与应用实例开发[M]. 北京:清华大学出版社,2007.
[6] 郭华. 电子技术实验教程[M]. 合肥:中国科学技术大学出版社,2002.
[7] 谭海曙. 模拟电子技术实验教程[M]. 北京:北京大学出版社,2008.
[8] 曹才开. 电工电子技术实验[M]. 北京:清华大学出版社,2007.
[9] 李汉珊. 电工与电子技术实验指导[M]. 北京:北京理工大学出版社,2007.
[10] 李家沧. 电工电子技术实验与实训[M]. 合肥:合肥工业大学出版社,2007.
[11] 刘宏,刘小梅. 电工电子技术实验[M]. 广州:华南理工大学出版社,2007.
[12] 罗中华,吴振庚. 电工电子实验教程[M]. 重庆:重庆大学出版社,2007.
[13] 杜清珍. 电工、电子实验技术[M]. 西安:西北工业大学出版社,2005.
[14] 吕曙东,孙宏国. 电工电子实验技术[M]. 南京:东南大学出版社,2004.
[15] 王久和. 电工电子实验教程[M]. 北京:人民邮电出版社,2004.
[16] 李雪瑶. 电工电子实验技术[M]. 重庆:重庆大学出版社,2003.

参考文献

[illegible]